人工智能

陈晓红　刘利枚　刘星宝 ◎主编

清华大学出版社
北京

内 容 简 介

本书聚焦人工智能作为科技革命和产业变革中战略性技术的引领作用,阐明了"人工智能+"以数据、算法和算力为核心驱动,推动技术实现从工具型向价值型的全面升级的过程。本书系统地梳理了人工智能的基础理论、核心技术与应用实践,分为三大篇章:基础篇涵盖人工智能的概念、发展历史、知识表示与知识图谱、搜索策略等理论基础;技术篇解析机器学习、计算智能、神经网络、生成式人工智能、模式识别等核心技术;应用篇探讨人工智能在多个领域的应用与实践。本书注重理论与实践相结合,既涵盖学术前沿,又结合实际案例,为读者构建了全面的人工智能知识体系。

本书适合人工智能初学者、高校师生、科研人员及产业界从业者阅读,同时为政策制定者理解和推动人工智能技术的应用提供有益的参考。

图书在版编目(CIP)数据

人工智能 / 陈晓红,刘利枚,刘星宝主编. -- 北京:
清华大学出版社,2025.8(2025.10重印). -- ISBN 978-7-302-69690-2

Ⅰ. TP18

中国国家版本馆 CIP 数据核字第 2025AC7593 号

责任编辑:吴梦佳
封面设计:傅瑞学
责任校对:李 梅
责任印制:丛怀宇

出版发行:清华大学出版社
   网 址:https://www.tup.com.cn,https://www.wqxuetang.com
   地 址:北京清华大学学研大厦 A 座   邮 编:100084
   社 总 机:010-83470000   邮 购:010-62786544
   投稿与读者服务:010-62776969,c-service@tup.tsinghua.edu.cn
   质量反馈:010-62772015,zhiliang@tup.tsinghua.edu.cn
   课件下载:https://www.tup.com.cn,010-83470410
印 装 者:三河市龙大印装有限公司
经 销:全国新华书店
开 本:185mm×260mm 印 张:14.25   字 数:360 千字
版 次:2025 年 8 月第 1 版   印 次:2025 年 10 月第 2 次印刷
定 价:59.00 元

产品编号:109267-01

前　　言

随着信息技术的迅猛发展,数字经济已成为全球经济发展的新引擎。作为 21 世纪最具革命性的技术之一,人工智能为数字经济注入了强劲动能。它不仅改变了传统的经济结构,还通过优化资源配置、创新商业模式、加速行业数字化转型等方式,推动了社会生产力的新一轮飞跃。习近平总书记曾指出:"人工智能是引领这一轮科技革命和产业变革的战略性技术,具有溢出带动性很强的'头雁'效应。"党中央的这一战略判断,为我国推进人工智能技术创新和发展新质生产力指明了方向。

自 1956 年达特茅斯会议首次提出"人工智能"(Artificial Intelligence,AI)概念以来,该领域经历了从早期专家系统到统计学习的演进,再到深度学习的兴起,以及大型语言模型如GPT-3 和 BERT 的重大突破。随着计算能力增强、数据量增长和算法优化,AI 已从实验室走向实际应用,成为推动数字经济转型的关键技术。虽然我国在 AI 领域取得了显著成就,但仍面临人才短缺、技术落地难和法律法规滞后的挑战:行业人才供需比低于 0.4,人才缺口达500 万,这一现状制约了技术的发展与广泛应用。为应对挑战,国家和地方政府正加大人才培养力度,鼓励高校开设相关课程,并建立产、学、研、用协同机制,以推动技术创新与产业融合,旨在弥补人才缺口、加速技术落地,更好地服务于数字经济的高质量发展。

本书的编写基于国家政策导向、教育需求和行业发展趋势这三方面的重要考量。在政策层面,《新一代人工智能发展规划》《"十四五"数字经济发展规划》等文件为人工智能技术的发展明确了顶层设计;在教育层面,教育部提出人工智能专业课程体系建设要求,为本书的内容框架提供了参考;在行业层面,《中国人工智能人才培养白皮书》进一步凸显了行业对高质量人才培养的迫切需求。这些背景促使我们撰写一本理论与实践并重的系统性教材,为高校教学、行业应用提供指导。

本书的编写遵循以下原则:理论与实践相结合,不仅注重理论知识的系统性,还通过案例分析展现实践的丰富性;技术与应用并重,既涵盖核心技术的深入解析,又探讨其在实际场景中的应用;学术性与普及性相平衡,兼顾学术研究的深入需求与初学者的学习需求;前沿性与基础性兼顾,既夯实理论基础,又聚焦人工智能的最新技术进展。这些原则确保本书能够服务于不同层次的读者,为学术研究、技术实践提供双重支持。

全书分为基础篇、技术篇和应用篇。基础篇系统地梳理了人工智能的基本理论,包括概念、发展历史、知识表示与知识图谱、搜索策略等内容,帮助读者构建扎实的理论基础。技术篇深入解析人工智能核心技术,如机器学习、计算智能、神经网络、生成式人工智能、模式识别等经典技术,展示了人工智能技术在复杂问题求解中的优势。应用篇聚焦人工智能在智能制造、智慧交通、医疗健康、人文艺术等领域的实践与应用,阐释其在数字经济中的关键作用。

本书聚焦人工智能在推动数字经济高质量发展中的重要作用,通过理论与实践的深度融合展现其独特价值。本书具有以下特色。

（1）前沿性。本书全面介绍深度学习、大模型技术及其应用，帮助读者了解人工智能的最新发展。

（2）系统性。本书从理论到技术再到应用，构建完整的知识体系。

（3）实践性。本书通过多领域案例展示人工智能的实际价值。

（4）本书与数字经济结合，特别探讨了人工智能如何赋能数字经济发展，为读者提供数字化转型的实践指导。

本书的编写团队由多位学术界和产业界专家组成。陈晓红院士负责本书的大纲制订与整体框架设计；刘利枚教授负责统稿并校订全书；吴博、李欢、张震、刘星宝、杨俊丰、彭晗、李沁、颜达勋、王海东、韩付昌、尚苏培、陈杰等学者分工撰写各章内容。在此，我们谨向所有参与本书编写的人员，以及为本书提供理论与实践支持的机构与学者表示诚挚感谢！希望本书能够为读者提供知识启迪，并为推动人工智能的进一步发展贡献力量。

近年来，人工智能技术及应用快速发展，书中难免有不当和疏漏之处，敬请各位读者不吝赐教。

作　者

2025 年 2 月

目　录

基　础　篇

技　术　篇

应　用　篇

基础篇

第1章 绪 论

教学导引

(1) 掌握人工智能的基本概念。

(2) 了解人工智能的发展历史。

(3) 掌握人工智能各学派(符号主义、连接主义、行为主义)的认知观。

内容脉络

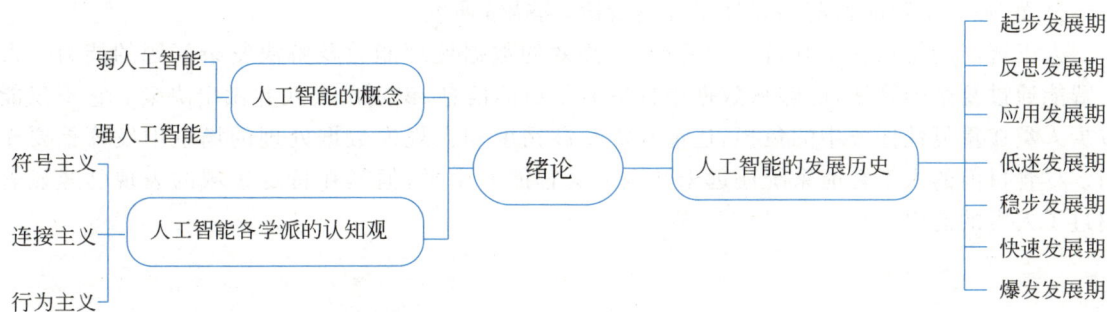

内容概要

本章对人工智能进行了简单的介绍,包括其概念、发展历史及其各学派的认知观。在数字经济蓬勃发展的时代背景下,人工智能作为关键技术,与大数据、云计算等深度融合,为各行业的变革带来了巨大动力。从金融领域的智能风险预测,到制造业的智能化生产,再到城市的智慧化管理,人工智能的应用场景不断拓展,其发展历史见证了技术与经济需求的相互促进,而不同学派的认知观也在不断指导和影响着人工智能在数字经济中的实践路径,推动整个社会向更智能的方向发展。

1.1 人工智能的概念

人工智能作为一门跨学科技术,起源于 20 世纪 50 年代的计算机科学领域。其早期发展得益于数学、逻辑、心理学、神经科学等多个学科的结合,这些学科的知识和方法为人工智能的研究奠定了基础。虽然目前还没有一个被广泛接受的标准定义,但普遍共识是其核心在于创造能够模拟、延伸或扩展人类智能的机器和系统。

1956 年,在达特茅斯会议(图 1-1)上,约翰·麦卡锡(John McCarthy)等人首次提出了"人工智能"这一术语。他们将人工智能描述为"计算机通过经验自动学习的能力",这一观点为人工智能的发展奠定了概念基础。具体而言,人工智能技术可以通过不同的手段和方法,使机器表现出类似人类的认知功能,如学习、推理、感知、决策等。其目标并非仅仅复制人类的行为,而是利用计算能力来超越人类在某些领域的能力。

图 1-1　1956 年达特茅斯会议

人工智能的研究可以大致分为弱人工智能和强人工智能两类。弱人工智能(或称狭义人工智能)专注于设计和开发在特定任务上表现出智能行为的系统,如语音识别、图像处理或棋类游戏等,典型例子包括智能手机中的虚拟助理和自动驾驶汽车,这些系统能够在限定的领域内执行复杂的任务,但并不具备通用的智能。相对而言,强人工智能(或称广义人工智能)旨在开发具备类人智能的系统,它们不仅能在特定任务上表现出智能,还能在广泛的任务中自主学习和适应,甚至具备与人类相似的认知和理解能力。然而,强人工智能目前仍然处于理论阶段,需持续研究。

人工智能的特点在于其自主学习能力、高效的数据处理能力及解决复杂问题的能力。人工智能通过复杂的算法,能够从数据中提取有价值的信息,识别出模式并做出决策。它不仅能减少人类在重复性任务中的负担,还能在需要高精度和大规模数据处理的场景中发挥重要作用。尽管目前的人工智能系统还远未达到人类智能的水平,但其在特定领域的表现已经显著超过了人类的能力。

1.2　人工智能的发展历史

人工智能自诞生以来经历了多个阶段的发展,其发展历史可大致划分为七个主要发展阶段(见图 1-2):起步发展期(1956—1960 年)、反思发展期(1960—1970 年)、应用发展期(1970—1980 年)、低迷发展期(1980—1990 年)、稳步发展期(1990—2010 年)、快速发展期(2010—2022 年)、爆发发展期(2022 年至今)。

1. 起步发展期(1956—1960 年)

人工智能的概念最早可以追溯到美国神经科学家麦卡洛克和逻辑学家匹兹,他们提出了神经元的数学模型,为人工智能的发展奠定了基础。1956 年,人工智能作为一门学科正式诞生,在达特茅斯会议上提出了"人工智能"这一术语。随后,艾伦·图灵提出了"图灵测试",进一步推动了人工智能的研究。在这一阶段,人工智能取得了诸如机器定理证明、跳棋程序、人机对话等令人瞩目的研究成果。

2. 反思发展期(1960—1970 年)

这个阶段是人工智能的第一个低谷。之前的乐观预测,如西蒙所说的"计算机将在十年内

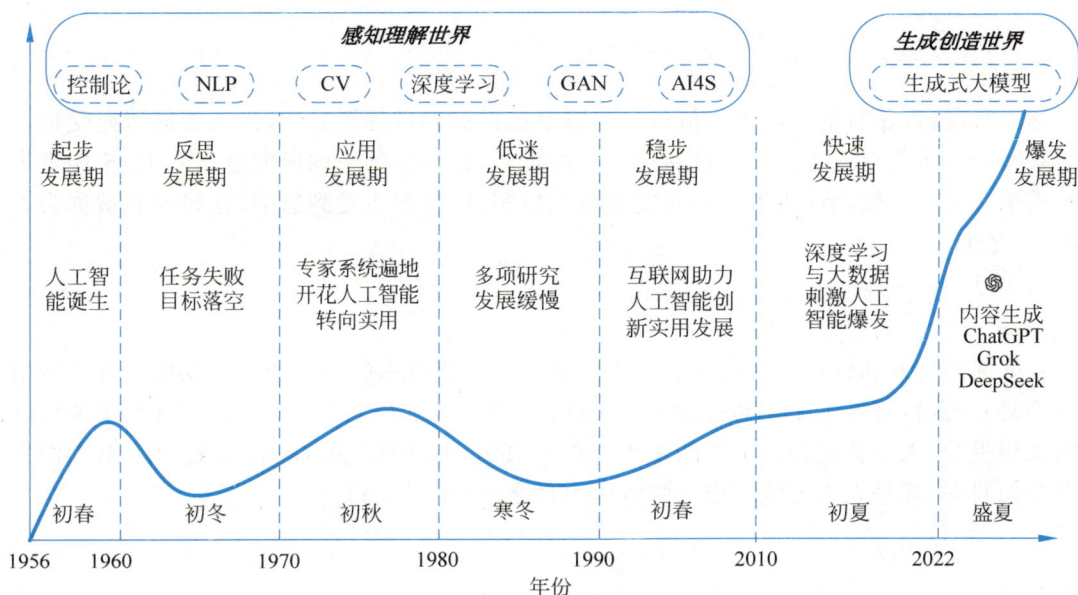

图 1-2 人工智能的发展历史

成为国际象棋冠军"等并没有实现,且早期人工智能程序在处理复杂问题时普遍表现不佳,使得研究者们开始反思,并导致人工智能研究在这一阶段受挫。但这一时期为后续发展奠定了基础,形成了许多新的思路,乔姆斯基提出了转换语法理论,纽厄尔和西蒙推出了通用问题求解器(general problem solver,GPS)。

3. 应用发展期(1970—1980 年)

随着人工智能技术的发展,专家系统逐渐兴起并开始实际应用。斯坦福大学开发了多个成功的专家系统,如 DENDRAL 和 MYCIN,它们利用领域知识解决了实际问题,并在医学和化学领域展示了人工智能的潜力。专家系统的成功推动了人工智能从实验室走向实用化。

如图 1-3 所示,专家系统是智能计算机程序系统,由知识库、推理机等组成,知识工程师与领域专家合作将知识存入知识库。最终用户提问后,推理机依据知识库知识推理得出结果。

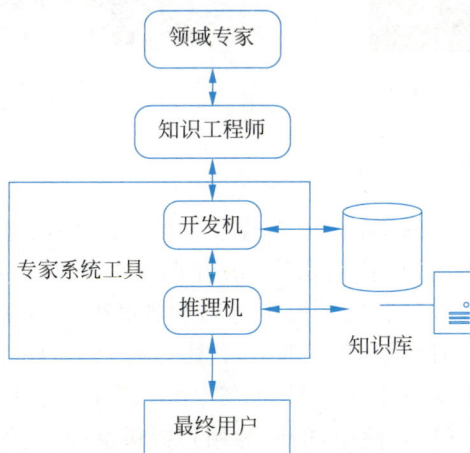

图 1-3 专家系统示例

4. 低迷发展期(1980—1990 年)

这一阶段,人工智能再次进入低谷。专家系统的脆弱性逐渐显现,人工智能研究受挫。英国的莱特希尔报告对人工智能的进展作出严厉批评,指出该领域的研究过于夸大,未能带来预期的成果。英国和欧洲的人工智能研究资金大幅削减,美国也受到影响,这段时间被称为人工智能的"冬天"。

5. 稳步发展期(1990—2010 年)

互联网的普及和计算机性能的提升推动了人工智能技术的回归和稳步发展。神经网络重新回到研究前沿,符号主义逐渐被连接主义取代。同时,随着个人计算机的广泛使用和计算能力的大幅提升,人工智能得到了新的发展契机。1997 年,IBM 的"深蓝"战胜国际象棋世界冠军卡斯帕罗夫,这是人工智能历史上的重大事件之一(见图 1-4)。

6. 快速发展期(2010—2022 年)

2010 年以后,深度学习、大数据的兴起使人工智能技术迎来了快速发展。2012 年,乔弗里·辛顿(Geoffrey Hinton)及其团队开发的深度学习系统 AlexNet 在 ImageNet 图像识别比赛中取得了显著的突破,显著提高了图像分类的准确性。这一成果标志着深度学习在计算机视觉领域的快速崛起,推动了人工智能研究的广泛应用和发展。2016 年,谷歌公司研发的 AlphaGo 战胜了围棋冠军李世石,展示了人工智能在复杂决策任务中的潜力(见图 1-5)。

图 1-4　在国际象棋对战中"深蓝"战胜人类

图 1-5　AlphaGo 战胜人类

7. 爆发发展期(2022 年至今)

2022 年,OpenAI 发布的 ChatGPT 标志着人工智能进入了"生成时代",并在多个领域展现出惊人的应用潜力,如文本生成、代码撰写、语音识别等。2024 年,OpenAI 发布的 Sora 开启了文生视频的新时代,成为人工智能发展史上的重要里程碑(见图 1-6)。在人工智能的发展浪潮中,国内的科技企业也不甘落后,纷纷推出了具有强大实力的生成模型。例如,百度推出的文心一言,能够进行高效的文本生成、知识问答、语言翻译等任务,在自然语言处理领域表现出色;字节跳动开发训练的豆包大模型,能够为用户提供准确、全面且富有深度的知识解答和各类文本创作辅助,在知识服务和创意启发方面展现出独特的价值;2025 年年初,深度求索(DeepSeek)推出的开源推理大模型 R1,通过突破性的算法创新,在复杂逻辑推理与多模态生成领域取得重要进展，其强大的语义理解与跨领域创作能力，为问题分析、科研辅助等专业场景提供了智能化解决方案，成为大模型发展的又一里程碑（见图1-7）。

图 1-6　Sora 视频生成结果示例

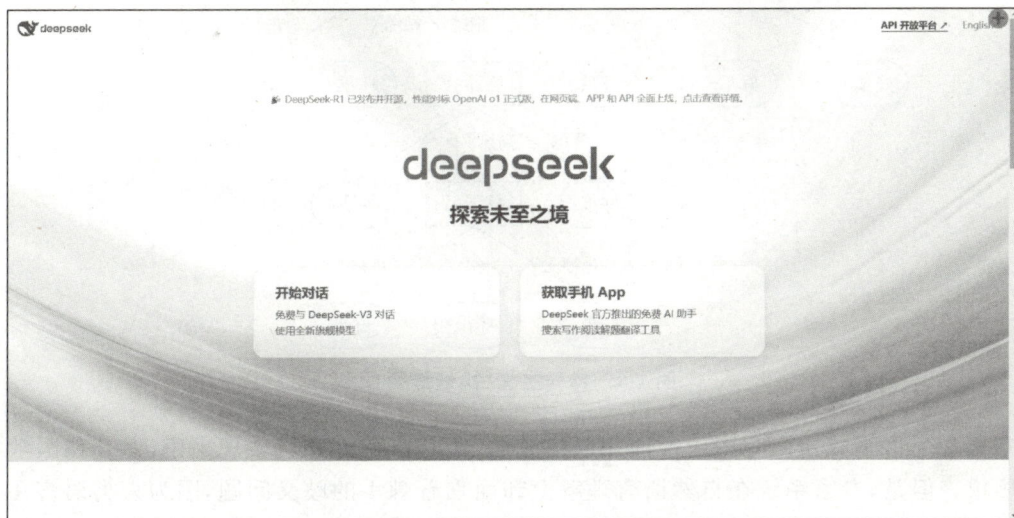

图 1-7　国产开源推理大模型产品截图

随着人工智能技术的不断进步，人工智能在自动驾驶、语音识别、计算机视觉、医学、机器人科学等领域取得了显著成就，并有望继续推动科学技术与人类社会的深刻变革。

1.3　人工智能各学派的认知观

自人工智能被正式提出以来，不同学者对人工智能有着不同的见解，由此逐渐形成了具有代表性的三大学派，它们分别是符号主义、连接主义和行为主义。

1.3.1　符号主义

符号主义是一种基于逻辑推理的智能模拟方法，也称为逻辑主义、心理学派或计算机学派。早期的人工智能研究大多属于这一派系,代表人物包括纽厄尔(Allen Newell)、西蒙(Herbert A. Simon)、麦卡锡(John McCarthy)、明斯基(Marvin Minsky)和费根鲍姆(Edward Feigenbaum)等。其代表性成果有逻辑推理、通用问题求解器、LISP 语言和专家系统等。

符号主义的思想源自数理逻辑,虽然符号主义学派内部的研究路径不尽相同,但"物理符号系统假说"最能代表这一学派的核心思想。该学派普遍认为,可以用符号来表示现实世界,将这些符号输入计算机,通过逻辑推理模拟人类思维,从而实现人工智能。纽厄尔和西蒙等人提出了一个更激进的观点:符号操作是实现智能系统的必要条件。然而,符号主义的方法对问题的简化认识过于简单,这也解释了为何早期的人工智能程序在处理复杂问题时表现不佳。如图 1-8 所示的就是一种挑选好西瓜的决策树算法,它正是符号主义的一种运用和体现。

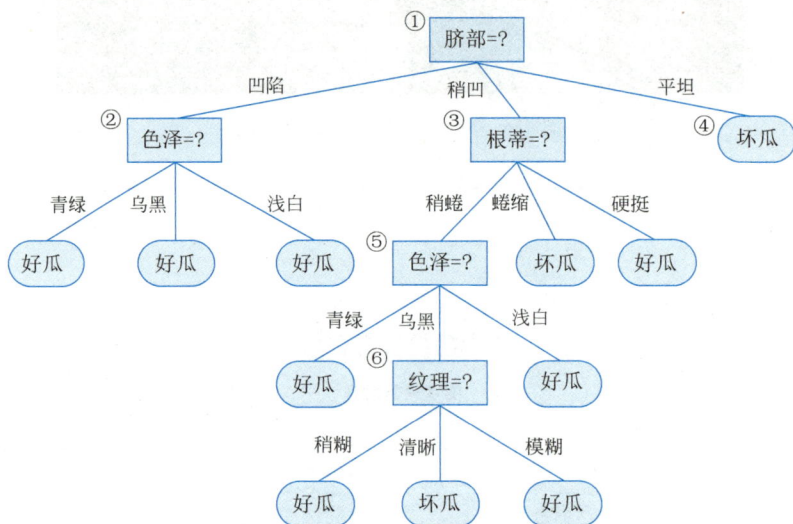

图 1-8　符号主义(挑选好西瓜)

专家系统将领域知识应用于推理并取得成功,使其在特定领域表现出色,尤其在医学和化学等领域。但是,专家系统在自然语言理解上却面临着棘手的歧义问题,因为人类语言在不同语境中的含义常常不同,而符号逻辑的规则无法充分解决这些差异。在某种程度上,专家系统可以看作"知识+推理"的组合,即在推理机上叠加了知识库,因此本质上它仍然属于定理证明系统。

专家系统的研究催生了人工智能中的"知识表示"领域。CYC(encyclopedia)项目(由道格拉斯·伦纳特主导)试图将人类常识编码为知识库,这种早期知识库后来演化为今天的知识图谱。例如,谷歌通过收购 Freebase 网站,将其改名为"知识图谱"。在推理系统中,知识通常以公理的形式存在,知识的积累有助于提升推理的准确性。

1.3.2　连接主义

连接主义(connectionism)主要基于神经元和神经网络的概念,试图模拟人类大脑的结构,而非像符号主义那样模仿人类思维(见图 1-9)。根据苏珊娜·埃尔库拉诺-胡泽尔(Suzana Herculano Houzel)等人在 2009 年的研究,成年人大脑平均含有约 860 亿个神经元,这些神经元组成了高度互联的庞大网络,是支撑人类智能最重要的物质基础。连接主义学派的核心思想是从神经元功能模拟出发,研究具有学习能力的人工神经网络。

　　神经元功能模拟的历史始于 1943 年,当时沃伦·麦卡洛克和沃尔特·匹兹提出了神经元模型,这一模型后来发展为最初的感知机。尽管感知机模型在一段时间内备受关注,但连接主义学派在早期并未取得显著成就,这就导致该方法遭到了一些批评。明斯基等学者指出,感知机虽然能够学习某些特定任务,但其表达能力非常有限。

　　连接主义的研究在 1986 年迎来了复兴,这得益于反向传播算法和深度神经网络的突破。虽然反向传播算法

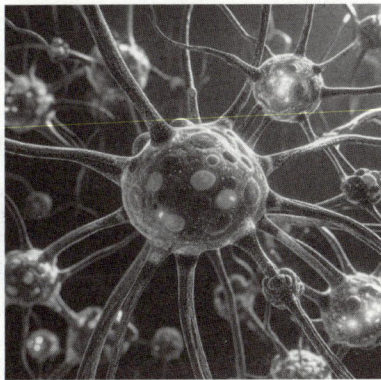

图 1-9　连接主义

并非神经网络研究者的原创发明,但在神经网络领域中被重新定义和广泛应用。进入 21 世纪后,随着计算能力的提升和大数据的积累,深度神经网络才实现了真正的飞跃,通过辛顿(Geoffrey Hinton)和杨立昆(Yann LeCun)等人的研究,深度分层网络、卷积神经网络等结构取得了突破性进展,逐渐成为人工智能领域的主流方法。此外,2024 年诺贝尔物理学奖授予了辛顿和霍普菲尔德(John J. Hopfield),以表彰他们“为推动利用人工神经网络进行机器学习做出的基础性发现和发明”。

　　可以看出,连接主义基于神经元的功能模拟,尽管其物理结构与人脑并非完全相同,但它强大的表达能力在多个领域取得了显著成果。

1.3.3　行为主义

　　行为主义(behaviorism)强调对生物智能行为的仿生,重点研究仿生机器人,因此行为主义科学家更多以机器人研究闻名(见图 1-10)。

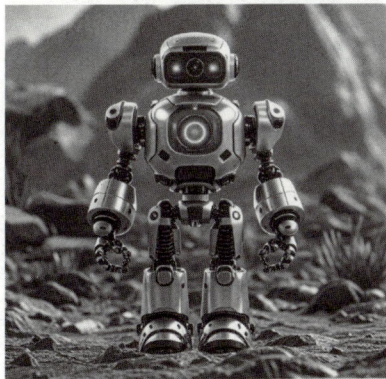

图 1-10　行为主义

　　早期的行为主义研究主要集中于对低等生物(如昆虫)的模拟,美国麻省理工学院的机器人专家罗德尼·布鲁克斯(Rodney Brooks)是行为主义人工智能的代表人物之一。他设计了简单的昆虫机器人,这些机器人没有复杂的大脑结构,也不依赖复杂的知识表示和推理,而是通过肢体和关节的协调动作来适应环境。布鲁克斯的观点是,智能并非来自复杂的顶层设计,而是通过生物体与环境的交互逐步涌现的,这是一种自下而上的过程。

　　近年来,仿生机器人研究的对象已不再局限于低等生物,模仿哺乳动物的足式机器人成为主要研究方向。仿生机器人的复杂性也在不断提高,甚至出现了能够模仿人类表情和动作的仿生机器人,还有能够执行复杂任务的机器人,如医疗护理、救援工作等,其典型代表就是波士顿动力早期非常出名的“大狗机器人”(见图 1-11)。

　　随着研究的深入,行为主义的研究方法也不再仅仅依赖对生物运动模型的理解。近年来,无模型的强化学习方法逐渐成为主流。通过这种方法,仿生机器人能够在复杂的物理世界中进行学习和推理。在此背景下,具身智能(embodied intelligence)的概念应运而生,这意味着人工智能不仅在虚拟世界中运作,还具备了与现实世界交互的能力。这一研究趋势体现了新

一代人工智能的发展方向,现代的行为主义研究已经超越了简单的生物行为仿生,研究重点逐渐转向赋予机器人理解世界及其复杂关系的能力,使其成为能够完成复杂任务的智能体。2025蛇年春节联欢晚会上,宇树科技机器人就身着秧歌服、手持红手帕登上舞台,与舞蹈演员们默契配合,上演了一场创意融合舞蹈《秧 Bot》(见图 1-12)。

图 1-11 波士顿动力的"大狗机器人"

图 1-12 融合舞蹈《秧 Bot》

1.4 本章小结

通过对人工智能的定义、发展历史(流派)及其应用领域的详细探讨,我们可以看到人工智能技术已经从理论研究阶段逐步走向实际应用,并在多个领域展现出巨大的潜力和变革力。人工智能不仅在科技领域取得了显著进展,还在人类生活的方方面面带来了深远影响。随着技术的不断进步,人工智能必将在未来发挥更加重要的作用,推动社会进步和经济发展。然而,我们也应关注其带来的伦理和社会问题,确保人工智能的发展始终朝着有利于人类福祉的方向前进。未来,人工智能的研究和应用将更加深入和广泛,期待这一技术能够为人类创造更加美好的明天。

课后习题

1. 人工智能的含义最早于（　　）年，由（　　）提出。

2. 1997 年著名的人机大战中，最终（　　）计算机以 3.5∶2.5 的总分将国际象棋棋王卡斯帕罗夫击败。

3. 下列不属于人工智能的学派的是（　　）。

　　A. 符号主义　　　　B. 机会主义　　　　C. 行为主义　　　　D. 连接主义

4. 下列关于人工智能的叙述不正确的有（　　）。

　　A. 人工智能技术与其他科学技术相结合，极大地提高了应用技术的智能化水平

　　B. 人工智能是科学技术发展的趋势

　　C. 因为人工智能的系统研究是从 20 世纪 50 年代才开始的，它是一个相对较新的领域，所以十分重要

　　D. 人工智能有力地促进了社会的发展

5. 人工智能有哪些研究领域？

6. 人工智能的远期目标是（　　），近期目标是（　　）。

7. 除了 ChatGPT，你还知道哪些大模型应用或者系统？你是否使用过它们？对它们的评价如何？

8. 你觉得未来人工智能的发展会是什么样子的？如果按照你的设想，你应该如何规划自己的学习和工作以应对未来？

第 2 章　知识表示与知识图谱

教学导引

（1）了解知识表示的基本概念、类别和基本方法。
（2）理解知识图谱的概念、组成和构建方式。
（3）掌握知识图谱的相关应用场景。

内容脉络

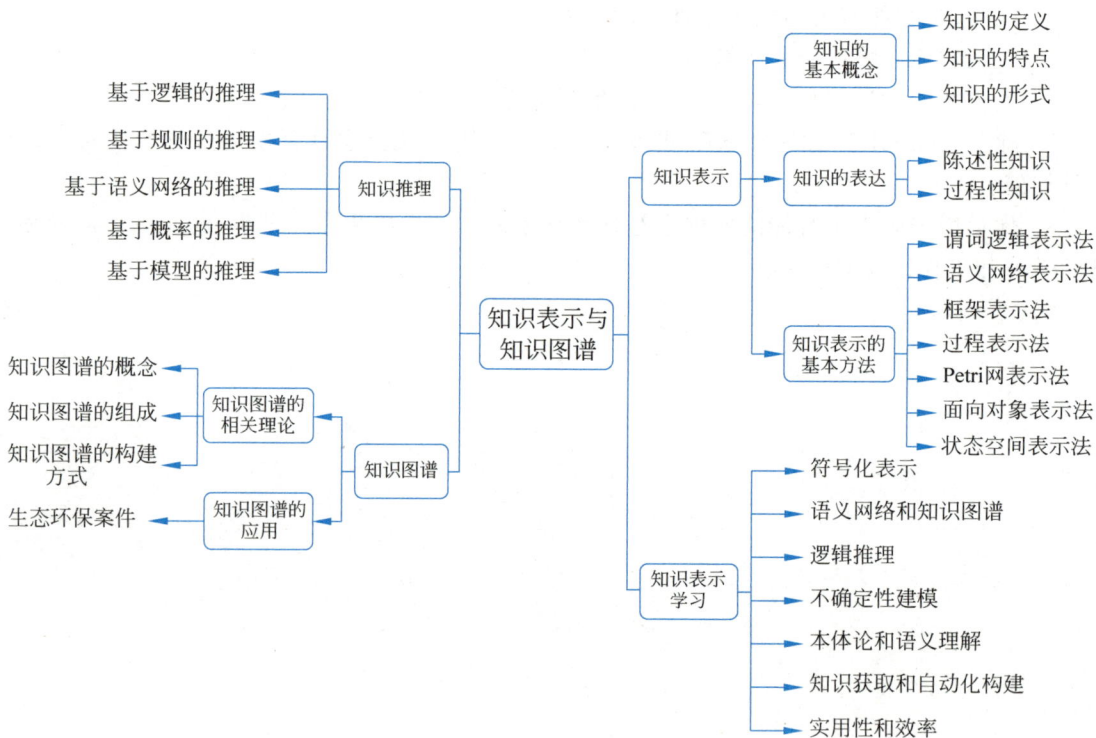

内容概要

在当今信息化和智能化浪潮的推动下，如何从海量数据中有效提炼和管理有用的知识，已经成为各领域面临的重大挑战。随着数据体量和复杂度的急剧上升，传统的知识管理手段已难以满足需求。本章将系统地介绍知识表示的基本理论及经典方法，同时深入探讨知识图谱的构建、推理及其在实际应用中的前景。通过分析知识表示与知识图谱的协同作用，揭示它们如何共同推动智能系统在数据处理、知识管理、信息搜索及决策支持中的广泛应用，并展望它们在未来智能化社会中的潜力和影响。

　　场景引入：清晨的城市街道上，一辆无人驾驶汽车平稳地行驶在车流中。车内没有驾驶员，只有一位年轻的程序员坐在后排，手中拿着平板电脑，实时监控车辆的运行状态。汽车的中央处理系统通过卫星定位、激光雷达和摄像头捕捉环境信息，并结合内置的知识库迅速做出决策：红灯亮起，车辆减速停下；行人靠近斑马线，汽车精准刹停。每一次操作，都依赖于人工智能对交通规则、实时数据和环境感知的深度理解。程序员微微一笑，这是他的团队多年努力的成果——一种将知识与技术完美结合的人工智能系统，它不仅重新定义了出行方式，也让他深刻体会到知识转化为现实生产力的震撼力量（见图 2-1）。

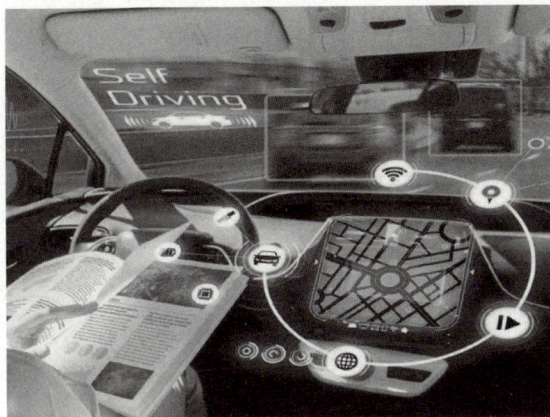

图 2-1　知识与自动驾驶

2.1　知　识　表　示

2.1.1　知识的基本概念

　　知识是指人类通过观察、思考和实践所获得的对客观世界的认知和经验的总和。它是一种信息的形式，经过个体的理解和内化，成为可以传递、存储、处理和应用的认识成果。

　　知识具有如下特点。

　　(1) 知识是对客观事实的观察、研究和总结，而非主观猜测。

　　(2) 知识是经过精心组织和整理的有序结构，知识之间存在着内在的逻辑和联系，构成了一个完整的认知体系。

　　(3) 知识是随着时代的更迭和科技的进步，持续更新、发展和完善的。

　　(4) 知识具有实用性，能够指导实践，推动社会的前进和发展。此外，知识是综合性的。它常常跨越多个学科和领域，体现了人类对世界复杂性的理解和掌握。

2.1.2　知识的表达

　　知识的表达是人类对世界的认知和经验的表达与体现。这种表达可以通过多种形式来实现，如语言和文字表达。人们用语言书写、口头传播，以及使用各种文字和符号来记录、传递和分享知识。知识的表达方式包括书籍、论文、文章、报告等，以及口头演讲、讲座等。符号和标识也是一种常见的知识表达方式，如数学符号、化学元素符号、地图上的标志等。这些符号和标识能够简洁明了地表示特定的概念、信息或指示，为知识的传达提供了便利。知识也可以通过视觉形式表达，如图表、图像、地图、表格等。视觉表达可以直观地展示数据、关系、模型等，使知识更加易于理解和传播。此外，知识也可以通过表演和演示的形式进行展示和传达，如实验演示、模拟操作、艺术表演等。这种形式的表达通常能够更生动地呈现知识内容，激发观众的兴趣和理解。另外，随着科技的发展，知识的表达方式也在不断丰富和创新，现代科技媒体如互联网、社交媒体、视频平台等成为知识传播的重要渠道，人们可以通过网络平台分享、交流和获取知识，如图 2-2 所示。

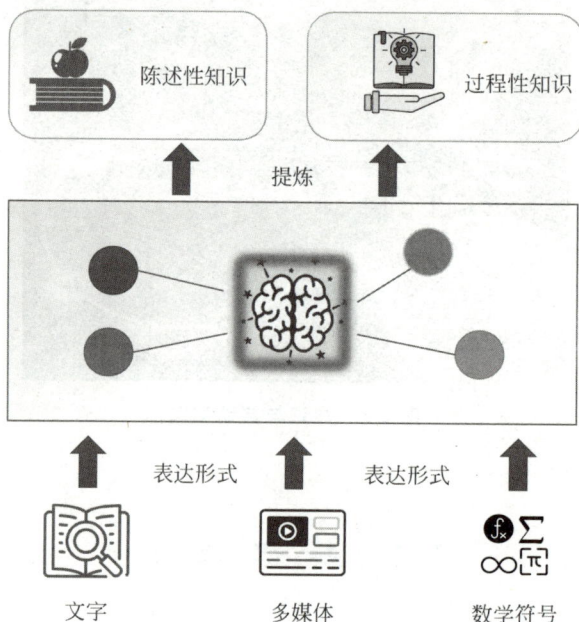

图 2-2　知识的表达

根据呈现形式的不同，知识可以分为陈述性知识和过程性知识两类。

（1）陈述性知识。陈述性知识是描述或陈述事实、概念、原理、规律等的知识形式，其主要目的是传达信息和理解现象。这种知识表示可以通过语言文字、图表、符号等形式进行。陈述性知识通常是客观的、可验证的，其内容可以被证实或证伪。它不仅可以包括基础性的常识和事实，也可以涉及专业领域的理论和定理。陈述性知识具有系统性、准确性、清晰性和全面性等特点，它是构建理论、推动科学发展及解决实际问题的基础。

（2）过程性知识。与陈述性知识不同，过程性知识更注重实践和执行，通常需要通过实践和经验来获得。过程性知识的表示方式可以是指导性说明书或流程图、示范和模拟、案例分析和实践经验分享、互动式学习环境、技能培训和实地实习。其关键在于将理论知识转化为实践能力，培养学习者的操作技能和解决问题的能力，从而使他们能够有效地应用所学知识来解决实际问题。

2.1.3　知识表示的基本方法

由于知识本体是一个抽象的概念,为了更好地学习和转化知识,需要把知识概念转化为具体的内容,因此需要知识表示方法。知识表示的基本方法有以下七种:谓词逻辑表示法、语义网络表示法、框架表示法、过程表示法、Petri 网表示法、面向对象表示法、状态空间表示法。

1. 谓词逻辑表示法

谓词逻辑是一种数理逻辑的分支,也被称为一阶逻辑或第一阶逻辑。它是用来表示和推理关于个体和对象之间关系的形式化系统。谓词逻辑在人工智能、计算机科学、哲学和语言学等领域中有着重要的应用。在谓词逻辑中,个体是指具体的对象或实体,可以用常量或变量来表示,如 (a,b,c) 或 (x,y,z)。谓词是用来描述个体之间关系的符号。例如,$P(x)$ 表示个体 x 具有属性 P,$R(x,y)$ 表示个体 x 和 y 之间存在关系 R。逻辑符号用来构建逻辑表达式,包括命题逻辑中的逻辑连接词和谓词逻辑中的量词。

谓词逻辑中的连接词用于将简单命题组合成更复杂的命题,这些连接词与命题逻辑中的连接词类似,常见的逻辑连接词包括合取($\wedge$)、析取($\vee$)、否定($\neg$)、条件($\rightarrow$)和双条件($\leftrightarrow$)。

(1) 合取($\wedge$)用于连接两个命题,表示"且""并且"。只有当两个命题都为真时,合取命题才为真。例如,$P(x) \wedge Q(x)$ 表示"x 满足命题 P 且满足命题 Q"。

(2) 析取($\vee$)表示"或",当至少一个命题为真时,析取命题为真。例如,$P(x) \vee Q(x)$ 表示"x 满足命题 P 或者满足命题 Q"。

(3) 否定($\neg$)表示否定一个命题,当命题为假时,否定命题为真。例如,$\neg P(x)$ 表示"x 不满足命题 P"。

(4) 条件($\rightarrow$)表示"如果……则……",即当前件为真且后件为假时,条件命题为假,其他情况下为真。例如,$P(x) \rightarrow Q(x)$ 表示"如果 x 满足命题 P,则 x 满足命题 Q"。

(5) 双条件($\leftrightarrow$)表示"当且仅当……",当两个命题都为真或都为假时,则双条件命题为真。例如,$P(x) \leftrightarrow Q(x)$ 表示"x 满足命题 P 当且仅当 x 满足命题 Q"。

谓词逻辑中的量词用于表示命题中涉及的对象范围,即这些命题适用于某个范围内的哪些对象。谓词逻辑中主要有两种量词:全称量词($\forall$)和存在量词($\exists$)。全称量词表示"对所有对象……都成立",适用于整个论域的所有元素。例如,$\forall x(x>0 \rightarrow x^2>0)$ 表示"对所有 x,如果 x 大于 0,则 x 的平方大于 0"。存在量词表示"存在至少一个对象……使得……",表示论域中至少存在一个元素满足命题。例如,$\exists x>0 \wedge x<1$ 表示"存在一个 x,大于 0 且小于 1"。

谓词逻辑中的连接词和量词可以灵活结合使用,以表达复杂的命题。通过这种结合,可以构建具有多个条件、范围约束的逻辑表达式,如图 2-3 所示。

谓词逻辑被广泛应用于人工智能领域,包括知识表示、推理系统、自然语言处理等,用于模拟和处理复杂的现实世界关系和语义。谓词逻辑作为一种形式化的逻辑体系,为处理和推理关于个体和属性的复杂信息提供了有效的工具和方法。它在人工智能领域的应用非常重要,能够帮助计算机系统理解和处理丰富多样的语义信息和知识。

2. 语义网络表示法

语义网络是一种图形化的知识表示方法,用于描述事物之间的语义关系和属性。它以节

用谓词逻辑表示下列知识
- 北京是一个美丽的城市，并且它是一个内陆城市
- 北京是中国的首都
- 每一个国家的首都在这个国家内

定义谓词和个体域如下：
- Bcity（x）：x是一个美丽的城市
- Acity（x）：x是一个内陆城市
- CapitalOf（x，y）：x是y的首都
- LocatedIn（x，y）：x位于y
- x∈{城市}，y∈{国家}

将个体带入谓词中：
- Bcity（北京）
- Acity（北京）
- CapitalOf（北京，中国）
- LocatedIn（北京，中国）

根据语义，用谓词逻辑连接：
- Bcity（北京）∧Acity（北京）
- CapitalOf（北京，中国）
- ∀x，y CapitalOf（北京，中国）→ LocatedIn（北京，中国）

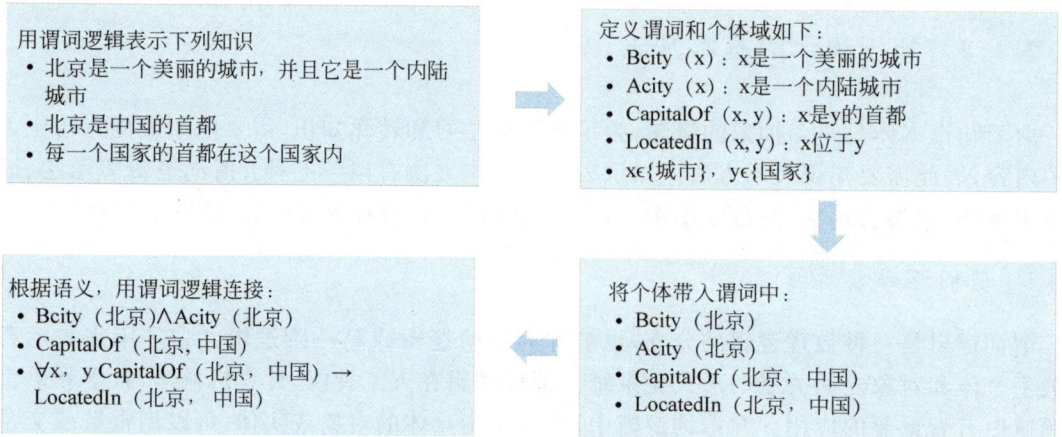

图 2-3　谓词逻辑表示法

点和边的形式组织和表示知识，通常用于表示实体之间的关系、概念的层次结构及属性信息。语义网络在人工智能、自然语言处理、信息检索和知识图谱等领域中得到广泛应用。

在语义网络表示法中有节点（node）、边（edge）、关系（relation）、属性（attribute）四种组成部分。

（1）节点代表语义网络中的实体或概念，每个节点通常有唯一的标识符，用于区分不同的概念或对象。例如，一个节点可以表示一个物体（如"苹果"）、一个抽象概念（如"水果"）、一个属性（如"红色"）等。

（2）边表示节点之间的关系或连接，描述了实体之间的语义关联。边可以是有向的（表示关系的方向）、无向的（表示对称关系）或带有权重的（表示关系的强度或重要性）。例如，一个边可以连接两个节点，表示"苹果"节点与"水果"节点之间的属于关系。

（3）关系描述了节点之间的语义关联，用于表达实体之间的不同类型的关系。关系可以是具体的（如"父子关系""包含关系"）或抽象的（如"相关性""类别关系"）。例如，一个关系可以连接"苹果"节点和"红色"节点，表示"苹果是红色的"这种属性关系。

（4）节点可以具有属性，描述了节点所代表的实体的特征或性质。属性通常与节点关联，用于丰富节点的语义含义。例如，对于"苹果"节点，可能具有属性"颜色：红色""形状：圆形"等。

语义网络是一种图形化的知识表示方法，用于描述事物之间的语义关系和属性。它以节点和边的形式组织和表示知识，通常用于表示实体之间的关系、概念的层次结构及属性信息。语义网络在人工智能、自然语言处理、信息检索和知识图谱等领域中得到广泛应用。语义网络中的基本语义关系用于描述不同概念之间的相互联系，常见的基本语义关系如表 2-1 所示。

表 2-1　常见的基本语义关系

语义关系	定义	举例
分类关系	一种层次关系，表示一个概念是另一个更一般概念的子类或具体实例	猫是动物
实例关系	表示某个具体对象是某个概念类的实例	汤姆猫是猫的一个特例
部分—整体关系	表示某个对象由其他对象组成	车轮是车的一部分
属性关系	某个对象具备特定的特征	猫具有颜色

语义关系	定　义	举　例
因果关系	表示一个概念或事件会导致另一个概念或事件的发生	暴雨导致洪水
动作关系	表示某个对象能够执行某个动作或行为	鱼会游泳
相似关系	表示两个概念或对象在某些特征上相似	小明和小红这对双胞胎长得十分相似
时空关系	表示对象之间具有时空上的先后顺序	吃饭在睡觉之前
拥有关系	描述某个对象归属于某个主体或被某个对象拥有	小明拥有一本书
目的关系	表示一个行为或事件的目的,说明某个动作或概念是为了达到某种目标	学习的目的是增长知识
作用关系	表示某个主体执行某个动作或事件,通常用于描述某个对象是某个动作的执行者	医生为病人进行手术
依赖关系	表示某个概念或对象的存在依赖于另一个概念或对象	植物依赖阳光生长

如图 2-4 所示是一个简单的语义网络示例。

节点:苹果、水果、红色。

边和关系:边 1,连接节点 1 和节点 2,表示"苹果是一种水果"(属于关系);边 2,连接节点 1 和节点 3,表示"苹果是红色的"(属性关系)。

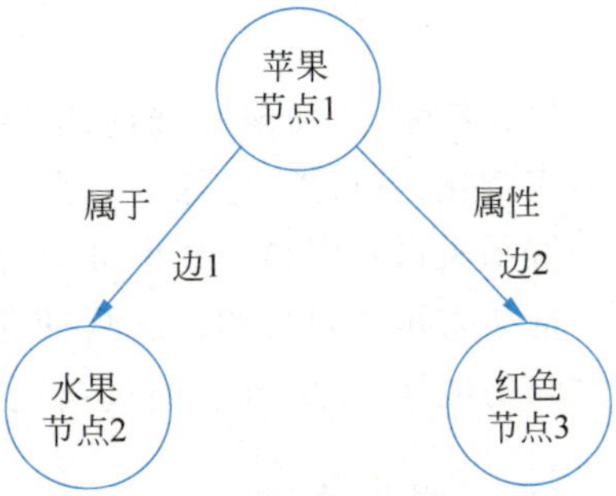

总体而言,语义网络表示法具有直观性、灵活性等特点。语义网络表示法的结构易于理解和解释,有助于直观地表示实体之间的关系和属性,能够提高知识的重用性和灵活性。语义网络表示法在知识图谱、自然语言理解、智能搜索和推荐系统等领域中发挥重要作用,为计算机系统理解和处理语义信息提供了有效的工具。

图 2-4　语义网络示例

3. 框架表示法

框架表示法用于组织和描述复杂的概念和知识结构。它是一种基于面向对象的模型,通过定义和组织对象、属性和关系来表示现实世界中的事物和概念。框架表示法广泛应用于人工智能、语义网络、专家系统等领域,可以有效地表示和处理具有层次结构和复杂关系的知识。

框架表示法由框架(frame)、槽(slot)、实例化(instantiation)和继承(inheritance)等组成。

(1)框架是一种用于表示特定类别或类型的模板,描述了该类别的通用特征、属性和行为。框架包含了概念的基本信息和属性,以及与其他框架之间的关系。

(2)槽是框架中的一部分,用于存储特定属性或关联的信息。槽可以包含属性的名称、值、约束条件等信息。

(3)实例化可以创建特定的对象或实例,填充框架中的槽,并赋予具体的值和属性。框架表示法允许通过实例化来描述现实世界中的具体事物和概念。

(4)框架可以通过继承机制实现类别之间的层次结构和共享属性。子框架可以继承父框架的属性和行为,并可以进一步定义和扩展特定的属性或行为。

框架表示法如图 2-5 所示,以表示动物概念为例。

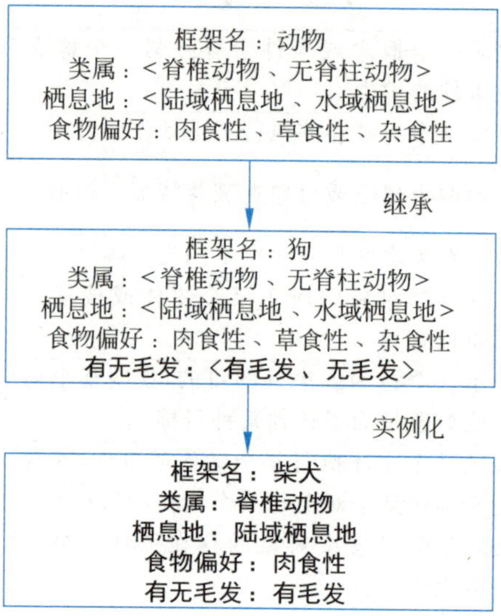

图 2-5　框架表示法

槽:名称、食物偏好、栖息地、特征等。

实例化:狗、猫、鸟等。

继承关系:狗和猫继承自动物,具有共享的属性和行为,如食物偏好、栖息地等。

框架表示法可以将知识模块化和组织化,易于管理和扩展。它支持抽象概念的表示和类别之间的继承关系,并且通过描述复杂的概念和关系,来捕捉丰富的语义信息。

4. 过程表示法

过程表示法用于描述系统中的过程、活动和事件的模型。它主要关注系统中的动态行为,描述各种操作和过程的执行顺序、条件和结果。过程表示法常用于软件工程、流程管理、系统建模和业务流程优化等领域。

过程表示法的组成包括过程(process)、活动(activity)、流程图(flowchart)、控制流(control flow)、数据流(data flow)等。

(1)过程是系统中的一个活动或操作,描述了执行特定任务所需的步骤和方法。过程既可以是简单的原子操作,也可以是复杂的组合操作,通常涉及输入、处理和输出等阶段。

(2)活动是过程中的一个具体执行步骤,表示系统中的某个行为或动作。活动可以包括任务执行、数据处理、决策判断等操作。

(3)流程图是一种图形化表示方法,用各种符号和连接线表示不同的过程和活动。

(4)控制流描述了过程中活动的执行顺序和条件,如顺序执行、条件分支、循环等。控制流图可以展示活动之间的依赖关系和流程逻辑。

(5)数据流描述了过程中数据的传递和处理过程,显示了输入、输出和中间数据的流动路径。数据流图可以帮助理解数据在系统中的流转和转换过程。

过程表示法可以应用在软件工程、流程管理与优化、系统建模和仿真、工程项目管理等领域。在软件开发过程中,过程表示法用于描述程序的执行流程、模块之间的调用关系和数据传递路径,帮助理解和设计软件系统的逻辑结构。如图 2-6 所示为过程表示法。

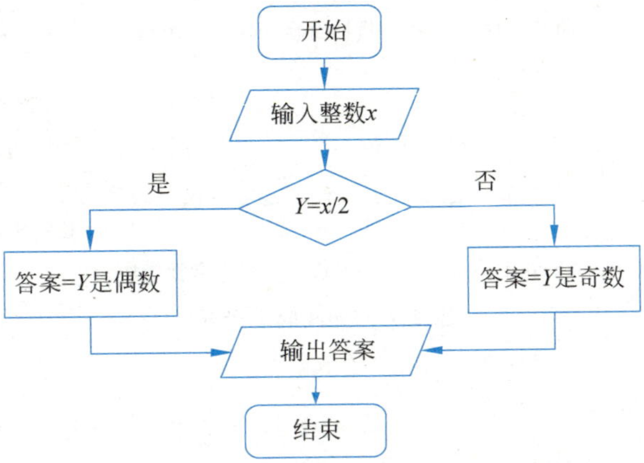

图 2-6　过程表示法

过程表示法是一种图形化表示方法,有助于业务系统的分析、设计和优化。在业务流程管理中,过程表示法用于建模和分析组织内部的业务流程,识别瓶颈和优化机会,从而提高工作效率和质量。在系统建模和仿真上,过程表示法可以帮助分析系统的行为、性能和稳定性,评估设计方案的可行性和效果。在工程项目管理中,过程表示法用于制订和优化项目执行计划,确定任务和资源分配方案,确保项目按时完成和交付。

5. Petri 网表示法

Petri 网是一种数学和图形化的建模工具,用于描述系统中的并发过程、状态转移和资源分配。它是由德国数学家 Carl Adam Petri 在 1962 年提出的,广泛应用于描述和分析各种并发系统、工作流程、生产系统等。

Petri 网的组成包括位置(place)、变迁(transition)、连接弧(arc)、标记(token)。

(1)位置表示系统中的状态或条件,通常用圆圈表示。每个位置可以包含一定数量的标记,表示系统的状态。

(2)变迁表示系统中的活动或事件,通常用矩形框表示。变迁描述了从一个状态到另一个状态的转移条件和规则。

(3)连接弧表示位置和变迁之间的关系,用于描述状态转移的触发条件。连接弧可以是有向的,从位置指向变迁或从变迁指向位置。

(4)标记是 Petri 网中位置的状态,表示系统中某种资源或条件的存在。标记通常用圆点或其他符号表示。

Petri 网描述了系统中的并发和同步行为,通过位置、变迁和连接弧的组合来模拟系统的运行过程。当变迁的前置位置(输入位置)满足特定的触发条件时,变迁可以发生,消耗前置位置的标记,并向后置位置(输出位置)添加标记,从而改变系统的状态,如图 2-7 所示。

Petri 网表示法提供了形式化的建模方法,支持系统的自动化分析和验证,能够有效地描述和分析系统中的并发行为和资源竞争。作为一种强大的建模工具,Petri 网被应用在并发系统建模、工作流程管理、生产系统调度、通信协议分析、软件系统设计领域等方面,为分析和设计各种复杂系统提供了有效的方法和工具。

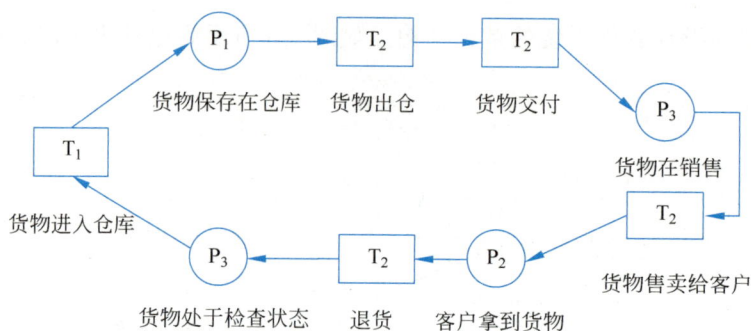

图 2-7　Petri 网表示法

6. 面向对象表示法

面向对象表示法是一种软件工程中常用的知识表示方法,基于面向对象的设计原则和思想,用于描述系统中的对象、类别、属性和关系。面向对象表示法将现实世界中的事物抽象为对象,通过定义对象的属性和方法来描述其特征和行为,从而构建系统的模型和设计。

面向对象表示法的组成包括对象(object)、类(class)、属性(attribute)、方法(method)、关系(relationship)。

(1) 对象是系统中的实体,代表现实世界中的具体事物或抽象概念。每个对象都具有唯一的标识符,具有状态(属性)和行为(方法)。

(2) 类是对象的模板或蓝图,用于定义相同类型对象的共同属性和行为。类包含了对象的属性(数据成员)和方法(成员函数)。

(3) 属性描述了对象的特征或状态,是对象内部的数据成员。属性通常具有类型、值和可见性等属性。

(4) 方法是对象可以执行的操作或行为,是对象的行为特征。方法定义了对象如何响应某些操作或请求。

(5) 关系描述了类或对象之间的联系和互动方式,包括继承、关联、依赖和聚合等关系。面向对象表示法如图 2-8 所示。

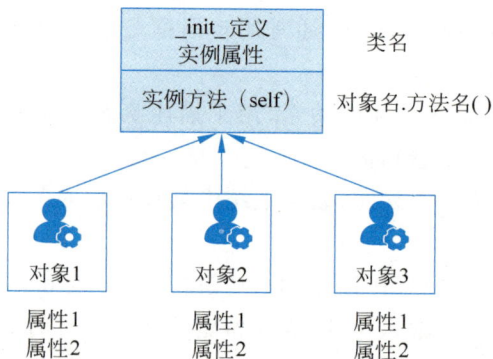

图 2-8　面向对象表示法

面向对象表示法的优点和意义在于,它通过对象和类的抽象,实现了系统模块化和封装,从而提高了代码的复用性和可维护性;它支持继承和多态机制,实现了代码的灵活性和扩展性;通过类的划分和组织,它实现了系统的模块化设计,降低了系统的复杂度。此外,它能够更好地映射现实世界中的问题和解决方案,进而提高系统的逼真性和效率。面向对象表示法被广泛应用于软件开发和系统设计领域,包括软件建模和设计、面向对象编程、UML 建模、系统分析与设计等。

7. 状态空间表示法

状态空间表示法(state space method)是知识表示法中的一种重要方法,它通过定义问题的各种可能状态及其之间的关系,帮助分析和解决问题,其核心思想是将问题的求解过程表示为状态之间的转换,被广泛应用于人工智能、机器学习、自动规划、搜索算法等领域。

状态空间表示法由状态空间、初始状态、目标状态、操作、路径几个部分组成。

(1)状态空间是所有可能状态的集合。每个状态代表着问题在某一时刻的具体情况,整个状态空间涵盖了问题所有可能的变化。状态空间可以用图或树的形式表示,每个节点代表一个状态,边代表从一个状态转换到另一个状态的操作或动作。

(2)初始状态是问题开始时的状态,通常是系统已知的、给定的状态。它是状态空间搜索的起点。在很多问题中,初始状态通常是问题未解决时的状态。

(3)目标状态是问题最终需要达到的状态,通常代表问题的解决方案。在状态空间中,目标状态是搜索的终点。

(4)操作定义了从一个状态到另一个状态的合法转换规则,即如何从当前状态生成下一个状态。例如,在路径规划问题中,操作可以是机器人从一个位置移动到下一个位置。

(5)路径在状态空间图中是由一系列状态节点和连接它们的边组成的,从初始状态到目标状态的路径表示问题的求解过程。

例如,在汉诺塔问题中,已知三根柱子 1 号、2 号和 3 号,两个圆盘 A 和圆盘 B。初始状态是圆盘 A 和圆盘 B 在 1 号柱子上,并且圆盘 A 在圆盘 B 上方。目标状态是圆盘 A 和圆盘 B 移动到了 3 号柱子上,圆盘 A 在圆盘 B 上方,如图 2-9 所示。

图 2-9　状态空间表示法

如果用 $S=(a,b)$ 表示圆盘 A 和圆盘 B 的在柱子上的状态,a 表示圆盘 A 的序号,b 表示圆盘 B 的序号,那么有以下九种状态:

$$S_0=(1,1),\quad S_1=(1,2),\quad S_2=(1,3)$$
$$S_3=(2,1),\quad S_4=(2,2),\quad S_5=(2,3)$$
$$S_6=(3,1),\quad S_7=(3,2),\quad S_8=(3,3)$$

最终目的是从状态 S_0 到 S_8。

状态空间表示法有问题抽象性、系统性、搜索策略灵活、复杂度高等特点。其中,问题抽象性是指状态空间法将现实中的问题抽象为状态和操作,具有很好的通用性。无论是路径规划、游戏问题、谜题求解,还是机器学习中的优化问题,都可以用状态空间表示。系统性是指通过状态空间,可以系统地分析问题的每一个可能状态,确保不会遗漏任何一个解。这种方法使得问题求解的每一步都是有依据的。搜索策略灵活是指状态空间法可以结合不同的搜索策略(如深度优先搜索、广度优先搜索、启发式搜索等),以适应不同问题的求解需求。复杂度高是指在某些大规模问题中,状态空间可能非常庞大,搜索的时间复杂度和空间复杂度可能迅速增加。因此,优化搜索算法和减少冗余状态的探索是应用状态空间法时常遇到的挑战。

状态空间表示法常用于搜索问题、自动规划、路径规划、决策问题、控制系统等应用场景。在搜索问题中,状态空间表示法广泛应用于各种搜索问题。例如,在迷宫求解、八数码问题、棋类游戏中,状态空间表示了问题的所有可能状态,通过搜索找到最优解。自动规划是人工智能中的一个重要任务,状态空间表示法是解决规划问题的常用方法之一。在此场景中,状态空间表示规划中的每个步骤,通过搜索可以找到一系列操作步骤,最终实现预定的目标。路径规划问题(如机器人导航、无人机路径设计等)通常会使用状态空间法来表示不同的位置信息。系统通过在状态空间中搜索最优路径,实现从起点到目标点的安全高效导航。在决策分析和博弈论中,状态空间表示法可以用于表示所有可能的决策和对策。决策者通过对状态空间的搜索,找到最优决策路径。状态空间表示法在控制理论中也有应用。例如,在机器人控制、无人驾驶等应用中,状态空间表示系统的当前状态,通过状态转移函数可以推导出最优控制策略。

2.2　知　识　图　谱

2.2.1　知识图谱的概念

进入 21 世纪,随着互联网的蓬勃发展和知识的爆炸式增长,搜索引擎得到了广泛应用。传统的搜索引擎技术能够根据用户查询快速排序网页,提高了信息检索的效率。然而,这种网页检索效率并不意味着用户能够快速准确地获取信息和知识。面对搜索引擎返回的大量结果,用户仍需进行人工排查和筛选。随着互联网海量信息的不断增长,传统的网页检索方式(仅包含网页及其链接的文档)已无法满足人们迅速获取和全面掌握信息资源的需求。为了满足这种需求,知识图谱技术应运而生。知识图谱力求通过更加有序、有机地组织知识,使用户能够更加快速、准确地访问所需信息,并进行知识挖掘和智能决策。

知识图谱(knowledge graph)是一种语义网络,它用于表示现实世界中的实体、概念、关系及它们之间的联系。知识图谱的核心思想是将结构化的、语义丰富的知识以图的形式进行建模和表示,使计算机能够更好地理解和处理这些知识。知识图谱的概念和发展可以追溯到20 世纪 90 年代初期,Tim Berners-Lee 等人提出了语义网(semantic web)的概念,旨在构建一种基于语义的互联网结构,使数据具有更强的语义化表达和链接能力,语义网的理念为知识图谱的发展奠定了基础。到了 1998 年,万维网联盟 W3C 组织提出了 RDF(resource description framework)标准,用于描述和链接网络上的资源。RDF 是语义网的基础技术之一,也为知识图谱的发展提供了重要支持。2012 年,Google 在前人的基础上推出其知识图谱项目,将语义化的知识表示和知识图谱引入搜索引擎领域,提供更加智能化的搜索和信息展示。之后,随着深度学习的不断发展,知识图谱在构建模式、语义推理及可视化等关键技术上更新迭代,知识图谱也变得更加完善。

根据功能和应用场景的不同,知识图谱可以划分为通用型知识图谱和领域型知识图谱。通用型知识图谱中的知识以常识性为主,强调的是知识的广度。而领域型知识图谱的知识是面向某个具体的行业领域,知识具有专业性,强调知识的可靠性和深度。

2.2.2　知识图谱的组成

知识图谱的基本元素包括实体、关系及属性。这些元素在知识图谱中相互连接,形成了丰富的语义网络。知识图谱一般可以用三元组表示,即<实体,关系,实体>或者<实体,属性,属性值>等。以下是知识图谱的基本元素及其解释。

(1) 实体(entity)。实体代表现实世界中的具体事物,可以是人、地点、物体、概念等。每个实体通常都具有一个唯一的标识符,如实体的名称或 ID。

示例:张三(人物)北京(地点)桌子(物体)。

(2) 关系(relation)。关系描述实体之间的联系或关联,表达它们之间的某种语义关系。例如,"位于"可以是将地点实体和物体实体联系起来的关系。

是(类别关系):<张三,是,一名教师>

出生在(出生地关系):<张三,出生在,北京>

位于(地理关系):<北京,位于,中国北方>

(3) 属性(attribute)。属性是描述实体特征或属性的信息,如实体的属性可以包括年龄、颜色、大小等。属性通常与特定的实体相关联。

如图 2-10 所示为一个面向公司架构的知识图谱示例。

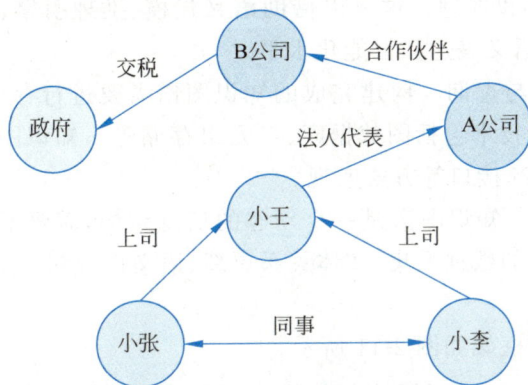

图 2-10　知识图谱示例

知识图谱的目标是通过组织和连接大量的实体、关系和属性,构建出一个丰富而具有语义的知识网络。这种网络不仅是存储和检索信息的数据库,更是能够支持语义推理、信息发现和智能问答等高级应用,从而提升计算机在理解和处理知识方面的能力。

2.2.3　知识图谱的构建方式

1. 构建知识图谱的一般方式和步骤

知识图谱的构建是一个复杂而多层次的过程,涉及数据收集、知识抽取、实体关系建模、语义表示等多个阶段。知识图谱的构建方式有三种,分别是自底向上、自顶向下和二者混合。自底向上的构建方式是从开放链接的数据源中提取实体、属性和关系,并将它们加入知识图谱的数据层;然后将这些知识要素进行归纳组织,逐步抽象为概念,最后形成模式层。自顶向下则是从最顶层的概念开始构建顶层本体,然后细化概念和关系,形成结构良好的概念层次树。而将自顶向下和自底向上结合的方式,则是在知识抽取的基础上,先归纳构建模式层,之后对新知识和数据进行归纳总结,从而迭代更新模式层,并基于更新后的模式层进行新一轮的实体填充。下面是构建知识图谱的一般方式和步骤。

(1) 数据收集。构建知识图谱的第一步是收集相关数据。数据可以来自各种来源,包括结构化数据(如数据库)、半结构化数据(如网页数据、文档)、非结构化数据(如文本、图片、音频、视频等)。数据收集需要考虑数据的质量和覆盖范围,以确保知识图谱的完整性和准确性。

(2) 实体识别与抽取。在收集到的数据中,需要识别和抽取出表示现实世界实体的对象或概念。实体可以是人物、组织、地点、事件等。实体识别可以借助命名实体识别(named entity recognition)等自然语言处理技术来实现。

(3) 关系抽取。识别实体之间的关系是构建知识图谱的关键步骤。关系可以是实体之间的语义关联、属性关系、事件触发关系等。关系抽取可以利用文本挖掘、信息抽取等技术来从文本或数据中提取出关系信息。

(4) 知识表示与建模。将实体和关系以图的形式进行表示和建模是知识图谱的核心。实体和关系用节点和边表示,形成一个图形结构。实体和关系的属性和特征也需要进行适当的表示,以支持后续的语义理解和推理。

(5) 语义链接和语义推理。构建知识图谱不仅是简单地抽取实体和关系,还需要对实体之间的语义关系进行链接和推理。这可以借助语义建模、推理引擎、图神经网络等技术来实现,从而提高知识图谱的语义表达和智能化水平。

(6) 知识图谱的存储与查询。构建完成的知识图谱需要进行存储和管理,以支持高效的查询和应用。常用的存储技术包括图数据库、三元组存储等。知识图谱的查询可以通过图查询语言(如 SPARQL)、API 接口等方式实现。

(7) 持续更新和优化。知识图谱是一个动态的信息结构,需要不断地更新和优化以反映最新的知识和信息。持续的数据采集、实体关系更新、语义推理和质量监控是构建和维护知识图谱的重要工作。

知识图谱构建的技术框架如图 2-11 所示。

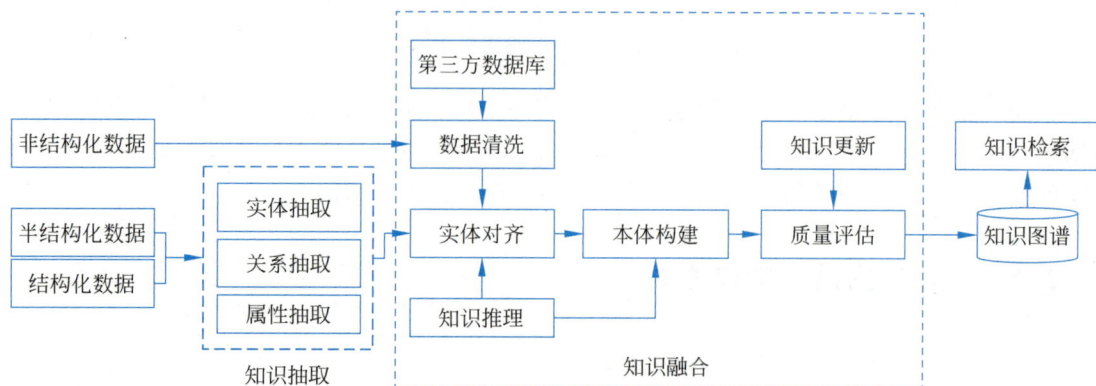

图 2-11　知识图谱构建的技术框架

2. 知识图谱可视化的常见方法和技术

知识图谱可视化是将复杂的知识网络以直观、易理解的方式展示出来,使用户能够通过图形界面直观地浏览和理解知识之间的关联和结构。可视化可以帮助用户发现模式、探索关系、进行分析,并支持智能决策和应用。以下是知识图谱可视化的常见方法和技术。

(1) 节点和边的图形表示。知识图谱中的实体通常用节点(node)表示,而实体之间的关系用边(edge)表示。在可视化中,可以使用图形方式展示节点和边的连接关系。例如,使用点(圆圈)和线条来表示,其中点表示实体,线条表示实体之间的关系。

(2) 图布局算法。图布局算法决定了节点和边在图形界面中的摆放位置,以便更好地展示图的结构和关系。常见的布局算法包括力导向布局(force-directed layout)、层次布局(hierarchical layout)、圆形布局(circular layout)等。

(3) 交互式操作。可视化工具通常支持用户交互操作,如缩放、平移、选中、高亮等。用户可以通过交互方式探索和导航知识图谱,查看特定实体的详细信息,或者展开特定关系的子图。

(4) 节点属性和样式。节点可以根据其属性(如类型、重要性等)和关系(如不同类型的关系)进行样式化展示,如节点大小、颜色、标签等,以便突出显示重要信息或区分不同类型的实体和关系。

(5) 信息标签和提示。可视化工具可以提供信息标签和提示,显示节点和边的详细信息,包括属性、关系、描述等,帮助用户理解图中的内容和关联。

(6) 动态演示和分析。一些高级可视化工具支持动态演示和分析,如展示图的演化过程、动态模拟信息流动、执行图算法等,使用户更深入地理解知识图谱的结构和特性。

(7) 图形导出和分享。可视化工具通常支持图形导出和分享功能,用户可以将生成的图形保存为图片或者分享链接,方便与他人交流和共享。

常用的知识图谱可视化工具包括 Gephi、Cytoscape、Neo4j Bloom、D3. js 等,这些工具提供了丰富的图形化展示功能,帮助用户更好地探索和理解知识图谱中的信息和关系。

2.3　知识表示学习

知识表示学习的前提是表示学习,表示学习是指把图像、文本、语音等的语义信息表示为低维稠密的实体向量,即 Embedding。自从 2013 年 word2vec 出现以来,Embedding 已成为 NLP 任务的标配。

而知识表示学习改变了对象,即将知识库中的实体和关系表示为低维稠密的实体向量。知识表示学习(knowledge representation and reasoning,KRR)是人工智能和计算机科学领域的重要研究方向,涉及如何有效地表示、组织和利用知识,以便计算机能够理解和处理信息。这项研究旨在开发符号化和形式化的方法,使计算机能够模拟人类的知识处理能力,从而支持各种智能系统的设计和实现。

以下是知识表示学习的关键内容和研究方向。

（1）符号化表示。符号化表示是指将现实世界中的实体、概念和关系用符号或逻辑形式表示出来。这种表示通常基于逻辑、语义网络、框架等形式化工具，以确保计算机能够准确地理解和推理知识。

（2）语义网络和知识图谱。研究语义网络和知识图谱的构建和应用是知识表示学习的重要方向。这些图形化的知识表示方法能够以图的形式表达实体、关系和属性，支持语义推理和语义搜索。

（3）逻辑推理。逻辑推理是知识表示学习的核心技术之一，包括命题逻辑、一阶逻辑、模态逻辑等。研究者致力于开发自动化的推理算法，使计算机能够从已知的逻辑规则中推断出新的结论。

（4）不确定性建模。知识表示学习也涉及处理不确定性和模糊性的方法。概率逻辑、模糊逻辑和贝叶斯网络等技术被应用于表示和推理具有不确定性的知识。

（5）本体论和语义理解。本体论是一种用于表示共享概念和分类体系的形式化方法。研究者利用本体论来构建共享的知识模型，支持语义理解、信息集成和语义推理。

（6）知识获取和自动化构建。知识表示学习也关注如何从多源数据中自动地获取和构建知识。它包括基于文本挖掘、知识抽取、信息抽取等技术，将非结构化或半结构化数据转换为结构化的知识表示。

（7）实用性和效率。知识表示学习的研究还关注如何设计高效实用的知识表示和推理系统，以应对实际应用中的复杂性和大规模数据。

2.4 知识推理

知识推理是指基于已有的知识和逻辑规则，通过推断从已知事实中得出新的结论或信息的过程。这种推理过程既可以在人类思维中发生，也可以在计算机系统中以自动化的方式进行。在人工智能和计算机科学领域，知识推理是构建智能系统和解决复杂问题的关键技术之一。它涉及从已知的事实、规则或模型中推导出新的信息，从而使系统能够作出推断、预测或决策。知识推理包括基于逻辑的推理、基于规则的推理、基于语义网络的推理、基于概率的推理、基于模型的推理等。

（1）基于逻辑的推理。基于逻辑的推理是利用逻辑规则（如命题逻辑、一阶逻辑等）来推断新的结论。例如，通过使用逻辑规则，如果已知"所有人都会死亡"和"苏珊是一个人"，则可以推断出"苏珊会死亡"。

（2）基于规则的推理。规则推理是一种常见的推理方法，其中系统使用一系列的条件动作规则。当条件满足时，相应的动作或结论就被触发。例如，专家系统中常用的规则推理可以根据一系列的专家规则推断出某个病症的诊断结果。

（3）基于语义网络的推理。语义网络是一种图形化的知识表示方法，它使用节点和边来表示实体和它们之间的关系。基于语义网络的推理涉及对网络结构进行遍历和搜索，以找到关联的实体或属性。这种推理方法常用于知识图谱和语义理解。

（4）基于概率的推理。概率推理是一种利用概率统计方法进行推理的技术。它可以处理不确定性和随机性,通过统计模型和概率分布来推断可能的结果。例如,贝叶斯网络是一种常见的概率推理方法,用于建模和推断变量之间的概率关系。

（5）基于模型的推理。模型推理是一种基于模型的推理方法,其中系统使用模型来表示问题领域的知识和关系。通过模拟模型中的状态变化和相互作用,系统可以进行推理和预测。例如,物理仿真可以用于推断物体的运动轨迹和相互作用。

知识推理的目标是通过利用已知的知识和推理规则,使系统能够自动化地解决问题、做出决策或生成新的知识。这种推理能力是人工智能和智能系统的关键组成部分,对于实现智能化应用和解决复杂问题具有重要意义。

2.5　知识图谱的应用

知识图谱应用广泛,它能够帮助理解、组织和利用大量的结构化知识,从而支持各种智能应用和决策系统,其主要应用领域包括搜索引擎增强、智能问答系统、智能推荐系统、自然语言处理、智能助手和虚拟个人助理、生物医药、智能交通和物联网、金融和风险管理。下面是一个知识图谱在生态环境方面的具体应用案例分析。

随着我国生态环保案件数量的迅速增加,全国各地法院已审理了大量相关案件。然而,这也导致基层法院的工作负担加重,部分案件难以及时高效地审理和判决。为此,可以构建面向生态环保案件的知识图谱,基于案件特征和审判流程,建立案件实体库、案件知识库及其三元关联库,从而实现案件的快速检索与智能推送,助力提升人民法院的信息化水平与审判效率。图 2-12 为生态环保知识图谱的构建流程。

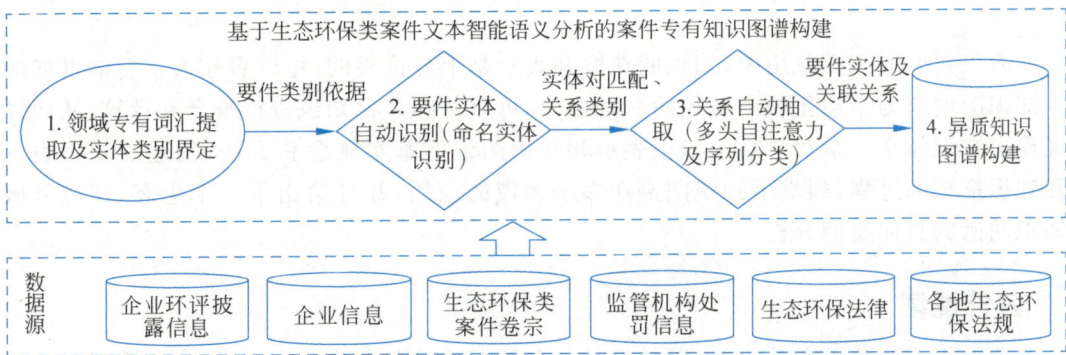

图 2-12　生态环保知识图谱的构建流程

通过构建生态环保类案件知识图谱,深度融合法院信息化系统,为法官等基层工作人员提供技术支持和数据保障,有效缓解事务性工作压力。该知识图谱包含了污染物、管理部门、企业、法律法规文件、生态自然资源等实体,可应用于案件知识检索,并与智能审判系统有机结合,辅助法庭审判和一线法官进行案件整理,提升审判效率和量刑精准度。图 2-13 展示了生态环保知识图谱的可视化效果。

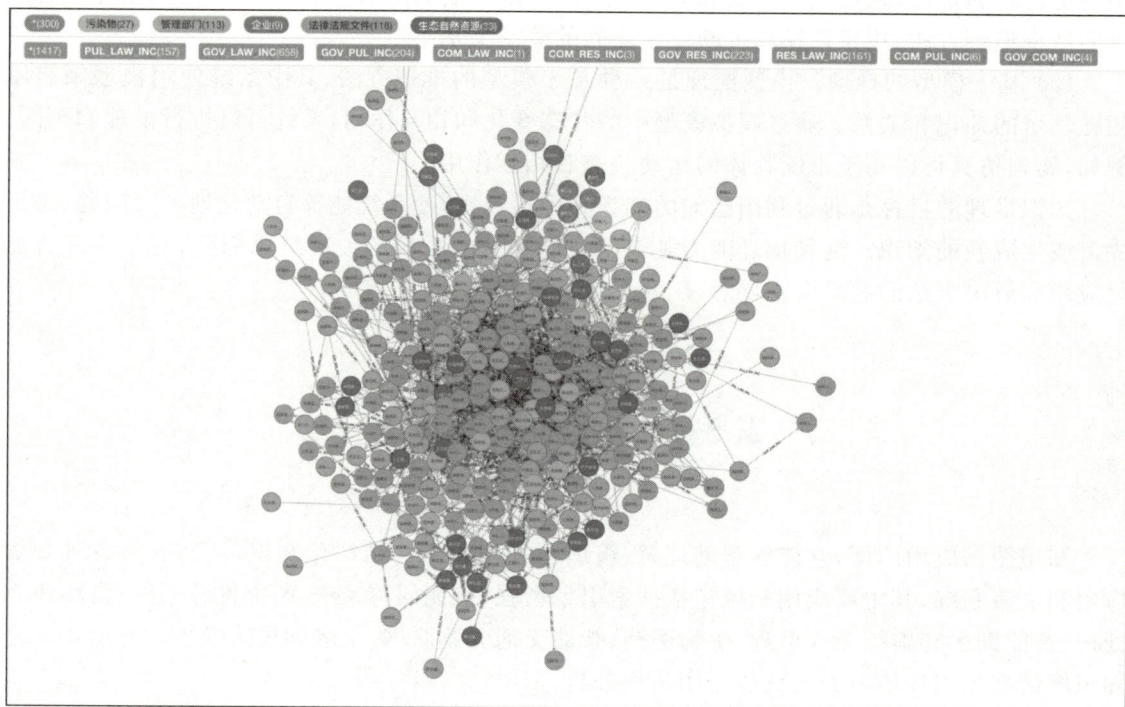

图 2-13　生态环保知识图谱的可视化效果

2.6　本章小结

在人工智能大规模应用中，知识的获取和表示是十分重要的，可以看作人工智能发展的基石。知识图谱作为结构化展示知识的一种框架，可以对碎片化知识进行整合和计算，从而详细地展现出知识体系。本章总结了知识表示和知识图谱的基本概念和方法，阐述了知识表示学习和知识推理的过程，列举了知识图谱在多个领域的应用，并且给出了一个生态、环境领域构建知识图谱的具体案例分析。

延伸阅读

随着大模型的蓬勃发展，知识图谱嵌入与大模型的结合成为一个研究热点，特别是在检索增强生成技术（retrieval-augmented generation，RAG）中。通过知识图谱，模型能够从结构化数据源中检索相关信息，显著缓解了大模型生成过程中可能出现的"幻觉问题"（hallucination）。与此同时，数据格式的日益复杂化和数据量的持续增长推动了多模态知识图谱和时序知识图谱的研究与应用。多模态知识图谱通过融合文本、图像、视频等多种数据形式，扩展了知识表达的能力，而时序知识图谱则聚焦于动态知识的演化和时间序列数据的关联，为预测和因果推断等任务提供了新的视角。这些方向的探索，不仅拓展了知识图谱的应用场景，也为大模型赋能提供了更多的可能。

课后习题

1. 什么是知识？知识的特点是什么？在知识图谱的构建与推理过程中，知识的这些特点如何影响知识表示和推理效果？

2. 知识的表示方法有哪些？在知识表示中，如何通过逻辑规则、向量化表示、图结构等方法表达不同类型的知识？在医学影像诊断中，知识图谱与人工智能如何结合以提高医疗诊断的准确性和效率？

3. 知识图谱的组成元素有哪些？如何通过节点、边及属性关系来表示现实世界中的知识？这些元素在实际应用中如何用于语义推理和知识发现？

4. 怎样构建一个知识图谱？请描述从数据收集、数据清洗、实体识别、关系抽取、知识融合到图谱推理的完整流程，尤其是在金融或医疗等特定领域，应如何构建和优化知识图谱？

5. 知识表示学习方法有哪些？在知识图谱中，嵌入式表示、基于规则的表示和深度学习方法如何协同作用来提升知识推理与查询效率？

6. 知识图谱的应用领域有哪些？结合金融、医疗、智能推荐、搜索引擎等领域，知识图谱如何通过提升知识管理和语义搜索的能力来支持智能应用？

7. 请构建一个金融领域的知识图谱。通过识别主要实体（如公司、产品、市场）、关系（如拥有、投资、合作）和属性，说明如何通过知识图谱分析金融风险和投资机会。

8. 谈一谈知识图谱的未来发展方向。随着知识表示学习、自然语言处理和大规模预训练模型的发展，知识图谱在数据稀疏性处理、动态更新、推理能力增强等方面有哪些前沿趋势？

第3章 搜 索 策 略

教学导引

（1）掌握搜索策略的基本概念、分类和制定原则。

（2）理解状态空间搜索策略的工作原理和特点。

（3）了解盲目搜索和启发式搜索的工作原理和特点。

内容脉络

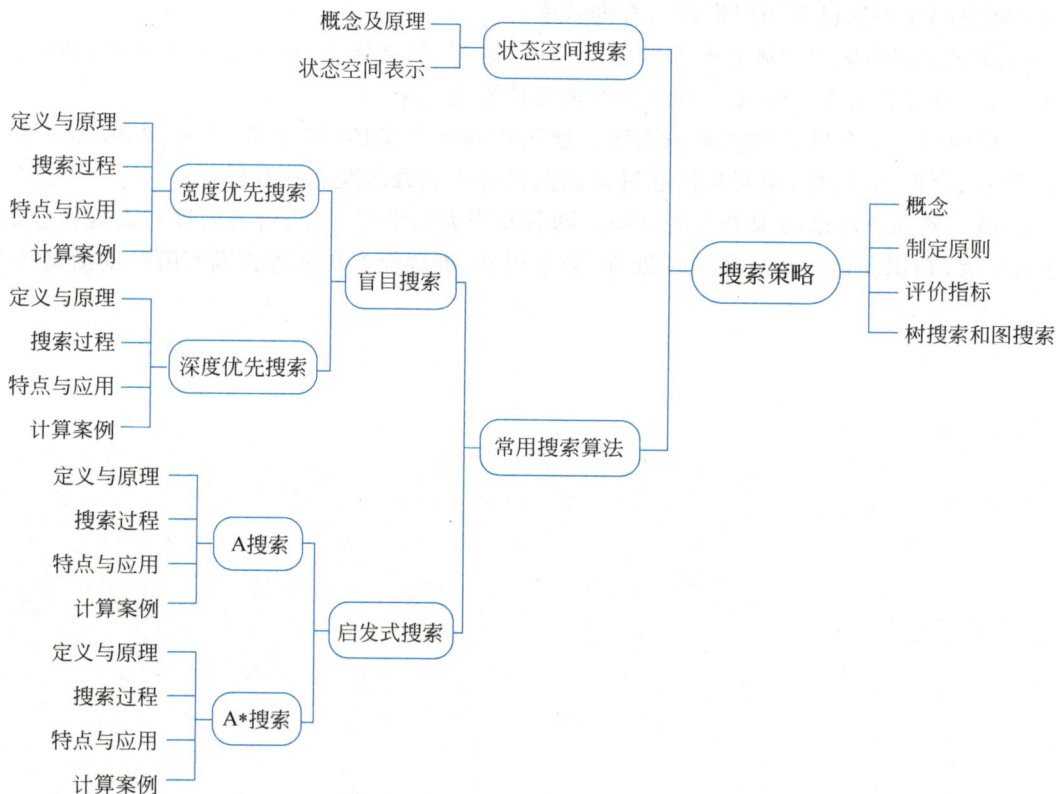

内容概要

搜索策略作为人工智能技术的基础，是信息检索领域的一个重要分支，它利用人工智能的原理和技术来提高搜索过程求解的智能化水平。本章重点介绍搜索算法的基本原理及应用，并从最常见的盲目搜索和启发式搜索展开原理解析，通过解决同一问题的求解过程来对比不同搜索算法的效果。

　　场景引入：在结束了一天的工作之后，你走向自己的汽车，无须再进行疲劳驾驶，你可以安心地坐在车内，享受无人驾驶的服务，你的汽车将以最优的路径安全带你返回家中(见图 3-1)。自动驾驶中的路径规划是通过各种搜索算法来实现的。常见的全局路径规划算法包括Dijkstra 算法和 A 算法，这两种算法在许多规划问题中应用广泛。例如，A 算法结合了广度优先搜索的完整性和 Dijkstra 算法的效率优势，优化了无人驾驶的路径规划过程。此外，还有其他启发式搜索算法、深度优先搜索和广度优先搜索，这些算法通过离散化状态空间来寻找可行解甚至最优解。不论是路径的规划还是象棋中的博弈，在下一步指示信息生成之前，系统都会开启搜索模式，搜索策略采用特定方式找到问题的解。在这个过程中，既可以是盲目的不错过任何一个节点的求解过程，也可以是利用特定问题领域的信息来指导搜索过程，从而提高搜索效率和效果。这些算法广泛应用于路径规划、优化问题、专家系统、游戏策略、约束问题求解、实时应用和群体智能等领域。

图 3-1　无人驾驶技术

3.1　搜索策略概述

3.1.1　搜索策略的概念

　　搜索策略是一种针对具体问题解决的过程方法，旨在持续探索可用的知识资源，并设计一条成本效益较高的解决方案路径，以实现问题的顺利解决。搜索算法是计算机科学中的一个重要分支，主要用于在数据结构中查找特定的元素或满足特定条件的元素。搜索算法可以根据其实现方式和效率的不同分为多种类型，如求任意解的宽度优先搜索、深度优先搜索、回溯法、爬山法、最佳优先搜索、限定范围搜索等；求最佳解的大英博物馆法、分支界限法、动态规划法、最佳图搜索法等；求与/或关系解图的启发式剪枝法、一般与或图搜索法(AO * 算法)、极大极小搜索法等。根据搜索过程中是否利用问题的特定知识，搜索算法还可以分为盲目搜索和启发式搜索两大类。进一步细分,盲目搜索主要包括深度优先搜索和广度优先搜索,而启发式搜索则涉及 A 搜索、A＊搜索等算法。本章将对其中几种基本的搜索算法做进一步讨论。

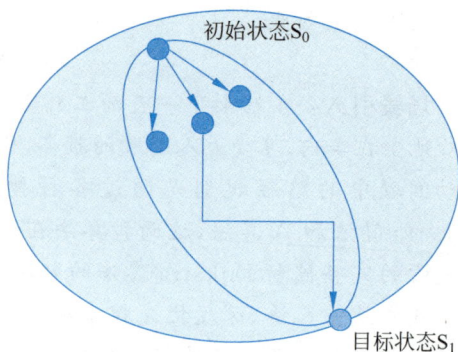

图 3-2　解空间中的搜索路径

搜索算法的基本思想是通过系统地探索解空间来寻找问题的解。一般从初始状态出发,按照一定的规则(如深度优先、广度优先等)逐步扩展解空间,直到找到目标状态,如图 3-2 所示。

搜索算法是解决问题的一种基本方法,它通过系统地探索解空间来寻找问题的解。不同的搜索算法有不同的特点和适用场景,因此在实际应用中,需要根据具体问题选择最合适的搜索策略。

3.1.2　搜索策略的制定原则

选择合适的搜索策略一般是基于以下原则。

1. 搜索范围的确定

在计算机科学和人工智能领域中,搜索可以分为有限搜索和无限搜索。有限搜索是指在搜索树中限制搜索深度的一种方法,这种方法不会一直向下扩展到叶子节点,而是在达到一定的深度限制后,算法会回溯到上一个节点并继续搜索其他路径。无限搜索则没有明确的限制条件,只是简单地进行搜索,不考虑是否达到某个特定的深度或广度。搜索是有限还是无限,具体取决于应用场景和目标需求。在某些情况下,为了提高效率和减少资源消耗,可能需要采用有限搜索策略;而在其他情况下,为了全面覆盖所有可能性,无限搜索可能是更合适的选择。

2. 已知目标还是未知目标选择

在搜索策略制定过程中,已知目标是指在环境信息已知的情况下进行搜索,以尽快发现目标或对重点区域进行监控;而未知目标则涉及在环境信息未知的条件下对区域进行覆盖。

3. 目标或目标＋路径规划

搜索算法主要用于在数据集中查找特定元素或解决问题,在策略路径制定时分为三大类:目标搜索、路径规划、目标＋路径规划。搜索算法在处理目标查找和路径规划问题时各有侧重。目标搜索如二分查找、广度优先、深度优先搜索等,主要关注快速定位数据集中的特定元素;而路径规划如 Dijkstra、A＊、RRT 等,则侧重在给定的图或环境中找到从起点到终点的最优或可行路径;目标＋路径规划结合两者特点开展。以上算法在人工智能、游戏开发、网络导航等领域均得到广泛应用。

4. 无约束还是有约束

无约束优化问题是指在寻找最优解时,不对自变量的取值范围加以限制,即不考虑其可行性。这种类型的优化问题中,算法主要关注如何有效地找到目标函数的最小值或最大值,而不是如何满足某些预设的条件或限制。有约束优化问题则涉及在寻找最优解的过程中需要满足一系列预定义的条件或限制。这种类型的问题更为复杂,因为它不仅要找到一个使目标函数值最优的解,还要确保这个解满足所有给定的约束条件。

5. 数据驱动(向前搜索)还是目标驱动

数据驱动主要关注输入数据的处理和分析,以及如何通过这些数据来优化或改进结果。这种方式强调了对大量数据的需求,以及如何利用这些数据来完成特定的任务或目标。目标驱动则侧重实现特定目标或结果,这通常涉及更具体的应用场景,如解决复杂问题、提高效率或实现某些具体功能等。在实际项目应用时,目前多数采用数据驱动,但目标驱动仍是一个重要且有效的策略,特别是在那些需要解决具体问题或实现特定目标的场景中。

6. 单向搜索还是双向搜索

双向搜索算法并行执行两个搜索过程:一个从起始点出发向终点进行正向搜索,另一个则从终点开始向起始点进行反向搜索,这种策略有助于迅速确定最短路径。双向搜索相比单向搜索在多个方面表现出更优的性能。首先,双向搜索能够有效减少无用的状态数,从而减少用时和内存消耗。其次,双向搜索的搜索空间通常只有朴素 BFS 的几百分之一,甚至几千分之一。但在实际情况中,如果处理不当,双向搜索可能反而比单向搜索效果更差。因此,选择哪种搜索策略,需要根据具体问题的特性和数据范围来决定。

3.1.3　搜索策略的评价指标

搜索策略可通过以下指标来评价。

(1)正确性。这包括不含语法错误,对输入数据能够得出满足要求的结果,并且对所有合法输入都能得到符合要求的解。

(2)可读性。算法主要用于人们的阅读与交流,其次才是为计算机执行。程序结构越简单,通常也越便于程序调试。

(3)完整性。完整性是指该策略是否能确保在解答存在的前提下找到它。

(4)时间复杂度。时间复杂度表示完成算法所需的计算量。

(5)空间复杂度。空间复杂度是指实施算法过程中所需的内存空间总量。

(6)最优性。最优性是指当存在多个可能的解答时,该策略是否能识别出质量最高的那一个。

3.1.4　树搜索和图搜索

树搜索通常是指在一棵树结构上的搜索过程。在树搜索中,每个节点都有一个明确的父节点,这使得搜索过程可以沿着从根节点到目标节点的路径进行。树搜索的一个关键特点是如果某个节点已经被访问过,那么它不会再次被考虑。这种方法适用于那些节点之间存在明确父子关系的问题,如二叉搜索树中的查找操作。

图搜索在一个图结构上进行,不仅包括树形结构,还可能包括环形结构或其他复杂的连接方式。图形搜索策略可以被理解为一种寻找图中路径的方法。起始节点和目标节点分别代表了初始数据库和满足结束条件的数据库。找到将一个数据库转换为另一个数据库的规则序列问题,实际上等同于在图中找到一条路径的问题。研究图形搜索的一般策略,能够给出图形搜索过程的通用步骤。在图搜索中,涉及两个主要数据结构 OPEN 表和 CLOSED 表(见图 3-3),为了避免重复访问节点,通常会使用开放列表(OPEN)和关闭列表(CLOSED)来管理已访问的节点。OPEN 表是一种动态数据结构,专门记录当前待访问的节点,也叫未扩展节点表。CLOSED 表也是一种动态数据结构,记录访问过的节点,也叫已扩展节点表,以确保每个节点只被访问一次。这种方法适用于需要探索整个图空间的情况,如路径规划和机器人运动规划等(见图 3-4)。

OPEN表

编号	节点	父节点编号

CLOSED表

编号	节点	父节点编号

图 3-3　OPEN 表和 CLOSED 表示例

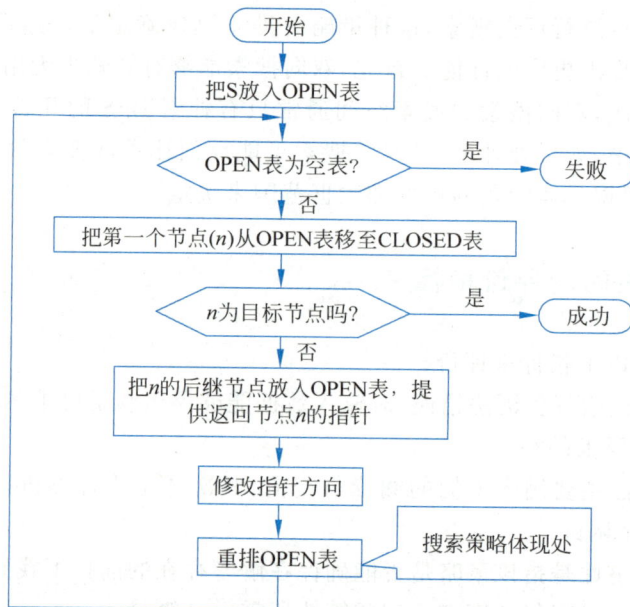

图 3-4　图搜索过程

【例 3-1】　图 3-5 中,S 表示起始状态,1、4、5、6 分别表示目标状态,在图搜索过程中,请标识出 OPEN 表和 CLOSED 表中的图搜索路径和过程。

解:例 3-1 的搜索路径如图 3-6 所示,在起始状态时,OPEN 表中搜索到状态图 S,而 CLOSED 表中此时为空集,随后搜索到下一层,搜索过的状态图 S 置于 CLOSED 表中,OPEN 表中搜索到 1、2、3 状态图,在随后的搜索中对 1、2、3 状态图进行调序,调整为 2、1、3。依此类推,直至所有状态图搜索结束。

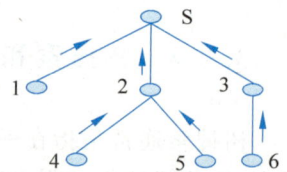

图 3-5　搜索路径示例

树搜索和图搜索的主要区别在于它们如何遍历搜索空间(表示为图形),以及是否使用额外的列表(称为封闭列表)来跟踪已经访问和扩展的节点(见图 3-7)。在树搜索中,不保留这个封闭列表,可以多次访问同一个节点;而在图搜索中,使用封闭列表来跟踪已经访问和扩展的节点,以避免重复访问。

OPEN	CLOSED
{S}	{}
{1,2,3}	{S}
{2,1,3}	{S}
{1,3}	{S,2}
{1,3,4,5}	{S,2}
{3,1,4,5}	{S,2}
{1,4,5}	{S,2,3}
{1,4,5,6}	{S,2,3}

图 3-6　例 3-1 的搜索路径

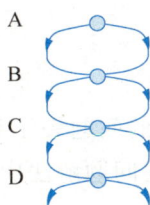 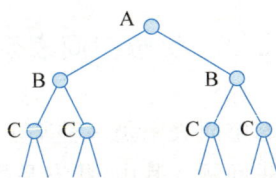

树搜索　　　　　　　　图搜索

图 3-7　不同搜索解决同一问题示意图

具体来说,树搜索允许重复访问同一节点,这意味着生成的树可能包含多个相同的节点。相反,图搜索通过维护一个探索队列来避免重复访问已扩展的节点,从而确保每个节点只被访问一次。此外,树搜索通常需要遍历整个树结构,而图搜索可以根据需要只搜索特定的节点。这表明树搜索适用于无环问题,如人工智能等领域,而图搜索适用于具有环和多路径的问题,如迷宫问题和网络路由问题。

总而言之,树搜索和图搜索的区别主要体现在遍历模式、是否允许重复访问节点,以及它们各自适用的问题类型上,其代码区别见图 3-8。

```
function TREE-SEARCH(problem) returns a solution, or failure
    initialize the frontier using the initial state of problem
    loop do
        if the frontier is empty then return failure
        choose a leaf node and remove it from the frontier
        if the node contains a goal state then return the corresponding solution
        expand the chosen node, adding the resulting nodes to the frontier

function GRAPH-SEARCH(problem) returns a solution, or failure
    initialize the frontier using the initial state of problem
    initialize the explored set to be empty
    loop do
        if the frontier is empty then return failure
        choose a leaf node and remove it from the frontier
        if the node contains a goal state then return the corresponding solution
        add the node to the explored set
        expand the chosen node, adding the resulting nodes to the frontier
            only if not in the frontier or explored set
```

图 3-8　宽泛的树搜索和图搜索逻辑代码示意

3.2　状态空间搜索

3.2.1　状态空间搜索的概念及原理

状态空间搜索是图搜索策略的一种典型表示方式。

状态空间是指问题所有可能的状态组成的集合,状态空间搜索通过系统地探索问题的所有可能状态来寻找解决方案。每个状态都可以看作问题求解过程中的一个节点,节点之间通过操作(或称为动作、转移)相互连接,形成状态空间图。在状态空间图中,初始状态和目标状态分别对应图中的起点和终点,搜索的目标就是从起点出发,通过一系列操作到达终点。

3.2.2 状态空间表示

状态空间表示是一种基于解答空间的问题表示和求解方法,它以状态和算符为基础来表示和解决问题。其中,状态是指用于描述问题解法中每一步状况的数据结构,而算符则是将问题从一种状态转换为另一种状态的工具。

问题的状态空间是一个图,用于表示该问题所有可能的状态及其关系。它包含三个说明集合:所有可能的初始状态集合 S、操作符集合 F 及目标状态集合 G。因此,状态空间可以表示为一个三元组 (S, F, G)。

在状态空间表示算法中,通常有三个组成部分。

(1) 一个全局数据库,其中包含与特定任务相关的信息。

(2) 一套规则,用于对数据库进行操作和运算。每条规则由左右两部分组成,左部确定规则的适用性或先决条件,右部描述规则应用时所执行的操作。通过应用这些规则来改变数据库。

(3) 一个控制策略,用于确定应采用哪条适用规则,并在满足数据库的终止条件时停止计算。状态空间搜索算法主要包含盲目搜索算法和启发式搜索算法。

3.3 常用搜索算法

3.3.1 盲目搜索

盲目搜索(uninformed search)又叫作无信息搜索,是在解决图搜索问题时常用的方法。这种方法不依赖问题的任何特定知识,而是依赖图的结构本身进行搜索。盲目搜索技术通过系统地探索搜索空间来寻找问题的解,其核心思想是按照某种策略遍历搜索空间中的节点,直到找到目标节点或确定无解为止。由于启发式搜索需要提取与问题本身有关的特征信息,而这种特征信息的提取往往比较困难,因此盲目搜索仍然是一种有效的搜索策略。

盲目搜索技术的优点主要是实现简单,不依赖问题的特定知识;缺点是当搜索空间很大时,耗时长,存储空间要求大,无法有效地解决某些复杂问题。盲目搜索中最典型的算法为宽度优先搜索和深度优先搜索。

1. 宽度优先搜索

1) 定义与原理

宽度优先搜索(breadth-first search,BFS)又称为广度优先搜索,它按照树的层次遍历树的节点,用队列数据结构辅助完成搜索过程。宽度优先搜索路径(见图 3-9),从初始节点 S 开始,依次扩展节点,在搜索过程中,每一层都需要被完全探索,才能继续对下一层的节点进行搜索。这意味着在下一层的任何一个节点被搜索之前,当前层的所有节点都必须已经完成搜索。在 S 节点搜索完成后随即搜索节点 L 和 O,第一层搜索全部结束再进入第二层节点 M、F、P、Q 的搜索。这个过程一直持续到队列为空,即所有可达的节点都被访问过为止。

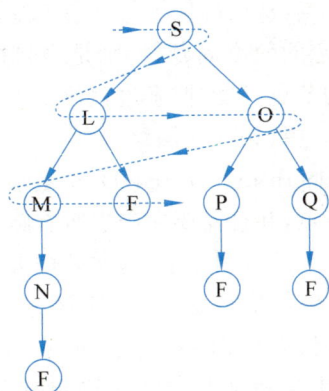

图 3-9 宽度优先搜索路径

2）搜索过程

宽度优先搜索过程如图 3-10 所示。

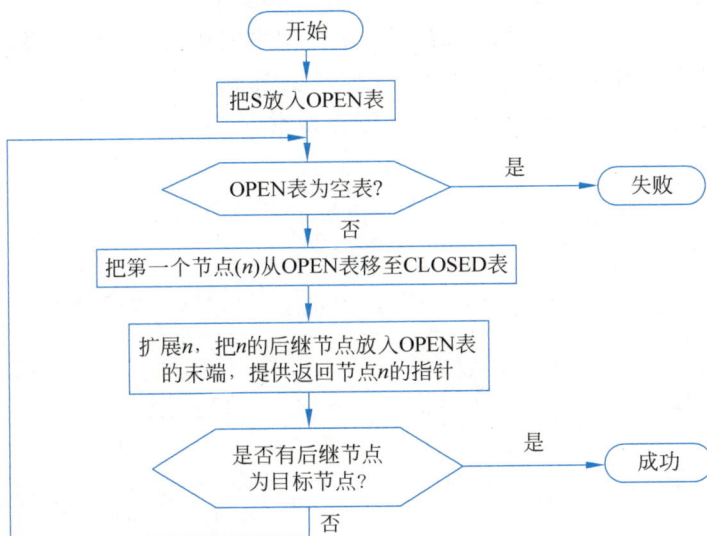

图 3-10 宽度优先搜索过程

（1）将起始节点 S 加入 OPEN 表。如果此节点已经是目标节点，则找到一个解答。

（2）检查 OPEN 表是否为空。如果为空，则表示无解，结束搜索；否则，继续执行。

（3）从 OPEN 表中移除第一个节点（即节点 n），并将其加入 CLOSED 表中，标记为已扩展节点。

（4）对节点 n 进行扩展。如果没有任何后继节点，返回至步骤（2）。

（5）将节点 n 的所有后继节点添加到 OPEN 表的末尾，并记录这些后继节点到 n 的反向链接。

（6）检查 n 的后继节点中是否有目标节点。如果有，则成功找到解答并结束；否则，跳转至步骤（2）。

3）特点与应用

BFS 是一种可靠的求解策略：只要某个解决方案存在，使用 BFS 必然能发现这个解决方案，且 BFS 找到的解一定是路径最短的解。这种方法的一个关键特点是它能够保证找到最短路径,因为它不会跳过任何一个节点,从而确保了每个节点都能以最短的距离从起始节点到达。然而,BFS的这种系统性也带来一定的效率问题,特别是当目标节点与起始节点相隔甚远时,它可能会涉及很多与解决问题无关的节点,导致搜索过程效率不高。

BFS在多个领域有着重要的应用,如社交网络分析、模式数据库计算、确定问题状态空间半径等。它通常比深度优先搜索(depth-first search,DFS)更有效,因为DFS可能会陷入死循环,无法探测出表示同一状态的重复节点,并且需要在产生所有路径后才能确定出最优解。然而,宽度优先搜索的一个主要限制是其较大的空间需求,这在处理大规模数据时可能成为一个挑战。

【例3-2】 在9格的棋盘上,起始状态 S_0 与目标状态 S_g 如图3-11所示。可行的动作包括将空格向左、向上、向右、向下移动。采用宽度优先搜索算法来寻找从起始状态到目标状态的路径。

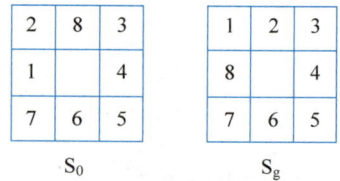

解:如图3-12所示,从起始状态开始搜索,按照宽度优先搜索策略,可移动到中间空格的状态图有4种,分别为状态图2、3、4、5。依次搜索这些状态图后,未找到目标解,继续下一层搜索。在将状态图2的可移动情况状态图6、7的搜索完成后,未找到目标解,继续平行搜索状态图3的下一层状态图8、9……直至搜索完成状态图10、11、12、13。如果仍未找到目标解,则持续搜索下一层,直至找到目标状态图27,停止搜索。

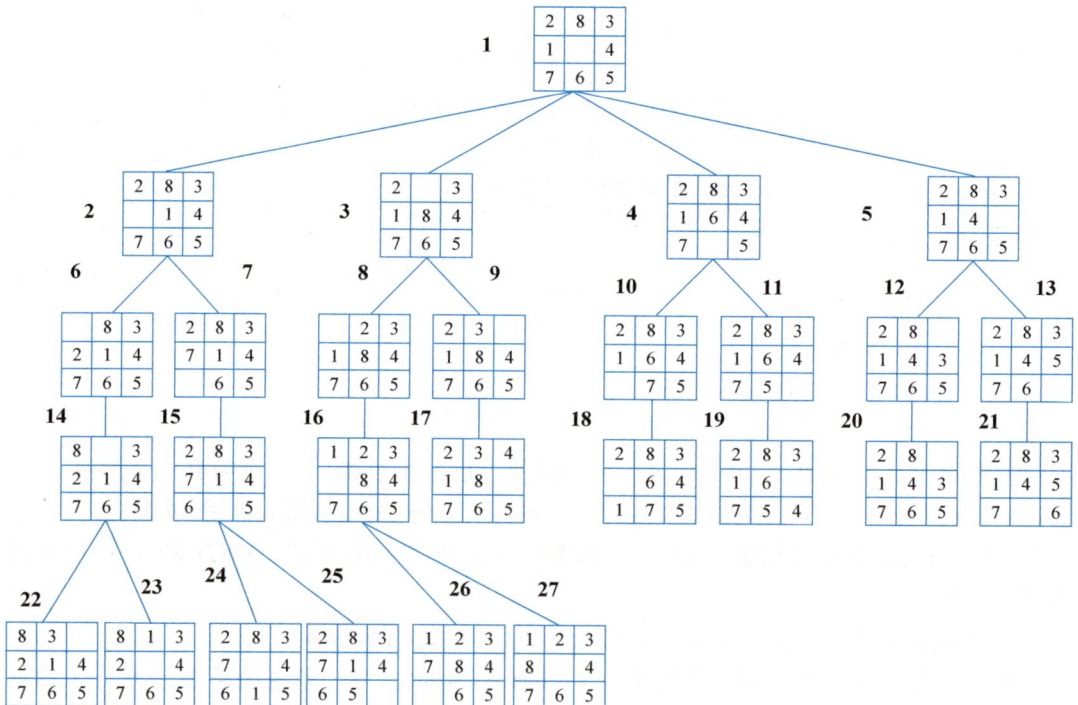

图3-11 起始状态 S_0 和目标状态 S_g

图3-12 例3-2解题图

2. 深度优先搜索

1) 定义与原理

深度优先搜索(DFS)的策略是沿着一棵树的纵深方向进行遍历,旨在彻底地探究每一个分支的可能性。这种方法要求在转向下一层的任何节点前，必须完成对当前层所有节点的探索。如图 3-13 所示，从初始节点 S 开始，依次扩展节点，搜索是按照搜索树的深度逐层进行的，在 S 节点搜索完成后随即搜索节点 L，再搜索 M、N、F。当一个节点的所有邻接边都已被检查或不满足某些特定条件时，搜索将回退至该节点的父节点 S，并从中选择一个未被探索的节点作为新的源节点，重复上述过程。这一流程将持续进行，直至每个节点都被访问过。在搜索过程中，沿着状态空间中的一条路径深入，只有在到达没有子节点的末端时，才会考虑更换路径。若搜索总是先拓展最新生成的（即位于最深层的）节点，那么这种搜索方式就被称为深度优先搜索。

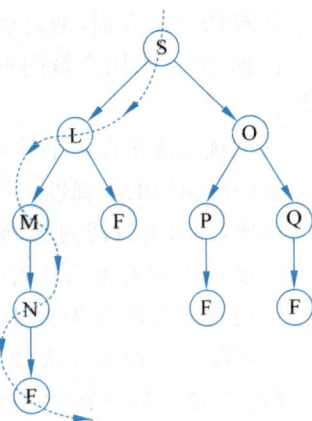

图 3-13　深度优先搜索路径

2）搜索过程

深度优先搜索过程如图 3-14 所示。

（1）将起始节点 S 加入 OPEN 表中，如果该起始节点是目标节点，则找到一个解。

（2）如果 OPEN 表为空，则没有解，失败退出；否则继续执行。

（3）将 OPEN 表中的第一个节点（节点 n）移出，并将其放入 CLOSED 表的扩展节点中。

（4）对节点 n 进行扩展。如果没有后继节点，则转向步骤（2）。

（5）将 n 的所有后继节点添加到 OPEN 表的前端，并创建从这些后继节点到 n 的指针。

（6）如果 n 的任一个后继节点是目标节点，则找到一个解，成功退出；否则转向步骤（2）。

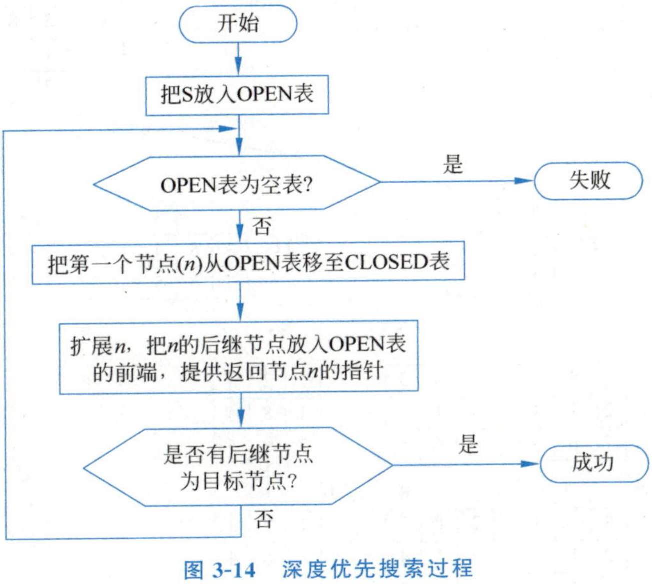

图 3-14　深度优先搜索过程

3）特点与应用

深度优先搜索的特性在于，当目标节点位于最后创建的节点分支上时，能够迅速地找到问题的解答，其效率通常高于宽度优先搜索。然而，如果目标节点并不在最新生成的节点分支上，并且该分支是无限延伸的，则搜索过程可能会陷入无尽的循环之中，导致无法定位到目标节点。鉴于此，深度优先搜索在某些情况下可能不具备完备性。也就是说，它不能确保在所有情境下都能达到推理过程的终止。

在算法效率方面,通过引入剪枝技术和优化搜索策略,可以显著提高深度优先搜索的效率。例如,通过利用变量间的约束关系改进搜索上下界,或者通过设计剪枝条件避免陷入死循环。

深度优先搜索在多个领域都有应用。例如,在大规模图像识别中,通过增加网络的深度,可以显著提高识别的准确性。在算法改进方面,通过对深度优先搜索算法进行改进,可以解决一些特定问题,如农夫过河问题,加权约束满足问题,最大频繁项集挖掘,以及模糊测试用例生成。

深度优先搜索也面临着一些挑战,如如何处理大规模图数据的问题。在大数据时代,传统的基于内存的深度优先搜索算法无法适应大规模图数据的需求,因此需要设计更高效的低I/O的深度优先搜索算法,以满足日益增长的数据规模和查询传输有效率的需求。

【例 3-3】 在一个 3×3 的网格棋盘上,起始状态 S_0 与目标状态 S_g,如图 3-15 所示。允许的操作包括将空白格向左移动,空白格向上移动,空白格向右移动,以及空白格向下移动。请采用广度优先搜索策略来寻找一条从初始状态到达目标状态的路径。

解:如图 3-16 所示,搜索数设置 4 层,从起始状态开始搜索,按照深度优先搜索策略,任意选择一条路径开始移动数字到空格,从状态图 2、3、4、5 完成搜索,未找到目标解,回到上一级,搜索状态图 6,还未找到目标解,再返回到还有路径可走的状态图 2,继续搜索状态图 7、8、9、10,仍未找到目标解,返回到初始状态图 1,重新开始新的路径搜索,按照一条路径走到底的算法,直至搜索到目标解状态图 15,停止搜索。

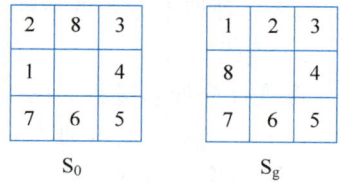

图 3-15　起始状态 S_0 和目标状态 S_g

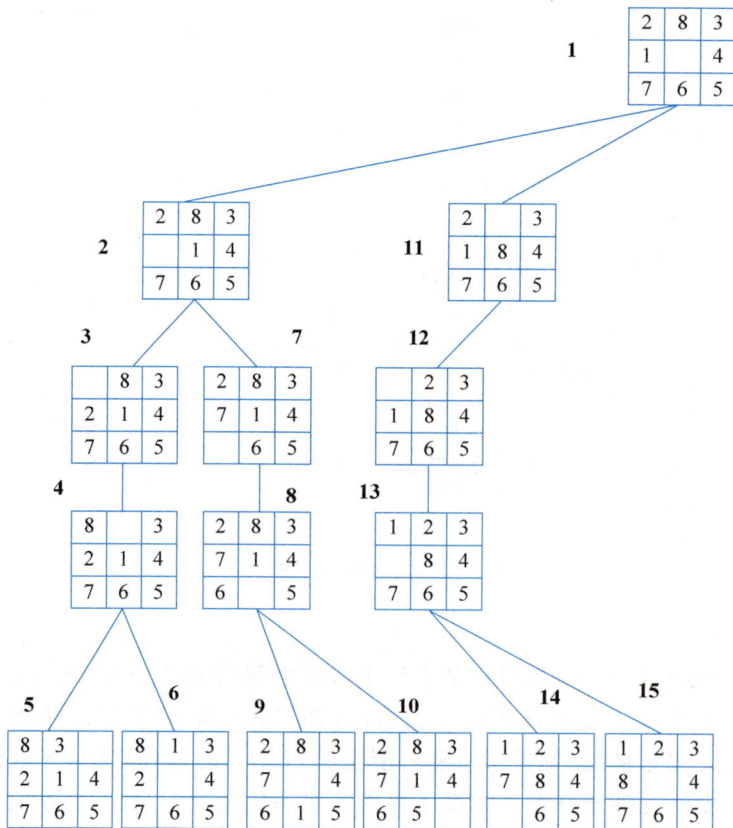

图 3-16　例 3-3 解题图

3.3.2　启发式搜索

启发式搜索也称作信息搜索(informed search),它是一种利用特定问题的引导信息来简化搜索过程的算法。这种搜索方式通过借助与问题求解相关的辅助信息来缩小搜索区域,进而减少问题的复杂性。在搜索过程中,会使用一个评价函数作为指导信息,对每个可能的搜索方向进行评估以确定最优的方向,然后从这个被选中的方向继续搜索直至找到目标。这种方法能够有效地规避许多不必要的搜索路径,显著提升搜索的速度和效率。但由于估价函数选择性强,在解决具体问题时还需搜索大量文献和资料,用以确定最为科学合理的估价函数。

1. A 搜索算法

1) 定义与原理

A 搜索算法中的关键要素是评价函数的挑选,该评价函数(appraisal function)旨在获取特定节点的“预期”启发信息,提供对潜在扩展节点进行评估的手段,从而判定哪个节点最有可能位于达到目标的最优路径上。常用的估价函数如式 3-1 所示:

$$f(n) = g(n) + w(n) \tag{3-1}$$

式中,$g(n)$ 为从初始节点 S_0 到节点 n 的实际代价;$w(n)$ 为启发函数(heuristic function),从节点 n 到目标节点 S_g 的最优路径的估计代价。

通过依据节点的“预期”程度(即评价函数值)来对 OPEN 表进行重新排序,并从该表中选出具有最低 f 值的节点作为下一步扩展的节点,这是一种常见的启发式搜索技术。基于在搜索过程中选取扩展节点的不同范围,启发式搜索算法可以被区分为全局最优搜索算法和局部最优搜索算法。

2) 搜索过程

A 搜索算法的搜索过程如图 3-17 所示。

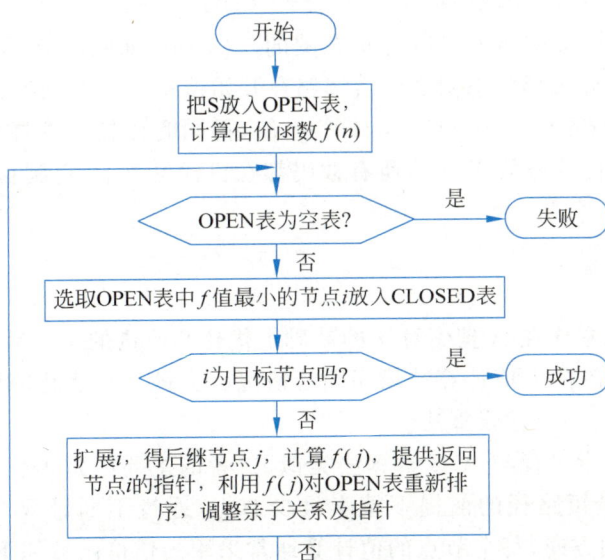

图 3-17　A 搜索算法的搜索过程

（1）将初始节点 S 加入 OPEN 表中，并计算其估价函数 $f(n)$。

（2）若 OPEN 表为空，则表明无解，算法结束；否则继续执行。

（3）从 OPEN 表中选出具有最小 f 值的节点 i，并将其移至 CLOSED 表中，作为已扩展节点。

（4）若节点 i 是目标节点，则找到解答，算法成功结束；否则继续执行。

（5）对节点 i 进行扩展，生成后继节点 j，计算 $f(j)$，并建立指向节点 i 的指针，根据 $f(j)$ 的值更新 OPEN 表的排序，并调整相关节点的父子关系及指针。

（6）若节点 j 是目标节点，则找到解答，算法成功结束；否则转至步骤（2）继续执行。

3）特点与应用

启发式搜索中的 A 搜索算法因其高效的搜索能力而受到专家学者的关注和研究。通过对传统 A 搜索算法的改进，可以进一步提高路径规划的效率和质量。例如，通过修改启发函数中的权值，可以显著减少搜索点数，同时保持路径长度不变，这对于提高搜索效率具有重要意义。

A 搜索算法在解决组合优化问题方面也显示出了其优势。这些算法能够有效地处理复杂的问题，如城市环境规划和实时环境中的路径规划问题。在人工智能领域，A 搜索算法被认为是解决多种问题的重要手段之一。它通过逐一评估每个搜索点来选出最佳位置，并从该位置继续搜索直至找到目标，这样能有效避免许多不必要的搜索路径。这种方法在状态空间较大时尤其有效，因为它能够快速求解，而不需要遍历所有状态空间。

【例 3-4】 在一个 3×3 的网格棋盘上，起始状态 S_0 与目标状态 S_g 如图 3-18 所示。允许的操作包括将空白格向左、向右、向上和向下移动。请采用 A 搜索算法来找出一条从起始配置到目标配置的解决路径。

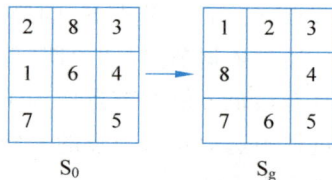

图 3-18　起始状态 S_0 和目标状态 S_g

解：选择估价函数 $f(n) = d(n) + w(n)$，其中 $d(n)$ 表示节点 n 在搜索树中的深度，$w(n)$ 表示节点 n 中"不在位"的数码个数。以起始状态为例，S_0 状态图中搜索树深度为 0 层，共有 2、8、1、6 四个数字不在位，因此 $w(0) = 4$，合计 $f(0) = 0 + 4 = 4$。依此类推，计算搜索树第 1 层所有状态图的 $f(n)$ 值，如图 3-19 所示。在第 1 层中，状态图 2 的 f 值最小，因此选择状态图 2 的后续路径开始搜索。搜索到第 2 层，状态图 3 和 4 计算的 f 值一致，两个状态图后续节点均需计算 f 值，再同时比较后选择最小值往下执行。当搜索到第 5 层时，不在位数码数变为 0，所有数码都在目标位置上，得到目标解，搜索结束。

2. A * 搜索算法

1）定义与原理

A * 搜索算法可以看作在 A 搜索算法的基础上优化和改进的一类算法。从例 3-4 我们可以看出，A 搜索算法存在有 f 值计算结果相同的情况。为进一步优化算法，减少搜索状态图，可将 A 搜索算法升级为 A * 搜索算法。

A * 搜索算法的搜索过程与 A 搜索算法类似，二者的主要区别为估价函数的设定。A * 搜索算法为了在获得最短路径的前提下搜索最少节点，通过不断计算当前节点的附近节点 f 值来判断下次探索的方向，每个节点的值计算通常采用的估价函数如下：

$$f * (n) = g * (n) + w * (n) \tag{3-2}$$

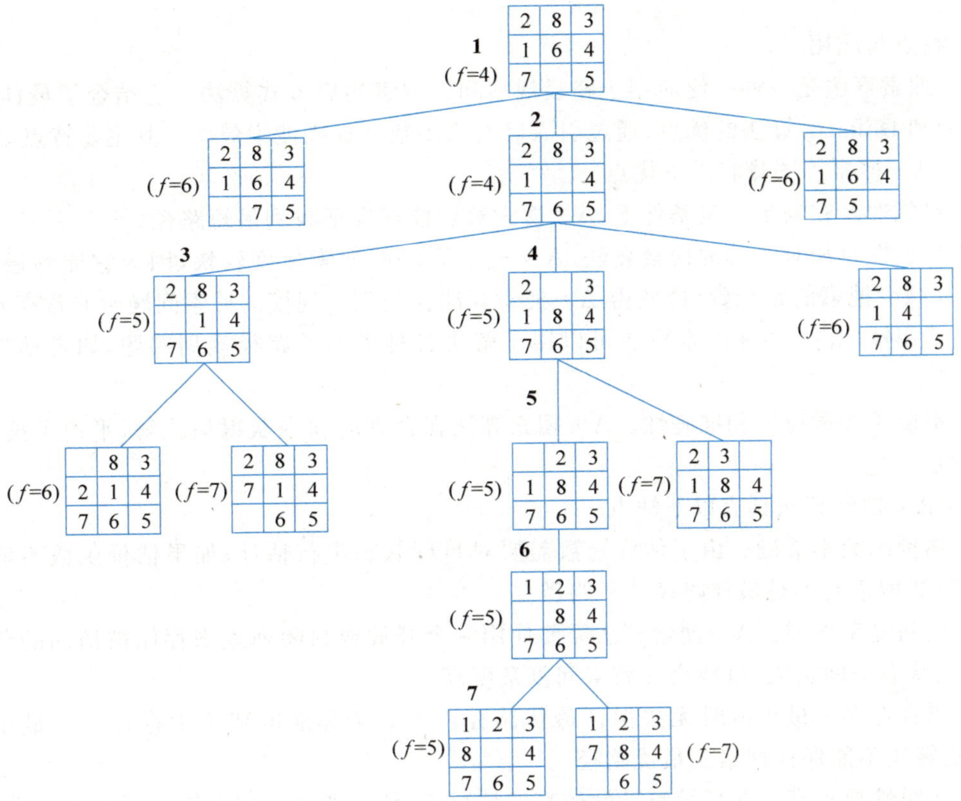

图 3-19 例 3-4 解题图

式中，$g*(n)$ 为从初始节点 S_0 到节点 n 的实际代价或是从起点到当前节点 n 的移动消耗；$w*(n)$ 为当前节点到目标节点的预期距离，可以使用曼哈顿距离、欧氏距离等。

当节点之间的移动成本 $g*(n)$ 非常小时，其在总成本函数 $f*(n)$ 中的作用几乎可以忽略不计。在这种情况下，A* 搜索算法实际上将退化为一种最优的贪婪搜索算法。相反，如果节点间的移动成本 $g*(n)$ 非常大，使 $w*(n)$ 对 $f*(n)$ 影响变得微不足道，那么 A* 搜索算法则趋向于表现为 Dijkstra 算法的特性。

2）搜索过程

A* 搜索算法的搜索过程与 A 搜索算法的搜索过程类似。

（1）把起始节点 S 放到 OPEN 表中，计算估价函数 $f*(n)$。

（2）如果 OPEN 表为空，则表明无法找到解决方案，此时算法失败并终止；如果列表非空，我们继续执行算法。

（3）从 OPEN 表中选出具有最小值的节点作为当前活跃节点，并将其移入 CLOSED 集合。

（4）如果当前节点是目标节点，则完成任务并停止迭代。

（5）对于当前节点的所有相邻节点，我们按照以下规则进行处理：如果该节点不可到达或已在 CLOSED 集合中，则不予以考虑。重新计算该节点 $f*(n)$ 值，并且如果该节点已处在 OPEN 集合中且新计算出的 $f*(n)$ 值更低，则用新值替换；如果该节点不在 OPEN 集合中，则将其添加，同时指定当前节点为其前驱节点。

（6）当搜索过程结束时，如果 OPEN 集合为空，则可能找到了一条路径；如果 OPEN 集合非空，则必定找到了一条路径，此时可以从终点开始，通过回溯其前驱节点来重建整个搜索路径。

3) 特点与应用

A＊搜索算法是一种广泛应用于路径规划和图搜索的启发式算法。它结合了最佳优先搜索(BFS)和Dijkstra算法的优点,通过引入启发式函数来提高搜索效率。其主要特点如下。

(1) A＊搜索算法具有以下优点。

① 最优性。在满足一定条件下,A＊搜索算法能够保证找到最短路径。

② 快速性。相对于其他搜索算法,A＊搜索算法的搜索速度较快,因为它能够通过启发式函数来减少搜索的路径数,这使得A＊搜索算法在处理大规模的搜索问题时非常高效。

③ 适用性广泛。A＊搜索算法可以用于解决各种类型的路径规划问题,如自动驾驶、游戏开发等。

④ 平衡了搜索速度和准确性。A＊搜索算法在合理时间内获得最优解,平衡了搜索速度和准确性。

(2) A＊搜索算法具有以下缺点。

① 估价函数不准确。由于估价函数需要对目标状态进行估计,如果估价函数不够准确,会导致算法搜索到不是最佳路径的子路径。

② 空间复杂度高。A＊搜索算法需要使用一个开放或封闭列表来存储被访问的节点,如果搜索的状态空间过大,可能会导致空间复杂度高。

③ 当存在多个最小值时无法保证最优路径。当8个邻居的代价中存在多个最小值时,A＊搜索算法不能保证搜索到最优路径。

④ 实时性要求高。在环境复杂性较高的情况下,传统的A＊搜索算法可能无法满足实时性的要求。

⑤ 空间呈指数级别增长,导致内存消耗过大。

综上所述,A＊搜索算法在路径规划和图搜索中具有显著的优势,但也存在一些局限性。这些缺点需要在实际应用中根据具体情况进行权衡和优化。

A＊搜索算法的研究包括单向搜索、双向搜索及二次搜索等多种方法,每种方法都有其优缺点。改进的A＊搜索算法可以通过加权处理估价函数和引入"人工搜索标志"来避免重复搜索无效区域,从而提高路径搜索的效率和准确性。在智能搜索领域,A＊搜索算法经过优化和改进后,可以实现更高效和准确的路径搜索,特别是在大型路径搜索中。逆向增强型A＊路径搜索算法借助反向探索及对评估函数的优化,把无向的搜寻方式转变成了有向搜寻,从而提升算法的执行效率。这种算法特别适合应对大规模的路径优化难题。

【例3-5】 在3×3的方格棋盘上,初始状态S_0和目标状态S_g分别如图3-18所示。可用的操作包括空格左移、右移、上移、下移,请应用A＊搜索算法寻找从初始状态到目标状态的解路径。

解:选择估价函数$f*(n)=d*(n)+w*(n)$,其中$d*(n)$表示节点n在搜索树中的深度,$w*(n)$表示节点n中"不在位"的数码数的曼哈顿距离,这与例3-4的不同之处在于估价函数定语多赋予了距离的计算。以起始状态为例,S_0状态图中搜索树的深度为0层,共有2、8、1、6四个数字不在位,每个数字按照曼哈顿距离的移动方式移动到正确位置之和为5,合计$f*(0)=0+5=5$。依此类推,计算搜索树第1层所有状态图的$f*(n)$值,如图3-20所示。在第1层中,状态图2的f值最小,因此选择状态图2的后续路径开始搜索。搜索到第2层,由于升级到A＊搜索算法,未出现例题3-4中$f*$值计算结果一致的情况,因此选择最小$f*$值所在的状态图 3 的路径继续向下搜索。当搜索到第 5 层时即状态图 6 时,不在位数码数曼哈顿距离变为 0,所有数码都在目标位置上,得到目标解,搜索结束。

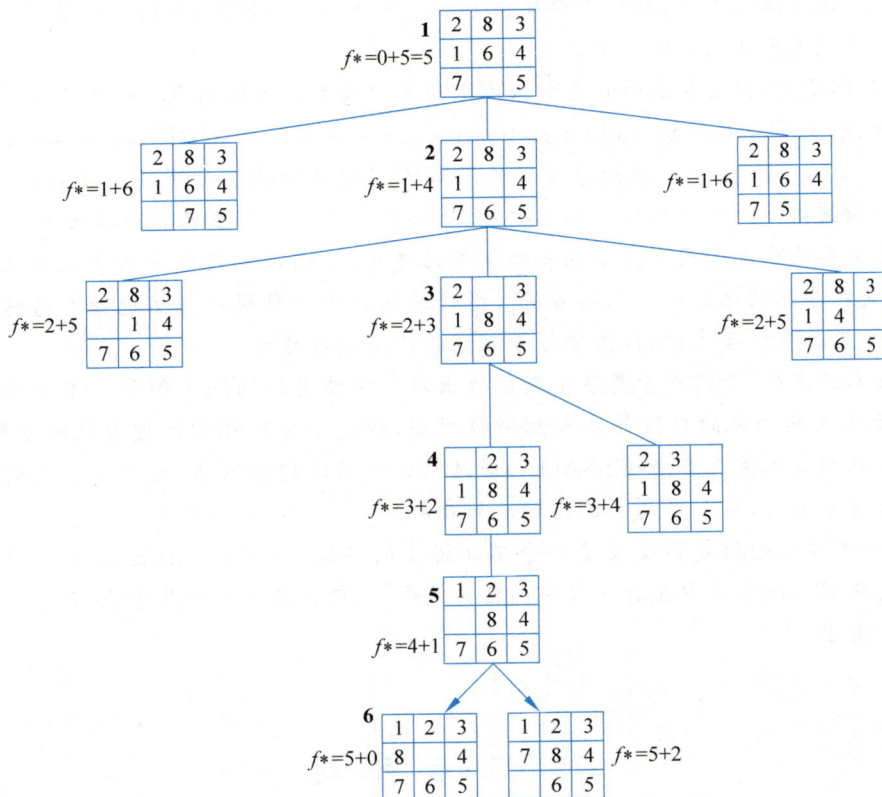

图 3-20 例 3-5 解题图

3.4 本 章 小 结

本章详细介绍了各类搜索算法的定义和原理、搜索过程、特点、应用及计算案例,帮助读者全面理解搜索算法的设计方法及在问题求解中的应用。首先,明确了搜索策略的概念、分类及制定原则,强调了完备性、最优性、时间复杂度和空间复杂度等关键评价指标的重要性;其次,深入剖析了状态空间搜索的工作机制,通过节点扩展逐步逼近目标状态,为后续分析奠定了基础;最后,选择同一案例采用不同搜索方式进行对比分析,重点对比盲目搜索与启发式搜索的特性。

延伸阅读

搜索算法是计算机科学和人工智能领域的一个重要分支,用于有效地从大量数据中查找特定信息或解决特定问题。

搜索算法可以分为有信息搜索和无信息搜索两大类。有信息搜索算法,如 A * 和 Best First Search,利用额外的信息来指导搜索过程,从而提高搜索效率。而无信息搜索算法,如

BFS、DFS 和 UCS(最小成本搜索),则不依赖额外信息,完全基于图的结构来进行搜索。

个性化搜索算法通过分析用户的历史行为和偏好,提供更加定制化的搜索结果。这种算法通常基于内容过滤的方法,利用概率模型来表达用户的兴趣模型,并通过相似性计算和用户兴趣模型更新来不断优化搜索结果。

在 Web 环境下,搜索算法面临着如何有效地定位相关网页的问题。一些基于关键词的搜索和排名算法,如 Boolean Spreading Activation、Most-cited、TFXIDF vector space model 和 Vector Spreading Activation,被提出以应对 WWW 环境的挑战。此外,PageRank 和 HITS 等算法通过分析链接结构来评估网页的重要性,从而提高了搜索的准确性和相关性。

量子搜索算法代表了搜索技术的一种革命性进步,它通过利用量子力学原理来加速搜索过程,特别是在非结构化数据集上的应用。遗传算法作为一种模拟自然选择和遗传机制的搜索算法,展示了其在组合优化、机器学习等领域的广泛应用潜力。

随着技术的发展,新的搜索算法不断被提出以解决特定的问题。例如,BT 算法通过引入位趋势表示法及其相应的分段算法和相似性模型,提高了序列相似性搜索的效率和灵活性。协同搜索策略的算术优化算法(CSSAOA)通过结合不同的搜索策略,增强了算法的全局探索能力和局部搜索能力,从而提高了优化精度和效率。

总之,搜索算法的研究和发展是一个不断进步的领域,不同的算法适用于不同的应用场景。未来的研究可能会集中在进一步提高搜索效率、准确性及个性化服务上,以更好地满足大模型时代的需求。

课 后 习 题

1. 盲目搜索在解决八数码问题中的应用有哪些?请结合具体的算法步骤和问题特点进行分析。

2. 在人工智能领域中,盲目搜索与启发式搜索的主要区别是什么?请举例说明在实际应用中选择哪种搜索策略更为合适。

3. 如何改进传统的盲目搜索算法,以提高其在大数据环境下的效率和准确性?请提出至少两种可能的改进方法,并说明其理论依据和预期效果。

4. 考虑到启发式搜索在智能规划领域的广泛应用和重要性,请探讨未来启发式搜索技术的发展趋势,特别是在人机交互、不确定性规划等方面的应用前景。

5. 请讨论在设计启发式函数时,如何平衡启发信息的准确性与计算效率之间的关系。请结合实际案例分析(如八数码难题)。

6. 深度优先搜索是一种基于树或图的搜索算法,其核心思想是(　　　)。

    A. 从起始状态开始,沿着一个路径尽可能深入地探索问题空间

    B. 平行遍历所有节点

    C. 随机选择节点进行遍历

    D. 从叶子节点开始向上遍历

7. 下列算法中适用于解决八数码问题的是(　　　)。

    A. 深度优先搜索　　　　　　　　　　B. 广度优先搜索

    C. A 搜索算法   D. IDA 算法

8. 下列算法中利用启发式函数来估计到目标的距离的是(　　　　)。

    A. 深度优先搜索   B. 广度优先搜索

    C. A 搜索算法   D. IDA 算法

9. 判断题：在八数码问题中，使用 A * 搜索算法比使用深度优先搜索或宽度优先搜索表现更好。(　　　　)

10. 判断题：搜索算法可以分为无信息指导的搜索策略和有信息指导的搜索策略。(　　　　)

技术篇

第4章 机器学习

教学导引

(1) 掌握机器学习的定义、基本概念、关键步骤。

(2) 理解 k-最近邻算法的工作原理和特点。

(3) 理解线性回归算法的工作原理和特点。

内容脉络

机器学习
- 机器学习概述
  - 机器学习的定义
  - 机器学习的关键步骤
- k-最近邻方法
  - 基本原理
  - 距离度量
  - k值的选取
- 线性回归
  - 线性回归模型
  - 梯度下降
  - 过拟合与欠拟合

内容概要

机器学习是人工智能的一个重要分支。随着数据的爆发式增长和计算能力的提升,机器学习不仅成为挖掘数据并解决复杂问题的关键工具,更是推动科学研究和技术创新的引擎。本章将介绍机器学习的定义、基本概念及其应用领域,探讨机器学习的基本原理,并介绍 k-最近邻和线性回归两种常用的机器学习方法。

场景引入:一位医生在面对一位患者时,常常会根据患者的症状、体征及相关的检查结果来判断可能的疾病。例如,当一位患者来到医院,医生可能会测量他的血糖和血压水平,并根据这些数据来评估他是否患有糖尿病、高血压等疾病。这里涉及基于经验做出的预判。例如,为什么医生看到患者的血糖较高,就会认为患者有糖尿病呢? 这是因为医生在工作中已经遇见过很多类似情况,观察到了患者的血糖和血压等特征与上述疾病高度相关。在上述例子中,医生可以被视为一个"学习者",他从患者的数据(输入)中学习到一种模式,并根据这种模式做出诊断或预测(输出)。在这个过程中,医生可能会根据他自己的经验和知识来判断患者的状况。如果想要让计算机系统也能够像医生一样做出类似的判断,就需要使用机器学习技术。

4.1　机器学习概述

4.1.1　机器学习的定义

机器学习致力于通过计算的手段，基于经验预测未知的属性。在计算机系统中，经验通常以数据的形式存在。例如，在上述医生判断疾病的例子中，机器学习系统可以通过分析大量的患者数据（如血压、血糖、血脂、年龄、性别等），学习到不同疾病与这些数据之间的关系，从而能够根据新的患者数据来预测他们可能患有的疾病。这种数据驱动的学习过程使得机器学习系统能够更准确地诊断疾病，并为医生提供更好的辅助和决策支持。因此，机器学习的定义可以被理解为让计算机系统从数据中学习，并根据学习的经验做出决策或预测，从而实现类似人类智能的功能。

机器学习包括数据和模型这两个较重要的概念。

1. 数据

数据是训练机器学习模型的基础，包括数字、文本、图像、音频等不同形式的信息，是机器学习算法的输入。数据通常以特征（features）和标记（labels）的形式出现，如图 4-1 所示。特征用来描述数据各个方面的属性。标记是与数据相关联的输出或结果，用于指示数据的类别或类别。标记通常用于监督学习任务中。例如，在疾病预测问题中，标记可以是"患病"或"未患病"。

2. 模型

机器学习模型是从数据中学习模式和规律，并根据这些模式和规律进行预测或决策的数学函数。模型的核心目标是将输入特征映射到输出标记，从而实现对新数据的预测或

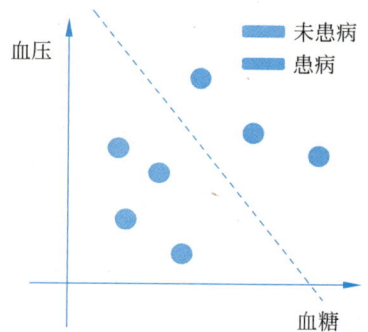

图 4-1　特征与标记

分类。模型的构建和选择取决于具体问题的性质和数据的特点，不同的模型有不同的假设、复杂度和适用场景。常见的模型包括线性模型、决策树、神经网络等，每种模型都有其独特的优点和应用领域。

4.1.2　机器学习的关键步骤

在机器学习过程中，数据的准备和模型的训练是实现高性能预测和决策的核心环节。有效的数据预处理可以提升模型的训练效果和准确性，而模型的训练和评估则决定了模型在实际应用中的表现。从数据预处理、模型训练到模型评估与验证，每一步都对机器学习的效果起到重要作用。

1. 数据预处理

数据预处理是机器学习中的基础步骤，其目标是将原始数据转换为适合模型训练的格式，

以提升模型的性能和准确性。常见的数据预处理包括数据清洗和特征工程。

数据清洗旨在识别并修正数据中的错误、缺失值和噪声，以确保数据质量。针对缺失值，可采用均值、中位数或众数填补，或直接删除含缺失值的样本；对于重复数据，需删除以避免模型偏差；对于异常值和不合理数据点，需进行修正或剔除；此外，去除数据中的噪声有助于提升数据质量，使模型更准确地学习模式。

特征工程聚焦于从数据中提取、选择和创造新的特征，以提升模型性能。特征选择用于筛选重要特征，减少冗余或无关变量；特征提取通过转换或分解获取关键信息，如从文本中提取关键词或从时间序列中提取时间特征；特征组合通过数学运算或交叉生成增强表达能力；特征生成则基于领域知识或算法创造新特征，以优化模型效果。

2. 模型训练

模型训练是通过调整参数，使模型能够有效拟合训练数据的过程。这需要根据任务特性选择合适的模型，如线性回归、决策树或神经网络等，不同的模型适用于不同的问题场景。选定模型后，需要定义损失函数，用于量化模型预测值与真实值之间的误差。常见的损失函数包括均方误差（用于回归任务）和交叉熵（用于分类任务）。为优化损失函数，通常选择适当的优化算法，如梯度下降、随机梯度下降（SGD）或 Adam 优化器。这些算法通过迭代更新参数，使损失函数逐步趋于最小。在训练过程中，模型通过参数更新逐步从数据中学习有用特征，提升预测能力。

3. 模型评估与验证

模型评估与验证旨在衡量模型性能，确保其具有良好的泛化能力。通常将数据集划分为训练集、验证集和测试集：训练集用于训练模型，验证集用于调整和优化模型的超参数，测试集则用于评估模型的最终性能。通过交叉验证，可以多次随机分割数据集，计算模型性能的平均值和方差，从而减少评估结果的偶然性，提升其可靠性。评估指标的选择取决于具体任务：分类任务常用准确率、精确率、召回率和 F1 值等指标；回归任务则关注均方误差（MSE）、均方根误差（RMSE）等指标。验证阶段利用验证集对超参数进行调整，并选择性能最佳的模型。最终，用测试集评估模型，验证其在未见数据上的表现。这一流程确保了模型不仅能有效拟合训练数据，还能在实际应用中保持稳定和可靠的性能。

4.2　k-最近邻方法

k-最近邻（k-nearest neighbors，k-NN）是一种简单而有效的分类和回归方法。该方法的核心思想是，对于给定的输入样本，根据其与训练集中所有样本的距离，选取最近的 k 个样本，并通过这些样本的类别或数值来预测输入样本的类别或数值。k-NN 算法在分类和回归任务中有广泛应用，特别是在无须复杂模型结构和训练过程的情境下表现出色。

4.2.1　基本原理

k-最近邻方法的基本原理是基于特征空间中的距离度量来进行分类或回归，其具体步骤如下。对于一个给定的输入样本,需要先计算它与训练集中所有样本的距离。假设输入样本为 x,训练集中有 n 个样本,记为 $x_1,\cdots,x_n$。对于每个训练样本 x_i,计算输入样本 x 与 x_i 的距离 $d(x,x_i)$。在计算完所有距离后,选取距离输入样本最近的 k 个训练样本,如图 4-2 所示。这里的 k 是一个预先设定的超参数,表示需要参考的最近邻样本的数量。

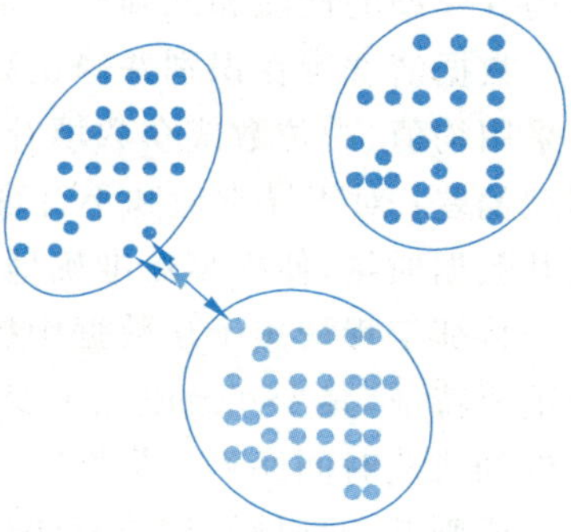

图 4-2　k-最近邻方法

在分类任务中,这 k 个最近邻样本的类别通过投票机制决定输入样本的预测类别。具体来说,统计这 k 个最近邻样本中每个类别出现的次数,选择出现次数最多的类别作为输入样本的预测类别。例如,如果 $k=3$,且 3 个最近邻样本的类别分别是 A、A、B,那么输入样本的预测类别为 A,因为 A 类别出现的次数最多。为了避免在投票时出现平局,可以选择一个奇数的 k 值或者使用加权投票的方法,即根据样本与输入样本的距离给投票加权,距离越近的样本权重越大。

在回归任务中,通过计算距离选取 k 个最近邻样本后,需要对这 k 个样本的数值进行平均,得到输入样本的预测值。具体来说,设这 k 个最近邻样本的数值分别为 $y_1,\cdots,y_k$,则输入样本的预测值为这 k 个数值的平均值,即 $\sum_{i=1}^{k} y_i k$。同样地,可以采用加权平均的方法,即根据样本与输入样本的距离给每个数值加权,距离越近的样本权重越大。

4.2.2　距离度量

距离度量是 k-NN 算法的关键因素之一,常用的距离度量方法包括欧氏距离与曼哈顿距离等,如图 4-3 所示。

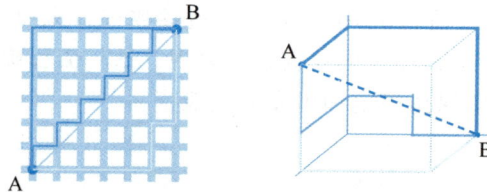

图 4-3　欧氏距离与曼哈顿距离

欧氏距离(Euclidean distance)计算两个样本之间的直线距离。对于两个样本 $x=(x_1,x_2,\cdots,x_n)$ 和 $y=(y_1,y_2,\cdots,y_n)$,欧氏距离的计算公式为

$$\sqrt{\sum_{i=1}^{n} (x_i - y_i)^2} \tag{4-1}$$

欧氏距离反映了样本之间的直线距离,即两点之间最短的路径。这种距离度量适用于各个维度的数值,具有相同量纲且不存在显著相关性的情况。它的计算复杂度较低,且对于样本间的局部几何结构较为敏感。

曼哈顿距离(Manhattan distance)计算两个样本在各个维度上的绝对距离之和,其计算公式为

$$\sum_{i=1}^{n} |x_i - y_i| \qquad (4-2)$$

曼哈顿距离也称为城市街区距离（city block distance），因为它类似在网格状街区中行走的距离。该距离度量适用于各维度之间独立且具有相同量纲的情况。相比于欧氏距离，曼哈顿距离对局部几何结构的变化不敏感。

不同的距离度量方法对 k-NN 算法的效果有显著影响。在实际应用中，通常需要根据具体问题和数据特性选择合适的距离度量，并可能需要通过交叉验证等方法进行参数调整以获得最佳的算法性能。

4.2.3　k 值的选取

k 值是 k-NN 算法中的一个重要超参数，直接影响模型的性能和预测结果的可靠性。选择合适的 k 值对模型的准确性和稳健性至关重要（见图 4-4）。较小的 k 值（如 $k=1$）使得模型非常灵活，能够很好地拟合训练数据，但这也意味着模型对每个数据点的局部变化非常敏感，容易受到噪声数据的干扰，从而导致过拟合。过拟合的模型在训练集上的表现可能非常好，但在测试集或新数据上的泛化能力较差，即在实际应用中表现不佳。反之，较大的 k 值（如 $k=20$ 或更大）会使得模型变得平滑，因为它综合了更多邻近样本的信息。这种情况下，模型的预测结果对单个数据点的变化不那么敏感，噪声对结果的影响也会减小，因此模型的稳定性更好。然而，过大的 k 值可能导致欠拟合，模型无法充分捕捉数据的细节和复杂结构，从而无法准确地描述数据的真实分布特征。这种模型在训练集和测试集上的表现可能较为一致，但整体准确性不高。

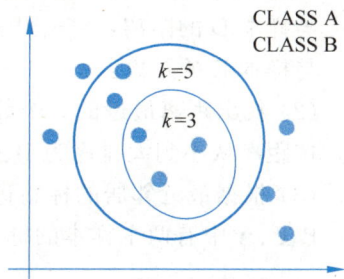

图 4-4　k 值对模型预测结果的影响

为了在模型复杂度和泛化能力之间取得平衡，通常需要通过交叉验证等方法来选择最优的 k 值。交叉验证是一种评估模型性能的技术，它将训练数据分成多个互斥的子集，并在不同的子集上训练和验证模型，从而确保所选择的 k 值在不同数据划分上的表现一致且优良。具体步骤如下：首先，将训练数据随机分成 k 个子集；其次，进行 k 次训练和验证，每次使用 $k-1$ 个子集进行训练，剩余的一个子集用于验证；最后，计算 k 次验证结果的平均值，以此作为模型性能的评价指标。通过在不同 k 值下重复上述过程，可以找到使得模型在验证集上表现最优的 k 值。

此外，还可以结合实际问题的具体特征和需求来选择 k 值。例如，对于一些噪声较多或数据量较大的问题，可以适当选择较大的 k 值以提高模型的稳定性；对于一些需要精确捕捉局部特征或数据量较少的问题，可以选择较小的 k 值以提高模型的灵活性和准确性。需要注意的是，选择合适的距离度量方法（如欧氏距离、曼哈顿距离等）和数据预处理（如归一化、标准化等）也是确保 k-NN 算法性能的重要因素。这些因素与 k 值的选择相互作用，共同影响模型的最终效果。通过综合考虑上述各个方面，调整和优化模型参数，可以有效地提升 k-NN 算法的性能，实现更准确和可靠的预测。

【例】 给定表 4-1 中的数据集,其中包含两个特征及类别标签。

表 4-1　样本特征及标签

样本	特征 1	特征 2	标签
A	1	2	是
B	2	3	否
C	3	5	是
D	4	6	否
E	5	5	是

现有一个新样本,其特征为(3,3),请使用 k-NN 算法($k=3$)和曼哈顿距离预测其标签。解答步骤如下。

(1) 计算新样本与数据集中所有样本之间的曼哈顿距离:

与样本 A 的距离:$|3-1|+|3-2|=3$;

与样本 B 的距离:$|3-2|+|3-3|=1$;

与样本 C 的距离:$|3-3|+|3-5|=2$;

与样本 D 的距离:$|3-4|+|3-6|=4$;

与样本 E 的距离:$|3-5|+|3-5|=4$。

(2) 找出距离最近的 3 个邻居:

按距离从小到大排序为 B、C、A、D、E,距离最近的 3 个为 B、C、A。

(3) 根据最近邻居的标签进行预测:

B、C、A 中有两个样本的标签为是,因此,我们预测新样本的标签为是。

4.3　线 性 回 归

线性回归(linear regression)是一种基本且广泛应用的回归分析方法,用于建立因变量(响应变量)与一个或多个自变量(解释变量)之间的线性关系模型。其目标是通过拟合一条直线,最小化预测值与实际观测值之间的差异,从而实现对因变量的预测或解释。线性回归广泛应用于经济学、金融学、社会科学、生物统计等多个领域。

4.3.1　线性回归模型

线性回归是对样本数据规律的线性总结,这是一个非常容易理解的概念。假设我们研究的是车辆重量与油耗之间的关系。在样本空间中,每一辆车的重量对应一个油耗值。那么,是否存在一种方法,可以用一条直线来总结车辆重量与油耗在样本空间中的分布规律?如果能找到这样一条直线,并且这条直线能够正确描述整个样本的分布,我们就称这条直线是该问题的回归直线,如图 4-5 所示。解决这个问题的过程称为线性回归过程。

具体来说,线性回归模型描述多个自变量 $x_1,\cdots,x_p$ 与因变量 y 之间的线性关系,可表示为

$$y=\theta_0+\theta_1 x_1+\cdots+\theta_p x_p \tag{4-3}$$

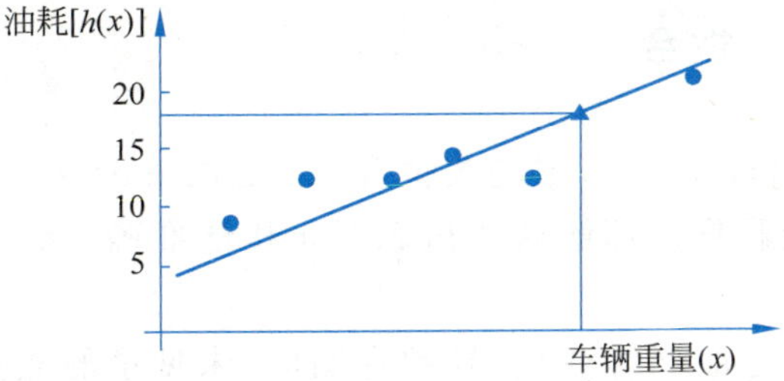

图 4-5 线性回归模型

损失函数用于衡量模型预测值与实际观测值之间的差异。常用的损失函数是均方误差（mean squared error，MSE），其计算方式为

$$\mathrm{MSE} = \frac{1}{n}\sum_{i=1}^{n}\left[y_i - f(y_i)\right]^2 \tag{4-4}$$

式中，y_i 和 $f(y_i)$ 分别是第 i 个样本的真实标签及其预测值。

4.3.2 梯度下降

梯度下降是一种针对损失函数的优化算法，用于最小化损失函数以找到模型的最佳参数。在机器学习和深度学习中，梯度下降被广泛应用于训练各种类型的模型，包括线性回归、逻辑回归、神经网络等。梯度下降的核心思想是通过不断调整模型参数来降低损失函数的值。这是通过沿着损失函数梯度的反方向更新参数实现的，如图 4-6 所示。

在更新参数之前，通常需要进行以下操作。

（1）初始化参数。在更新参数之前，需要对模型的参数进行初始化。这些参数可以是随机的或者根据先验知识进行设置。

（2）计算损失。计算损失是指使用当前参数值计算损失

图 4-6 梯度下降

函数的值。常用的损失函数包括均方误差（MSE）和交叉熵损失等，具体选择取决于模型的类型和任务的性质。

（3）计算梯度。计算梯度是指对损失函数进行求导，计算每个参数对应的梯度值。梯度指示了损失函数增加最快的方向。

（4）更新参数。根据梯度的反方向和一个称为学习率的超参数，更新模型的参数。学习率控制了每次参数更新的步长，太小会导致收敛速度慢，太大可能会导致参数跳过最优值。

（5）重复迭代。重复执行步骤（2）至步骤（4），直到满足停止条件。停止条件可以是损失函数收敛到某个阈值，或者达到预设的迭代次数。

梯度下降的优点是它的普适性和简单性。它可以应用于各种类型的模型和损失函数，并且易于实现。然而，梯度下降也面临着诸多挑战，如选择合适的学习率、处理局部最优解及计算资源的消耗等。因此，在实践中，通常会使用梯度下降的变体来提高收敛速度和稳定性，如随机梯度下降（SGD）、批量梯度下降（BGD）和小批量梯度下降（Mini-batch SGD）等。

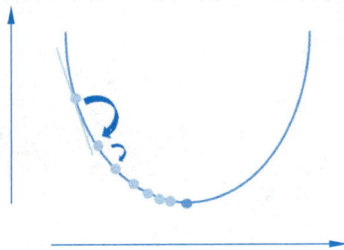

4.3.3 过拟合与欠拟合

在回归分析中,过拟合(overfitting)与欠拟合(underfitting)是两个重要的概念,它们描述了模型与数据之间的匹配程度。理解这些概念对于构建准确、泛化能力强的回归模型至关重要。

过拟合是指模型过度适应训练数据,导致在新的、未见过的数据上表现不佳的情况,如图 4-7 所示。当模型过于复杂或参数过多时,它可能会记住训练数据的细节和噪声,而不是学习到数据背后的真实模式。这样的模型在训练数据上表现很好,但在新数据上泛化能力差。过拟合的典型特征包括训练误差很低,但验证误差较高。常用的避免过拟合的方法包括在损失函数中添加正则化项(如 L1 或 L2 范数)以限制模型参数的大小,从而防止模型过于复杂;在验证误差达到最小值时停止训练,避免继续拟合训练数据;删除不相关的特征或进行特征选择,以减少模型的复杂性;使用集成学习技术,如随机森林或梯度提升树,来减少单个模型的过拟合风险。

欠拟合则是指模型不能够充分拟合训练数据的真实模式,导致无法捕捉数据的基本关系,如图 4-8 所示。这可能是由于模型过于简单或特征不足引起的。欠拟合的模型通常在训练数据和新数据上都表现不佳,训练误差和验证误差都较高。避免欠拟合的方法包括:增加模型的容量,如增加多项式的次数或增加网络的层数,以更好地捕捉数据中的模式;引入更多有意义的特征,以提高模型的表达能力;减少正则化参数的大小,允许模型更好地拟合数据。

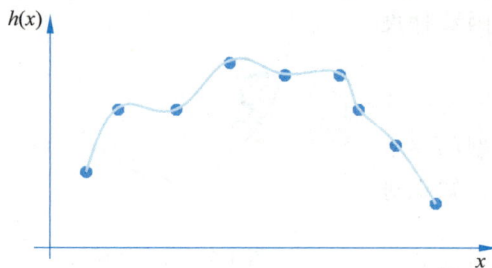

图 4-7 过拟合

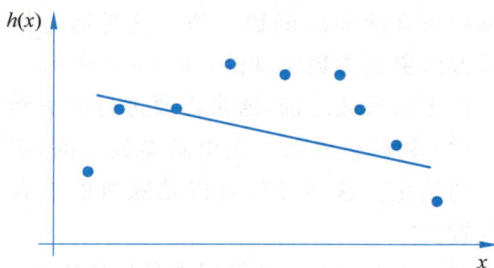

图 4-8 欠拟合

4.4 本章小结

本章介绍了机器学习的定义和基本概念。通过学习本章内容,读者了解了数据驱动的学习过程、特征提取、模型选择和评估等关键要素。此外,本章还具体介绍了 k-最近邻算法和线性回归两种常用方法,帮助读者掌握了在实际问题中应用机器学习技术的基本技能。

延伸阅读

常用的机器学习方法还包括支持向量机(support vector machine,SVM)、朴素贝叶斯(naive Bayes,NB)、决策树(decision tree,DT)、随机森林(random forest,RF)、极限梯度提升(extreme gradient boosting,XGBoost)、梯度提升决策树(gradient boosted decision tree,

GBDT)等。

　　这些算法在不同的学习任务中展现了独特的优势。例如,支持向量机适合处理高维数据和小样本问题,朴素贝叶斯因其高效且简单的计算方式适合文本分类和情感分析,决策树则以其直观的模型结构和解释性广泛应用于分类与回归问题。随机森林和梯度提升方法在集成学习框架下,通过结合多个弱学习器实现了强大的泛化能力。这些方法各有其适用场景,合理选择和调整算法,可以在不同类型的数据和任务中获得良好的性能。

课 后 习 题

1. 请解释机器学习的定义,并列举出 3 个机器学习在实际生活中的应用场景。
2. 请分别定义监督学习和无监督学习,并举例说明每种方法各自适用的典型问题。
3. 简述机器学习的基本工作流程。
4. 请列出几种常用的模型评估指标,并说明它们在不同任务(分类、回归)中的作用。
5. 解释什么是模型选择,并描述交叉验证在模型选择中的作用。
6. 当 $k=4$ 时,例 4-1 中新样本的标签是多少?

第5章 计算智能

教学导引

（1）掌握计算智能的基本概念、分类和发展趋势。

（2）理解遗传算法的工作原理和特点。

（3）了解粒子群优化算法的工作原理和特点。

内容脉络

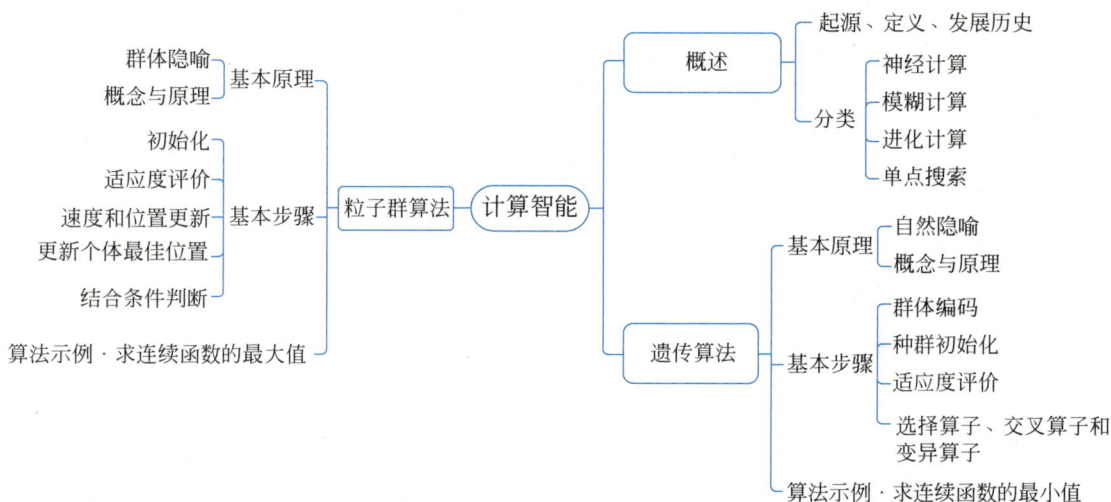

内容概要

本章对计算智能领域的主要算法进行介绍，重点讨论各种算法的思想来源、流程结构和相关应用。当前，计算智能在数据智能、感知智能、认知智能和自主智能等方面取得了显著进展，特别是在数字经济和大模型的推动下，其应用场景不断扩大。在数字经济时代，计算智能借助大数据、云计算等技术，深入应用于金融风控、智能制造和智慧城市等多个领域，实现了更智能、高效的决策支持和资源配置，为产业转型提供了强大的支撑。

场景引入：月球作为地球的天然卫星，充满神秘色彩。为了更好地探索月球，人类研发了月球无人车，其中进化计算发挥了重要作用。在月球无人车的设计中，初始设计阶段会提出多种不同的方案，包括不同的结构、功能和性能，如车轮类型、动力系统配置、传感器布局等。接着进行评估，以行驶稳定性、越障能力、能源消耗效率、对复杂地形的适应能力和数据采集的准确性等为标准,表现不佳的方案会被淘汰,表现好的方案会被保留。然后,对保留方案进行改进,再次评估新方案,直至找到最优方案。月球无人车(见图 5-1)能不断优化自身的结构和性能,更好地适应月球环境,为人类探索月球奥秘提供准确高效的数据和信息。

图 5-1　月球无人车

5.1　计算智能概述

随着技术的不断进步,科学与工程实践问题越发复杂,传统的计算方法遇到了挑战,尤其是对 NP 难和 NP 完全问题,精确算法因其指数级的计算复杂性而难以实际应用。为了在求解时间和精度之间取得平衡,计算机科学家提出了多种启发式计算方法。这些算法借鉴了生物进化、生理构造、群体行为、人类思维、语言记忆及自然界物理现象的特性,通过模拟自然和人类智慧来优化问题求解,在合理时间内得到满意解,这些算法统称为智能计算方法或计算智能(computational intelligence,CI)。

计算智能源自自然界(生物界)规律的启示,根据这些规律设计求解问题的算法。物理学、化学、数学、生物学、心理学、生理学、神经科学和计算机科学等领域的现象与规律都可能成为计算智能算法的基础和思想来源。

5.1.1　计算智能的分类

计算智能算法主要包括神经计算、模糊计算和进化计算三大类。典型的计算智能算法有神经计算中的人工神经网络算法,模糊计算中的模糊逻辑,进化计算中的遗传算法、蚁群优化算法、粒子群优化算法、免疫算法、分布估计算法、Memetic 算法等,以及单点搜索技术,如模拟退火算法、禁忌搜索算法等,具体如图 5-2 所示。

计算智能算法的共同特征在于模仿人类、自然和人类社会的某些方面,通过抽象类比等思维方法,设计出优化算法。神经计算和模糊计算两类算法相对独立,在本教材中我们重点讲解进化计算部分。计算智能的各个研究领域各有其独特之处,具有不同的特点,如表 5-1 所示。

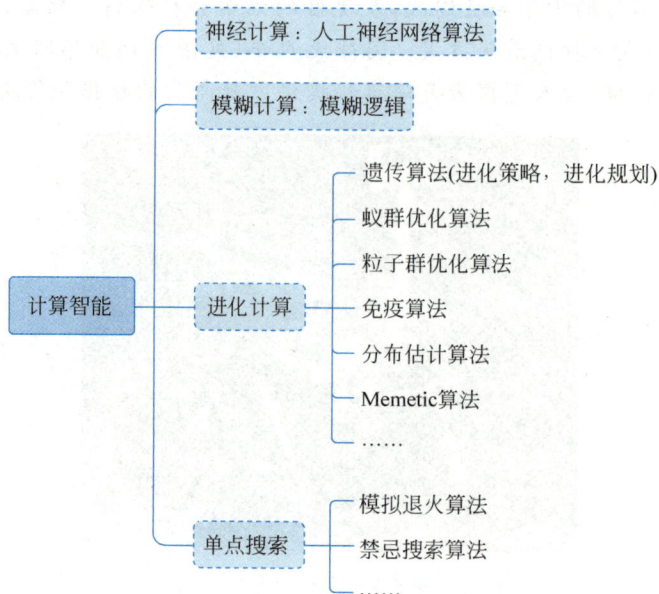

图 5-2　计算智能主要分类图

表 5-1　计算智能的主要研究领域及其主要特点

研 究 领 域	主 要 特 点
进化计算	模仿生物进化过程和群体智能过程,模拟大自然智慧
人工神经网络	模仿人脑的生理构造和信息处理过程,模拟人类智慧
模糊逻辑(模糊系统)	模仿人类语言和思维中的模糊性概念,模拟人类智慧

5.1.2　计算智能的发展与应用

　　计算智能是一门跨学科领域,通过模拟生物智能或利用启发式规则解决复杂问题的方法。它包含多种技术和算法,如启发式算法、进化算法、神经网络、模糊系统。本文将详细介绍计算智能,从启发式算法开始,重点讲解进化计算的各个分支及其应用。

　　启发式算法(heuristic algorithms)是一类通过探索和试探性方法寻找近似最优解的算法。它们通常用于解决大规模或复杂问题,因为传统的精确算法难以在合理时间内求解。启发式算法的设计旨在通过经验和启发规则快速找到可接受的解决方案,而不是通过穷举所有可能的解来实现。20 世纪 60 年代,遗传算法和模拟退火算法被相继提出,开创了启发式算法的先河。遗传算法是启发式算法中最早出现的一种,由约翰·霍兰德在 20 世纪 60 年代提出,这一提出标志着进化算法的诞生。20 世纪 90 年代,蚁群算法和粒子群优化算法的出现,进一步丰富了启发式算法的种类和应用领域。粒子群优化算法由肯尼迪和艾伯哈特在 1995 年提出,该算法模拟鸟群觅食行为,通过个体间的信息交换和合作来寻求最优解,成为群体优化算法的代表。此后,众多研究者转向计算智能领域研究,设计开发出多个群体优化方法,极大地促进了该领域的发展。

　　随着计算能力的提升,计算智能在工程优化、人工智能、物流与交通等领域得到了广泛应用。随着人工智能技术的迅猛发展,计算智能正步入一个新的发展阶段,特别是近年来大语言模型的崛起,为计算智能提供了新的应用领域。进化计算可以与生成对抗网络(GAN)相结合,生成多样性更强的训练数据,以更好地提升大语言模型的泛化能力。进化算法可以帮助模型生成不同类型的候选文本或响应,并通过进化筛选出最符合上下文或任务需求的结果。计算智能通过大数据分析、机器学习等技术,为数字经济提供了智能化的决策支持和自动化解决方案,推动了产业效率的提升和业务模式的创新;计算智能正在金融风控中实现对风险的更精准识别,在智能制造中优化生产流程并降低成本,在智慧城市建设中助力交通管理和环境监测等多方面的应用。这种相辅相成的关系,使得计算智能与数字经济共同驱动着社会经济的智能化转型。图 5-3 展示了以遗传算法为代表的计算智能的应用场景。

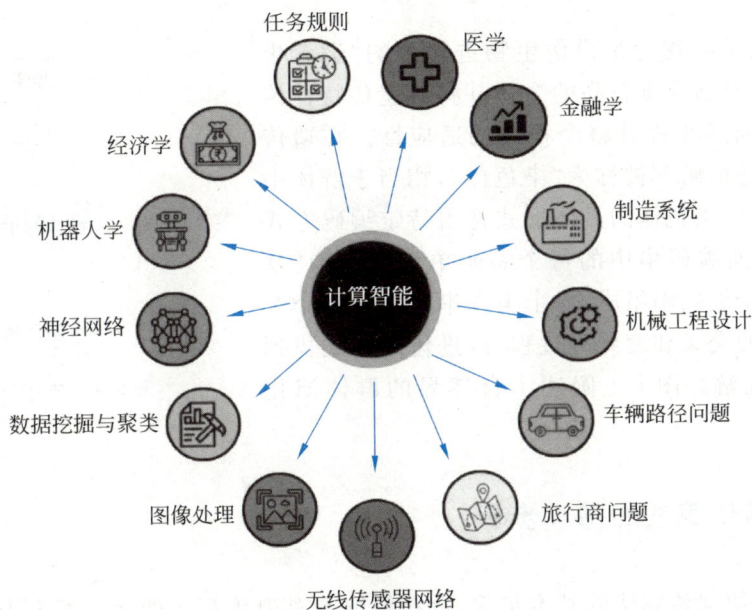

图 5-3　计算智能的具体应用场景

随着计算智能的广泛应用,如何确保数据安全性和用户隐私成为亟待解决的重要课题。特别是在金融和城市管理等高敏感领域,计算智能系统需要应对潜在的网络攻击、数据泄露及算法偏见等挑战。因此,在技术开发与治理框架中迫切需要加强对安全和隐私保护的重视,以保障计算智能在各领域的持续健康发展。

5.2　遗传算法

5.2.1　遗传算法概述

生命从简单形式逐步进化到今天的多样性和复杂性,这一过程经历了漫长的发展。查尔斯·达尔文在 19 世纪提出了自然选择理论,认为那些能更好地适应环境的生物更有机会生存和繁殖。生命在自然界中不断面对气候、资源和天敌等挑战,适应能力强的个体能够存活下来并传递其基因,而不适应的个体则被淘汰。后代不仅继承了父辈的基因,还必须具备更强的适应力。在长期进化中,种群中的基因不断交叉变异产生新的生命体,以适应环境的变化。

遗传算法是一种模拟自然界生物进化过程的启发式搜索策略,其设计灵感源自生物的自然选择和遗传机制。早在 20 世纪 60 年代,约翰·霍兰德(John Holland)就首次提出了遗传算法的初步概念,随后这一概念迅速吸引了广泛的关注并被应用于多个领域。他在 1975 年出版的著作《自然系统和人工系统的适应性》(*Adaptation in Natural and Artificial Systems*)中详细阐述了遗传算法的理论基础。GA 以其在全局优化问题上的卓越表现而著称,特别是在处理具有非线性和多峰特性的函数优化问题时,显示出其独到的优势。随着研究的深入,遗传算法不断发展和完善,衍生出多种变体和改进算法,以适应不同类型的问题和应用需求。

遗传算法的核心理念是模仿生物进化中的"适者生存"原则,通过选择适应度较高的个体并将其遗传特性传递给下一代,从而逐步提升整个种群的适应性。在遗传算法中,每个问题的解都被称为"染色体",相当于群体中的每个生物个体。染色体的具体形式是由特定编码方式生成的编码串,而编码串中的每个编码单元则称为"基因"。种群由多个编码串组成,每个编码串被视为一个个体,并模拟基因的交叉和变异等过程,以进化的方式找到问题的近似最优解。图 5-4 阐述了自然界的群体演化机制。

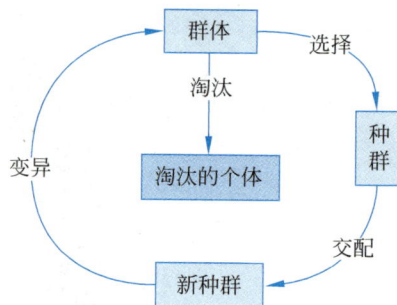

图 5-4　生物进化流程

5.2.2　遗传算法的基本步骤

本节详细介绍遗传算法的基本步骤,旨在使读者对遗传算法的运行机制有一个清晰的认识。遗传算法的计算架构如图 5-5 所示。遗传算法主要包括以下六个部分,即编码、种群初始化、适应度评价、交叉操作、变异操作和群体选择。本节将以函数 $f(x)=x_1^2+x_2^2+x_3^2+x_4^2$, $x \in D$ 为例,讲解遗传算法的各环节。

1. 群体的编码

在使用遗传算法解决具体问题时,应根据具体问题的特点,制订不同的编码方案,并借鉴遗传算法已成功应用于类似问题的经验。常见的编码方式包括二进制编码、实数编码和符号编码等。在二进制编码中,每个个体被表示为一个由 0 和 1 组成的字符串。假设每个变量用 6 个二进制表示,则个体可以表示如图 5-6 所示。

实数编码更适合需要连续表示的优化问题,每个个体表示为一个实数向量,每个元素对应一个决策变量。函数 $f(x)$ 的实数编码表示如图 5-7 所示。

用符号或字符来表示的编码方式通常用离散问题,如旅行商问题(TSP)中的城市顺序。假设我们有 4 个城市 A、B、C、D,一个个体可以表示为[C,A,B,D],表示访问城市的顺序。

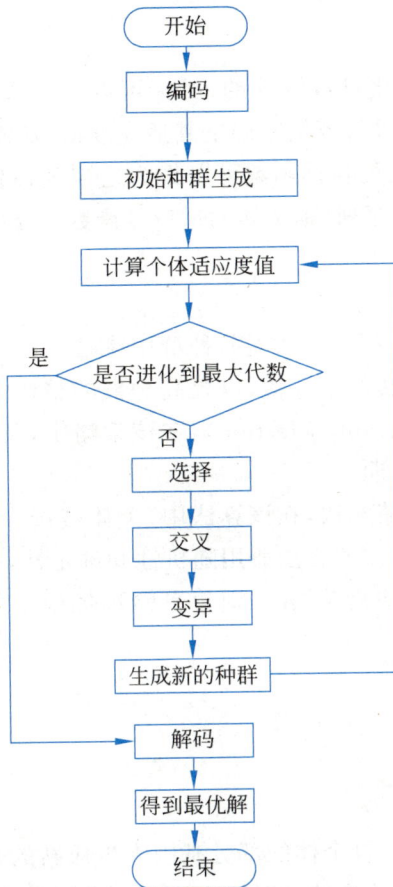

图 5-5　遗传算法的计算框架

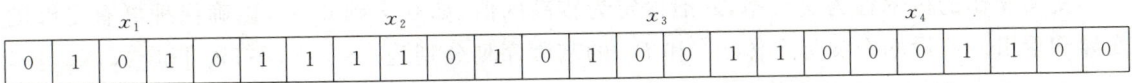

图 5-6　个体表示

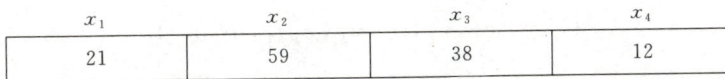

图 5-7　函数 $f(x)$ 的实数编码表示

2. 种群初始化

　　遗传算法在群体初始化时,必须注意染色体是否满足优化问题对有效解的定义。随机初始化是最常见的种群初始化方法。在这种方法中,每个个体的基因值是随机生成的,确保初始种群的多样性。对于一个长度为 6 的二进制编码问题,我们可以随机生成多个个体,如101010、110001、100111 等。

　　为了提升算法寻找全局最优解的能力,如果在进化初期就拥有一个优良的初始群体,将是非常有效的。这就像在自然进化过程中,一个优质物种通常占据优势地位,并且保持较高的进化速度。

3. 适应度评价

适应度函数通常是根据优化目标设计的，目标可以是最大化或最小化某个特定的函数。适应度评价是通过对每个个体进行评估来确定其适应度值，从而区分出优劣个体。例如，在解决函数优化问题时，问题所定义的目标函数可以作为适应度评估函数的原型。假设目标函数为 $f(x)$，其中 x 为个体的基因序列，则个体的适应度函数为 $f(x)$。

4. 选择算子

选择操作是根据个体的适应度值，从当前种群中挑选出下一代的父母。选择操作的目的是将适应度较高的个体优先遗传给下一代，以提高种群的整体质量。常用的选择方法有以下两种。第一种方案是贪婪选择(rank selection)，在该策略中，父代和子代合并，选择最优秀的前 N 个个体进入下一个演化周期。

第二种方案是俄罗斯轮盘赌算法，在该算法中，个体被选中的概率与其适应度值成正比。适应度越高，被选中的概率越大。该方法兼用随机性和确定性，是最常用的一种选择方法。假设种群大小为 N，个体 i 的适应度为 fit_i，则轮盘赌选择中个体 i 被选中的概率 P_i 表示为 $P_i = \dfrac{f_i}{\sum_{j=1}^{N} f_j}$。

5. 交叉算子

交叉操作是通过交换两个父母个体的部分基因来生成新的个体(子代)。交叉操作模拟了生物界的遗传重组过程，是遗传算法的主要搜索机制。常用的交叉主要有两种模式，即单点交叉、多点交叉。

交叉操作的概率称为交叉率，一般设定为较高的值(如 0.7 到 0.9)，以确保种群有足够的变异和重组。假设两个父母个体 P_1 和 P_2 的基因序列分别为$[x_1, x_2, \cdots, x_n]$和$[y_1, y_2, \cdots, y_n]$，单点交叉在第 k 个基因位点进行，则生成的子代 C_1 和 C_2 分别为

$$C_1 = [x_1, x_2, \cdots, x_k, y_{k+1}, \cdots, y_n]$$

$$C_2 = [y_1, y_2, \cdots, y_k, x_{k+1}, \cdots, x_n]$$

6. 变异算子

变异操作模拟了生物界中的基因突变，虽然变异发生的概率较低，但对于维持种群的多样性和避免早熟收敛具有重要作用。变异操作是随机改变个体的部分基因，以引入新的基因特征。

二进制编码中通常采用位翻转变异(bit flip mutation)，随机选择一个或多个基因位进行翻转(0 变 1,1 变 0)。在图 5-8 所示的例子中，x_1 的第一个基因为从 0 翻转为 1，从而实现了个体的单点变异。

x_1						mutation_x_1					
0	1	0	1	0	1	1	1	0	1	0	1

图 5-8　个体的单点变异

实数编码的个体通常采用高斯变异策略。假设个体基因序列为 $[z_1,z_2,\cdots,z_n]$，在第 j 个基因位进行高斯变异，则变异后的基因 z'_j 为

$$z'_j = z_j + \Delta z$$

式中，Δz 为符合均值为 0、标准差为 σ 的高斯分布随机数。变异操作的概率称为变异率，一般设定为较低的值（如 0.01 到 0.1），以避免种群变化过于剧烈而失去稳定性。

交叉和变异操作是遗传算法中特别重要的算子。在实际应用中，交叉算子已经发展出多种方法，如单点交叉、多点离散交叉、多点连续交叉；同样，变异算子也有很多种策略，如单点变异、多点变异、高斯变异、柯西变异等策略。为了增加进化的随机性，交叉和变异具有一定的随机性，即当某个基因位的概率超出给定的随机数时才会发生。为了更好地理解遗传算法，下面给出遗传算法的伪码。

```
//功能：遗传算法伪代码
//说明：本例以求问题最小值为目标
//参数：N 为群体规模
procedure GeneticAlgorithm
    InitializePopulation(Population)                    //初始化种群
    EvaluateFitness(Population)                         //评估初始种群中每个个体的适应度
    while not stop do                                   //当停止条件未满足时，继续迭代
        for i = 1 to N do SelectParents(Population, Parents)    //选择父代个体
        end for
        Offspring = Crossover(Parents)                 //通过交叉操作生成子代
        Offspring = Mutate(Offspring)                  //对子代个体进行变异操作
        Offspring = boundCheck(Offspring)              //检查个体是否越界
        EvaluateFitness(Offspring)                     //评估子代个体的适应度
        //如果子代个体优于父代，则替换父代
        if fit(Offspring) < fit(Parents) then Replace(Parents, Offspring)
        //如果当前最佳个体的适应度优于全局最佳，则更新全局最佳
        if fit(Best) < fit(Parents) then Best = Parents
    end while
    print Best                                         //输出全局最佳个体
end procedure
```

5.2.3　遗传算法的应用案例

下面我们以求解球形函数最小值为例讲解遗传算法的具体应用。假设遗传算法的群体规模为 N，维度为 $d=10$。函数优化的具体步骤如下。

$$\min f(x) = \sum_{i=1}^{d} x_i^2, \quad x \in [-10,10]$$

1. 初始化种群

（1）个体编码。每个个体 x_i 是一个 10 维向量，每个维度的值在 $[-10,10]$ 范围内随机生成。

（2）初始种群。生成 100 个这样的随机向量，构成初始种群。

2. 适应度评估

(1) 适应度函数。计算每个个体的适应度,即函数 $f(x)$ 的值。

(2) 适应度值。对于每个个体,计算其所有维度值的平方和,得到适应度值。

3. 选择

(1) 选择机制。根据个体的适应度值选择个体进行繁殖。

(2) 选择过程。适应度值越高的个体,被选中的概率越大。

4. 交叉

(1) 交叉操作。随机选择两个个体作为父母,通过交叉操作生成新的个体。

(2) 单点交叉。选择一个交叉点,然后交换两个个体在该点之后的基因。

(3) 保留交叉结果。生成两个新的子代个体。

5. 变异

(1) 变异操作。以一定的概率对子代的某些基因进行变异,即随机改变这些基因的值。

(2) 变异概率。设定一个变异概率,如 0.01,表示每个基因有 1% 的概率变异。

(3) 保留变异结果。增加种群的多样性,防止过早收敛。

6. 新种群的形成

(1) 种群更新。用子代替换掉当前种群中最不适应的个体,形成新的种群。

(2) 淘汰机制。可以采用精英策略,保留一定数量的最优个体直接进入下一代。

7. 终止条件

设定一个最大迭代次数,如 1000 次。或者,当种群中个体的适应度不再显著提高时,则算法终止。

作为一种启发式优化算法,遗传算法凭借其独特的优势和局限性,已广泛应用于各个领域。总的来说,它主要体现在强大的全局搜索能力、出色的适应性、良好的并行处理能力及出色的鲁棒性等方面。但同时它也存在收敛速度偏慢、参数选择困难、适应度函数设计复杂及早熟收敛问题等局限性。

5.3 粒子群算法

5.3.1 粒子群算法概述

1995 年,学者 Kennedy 和 Eberhart 通过模拟鸟群觅食的社会行为,提出了一种计算智能算法,即粒子群优化(particle swarm optimization,PSO)算法。PSO 算法的灵感源自鸟群寻找食物的行为。设想一群鸟在某个区域内随机搜寻食物,这个区域中只有一块食物,且所有鸟都不知道食物的具体位置,但它们能感知到与食物的距离。于是,它们会在当前离食物最近的鸟周围进行搜寻,并不断调整自己的飞行位置和速度,以快速找到食物。Reynolds 学者进一步研究发现,一只鸟通常只会追随离它较近的几只鸟的轨迹,而整个鸟群则像在某个中心的控制下寻找食物,这表明复杂的全局行为是由简单的局部行为相互作用形成的,如图 5-9 所示。

图 5-9　自然界中鸟群的群体性行为

在 PSO 算法中,每个待优化问题的可能解都对应变量空间中的一个点,通常称为"粒子",它类似于鸟群中的一只鸟,具有位置和速度等属性。所有粒子都会追随当前最优粒子,并根据自己和同伴的飞行经验来调整飞行方向。通过这样的信息交互,粒子能够不断调整飞行方向,避免陷入局部最优,最终找到全局最优解。PSO 算法和遗传算法有很多相似之处。例如,遗传算法通过从一组随机解开始,通过迭代寻找最优解,并利用适应度评估解的质量;而 PSO 算法则更简单,它没有遗传算法中的交叉和变异操作,而是通过追随当前搜索到的"群体最优解"和"个体最优解"来寻找全局最优解。由于 PSO 算法操作简单、对初始设置不敏感、参数少、收敛速度快,越来越受到研究者的关注,已成为解决非线性连续优化问题、组合优化问题和混合整数非线性优化问题的有效工具。

5.3.2　粒子群算法的基本步骤

算法的核心在于速度和位置的更新公式,这些公式指导粒子如何根据其经验和其他粒子的经验来调整自己的飞行路径。通过这种方式,粒子群算法能够有效地避免局部最优解,并且具有较好的全局搜索能力。下面详细介绍速度和位置的更新策略。

速度更新公式如下:

$$v_i(t+1) = w \times v_i(t) + c_1 \times r_1 \times [P_{\text{Best}-i} - x_i(t)] + c_2 \times r_2 \times [G_{\text{Best}} - x_i(t)]$$

式中,$v_i(t)$ 是粒子 i 在时间 t 的速度。w 是惯性权重,用于平衡全局搜索和局部搜索。c_1 和 c_2 是学习因子,表示粒子对个体最佳位置和全局最佳位置的学习程度。r_1 和 r_2 是在区间 $[0,1]$ 上的随机数,增加粒子搜索的随机性。

位置更新公式如下:

$$x_i(t+1) = x_i(t) + v_i(t+1)$$

粒子群优化算法的基本步骤如下。

(1) 初始化。在初始化步骤中,算法随机生成一群粒子。每个粒子代表潜在解,并且具有初始位置和速度。在问题的解空间内随机生成每个粒子的初始位置 x_i;随机生成每个粒子

的初始速度 v_i，将每个粒子的初始位置作为其个体最佳位置 P_{Best-i}，在初始粒子群中随机选择粒子作为全局最佳位置 G_{Best}。

（2）适应度评价。计算每个粒子当前位置的适应度值，以评估该位置的优劣。

（3）速度和位置更新。根据粒子的当前速度、个体最佳位置和全局最佳位置，更新粒子的速度。根据更新后的速度，更新粒子的当前位置，并对更新后的位置进行适应度评价。

（4）更新个体最佳位置。如果当前粒子的适应度值优于其历史最佳位置 P_{Best-i}，则更新 $P_{Best-i}=x_i$。更新全局最佳位置：如果当前粒子的适应度值优于当前全局最佳位置 G_{Best}，则更新 $G_{Best}=x_i$。

（5）结束条件判断。如果不满足结束条件，则回到步骤（2）。

用 Python 语言表示的粒子群算法流程图和伪代码如图 5-10 所示。

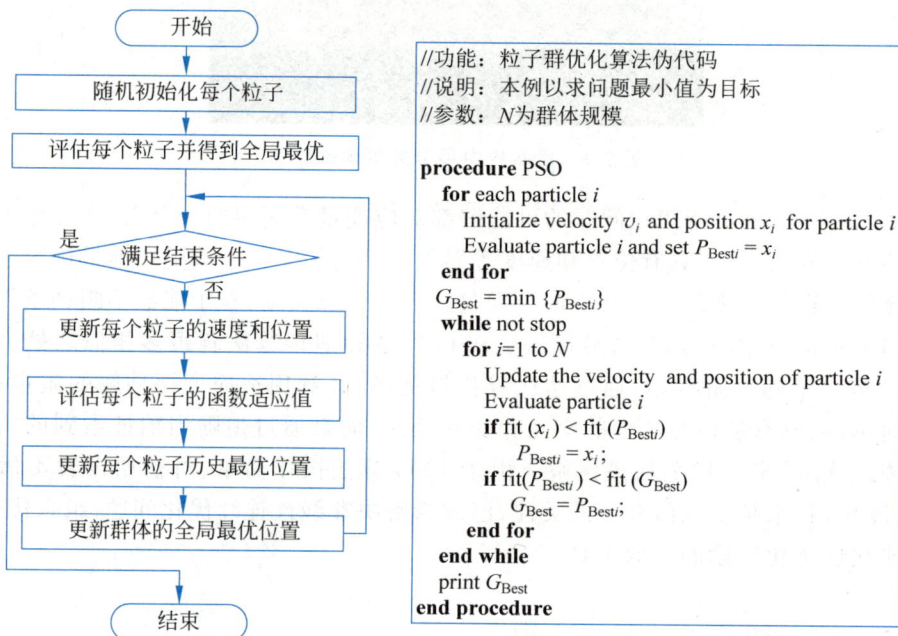

图 5-10　用 Python 语言表示的粒子群算法流程图和伪代码

5.3.3　粒子群算法的应用案例

粒子群算法已经在各个领域得到了广泛的应用，特别是在优化问题和机器学习中发挥了重要作用。在优化问题中，粒子群算法可以用来解决各种复杂的优化问题，如函数优化、参数优化等。其原理是通过不断地调整粒子的位置和速度，使得它们能够在解空间中找到最优解。与传统的优化方法相比，粒子群算法具有较好的全局搜索能力和较快的收敛速度，能够有效地克服局部最优解的困扰，因此在实际工程中得到了广泛的应用。下面通过一个简单的函数优化的例子，说明粒子群优化算法的执行过程。

已知函数 $y=f(x_1,x_2)=x_1^2+x_2-1$，其中，$x_1,x_2 \in [-10,10]$，用粒子群优化算法求解 y 的最大值，请写出关键的执行步骤。

步骤 1，初始化。假设种群大小为 $N=3$；在搜索空间中随机初始化每个解的速度和位置，计算适应函数值，并且得到粒子的历史最优位置和群体的全局最优位置。

$$p_1 = \begin{cases} v_1 = (2,2) \\ x_1 = (5,-4) \end{cases}, \quad \begin{cases} f_1 = 5^2 + (-4) - 1 = 20 \\ P_{\text{Best}-1} = x_1 = (5,-4) \end{cases}$$

$$p_2 = \begin{cases} v_2 = (-2,4) \\ x_2 = (1,4) \end{cases}, \quad \begin{cases} f_2 = 1^2 + 4 - 1 = 4 \\ P_{\text{Best}-2} = x_2 = (1,4) \end{cases}$$

$$p_3 = \begin{cases} v_3 = (2,-7) \\ x_3 = (2,8) \end{cases}, \quad \begin{cases} f_3 = 2^2 + 8 - 1 = 11 \\ P_{\text{Best}-3} = x_3 = (2,8) \end{cases}$$

$$G_{\text{Best}} = P_{\text{Best}-1} = (5,-4)$$

步骤 2,粒子的速度和位置更新。

根据自身的历史最优位置和全局的最优位置,更新每个粒子的速度和位置。

$$p_1 = \begin{cases} v_1 = \omega \times v_1 + c_1 \times r_1 \times (P_{\text{Best}-1} - x_1) + c_2 \times r_2 \times (G_{\text{Best}} - x_1) \\ \Rightarrow v_1 = \begin{cases} 0.5 \times 2 + 0 + 0 = 1 \\ 0.5 \times 2 + 0 + 0 = 1 \end{cases} = (1,1) \\ x_1 = x_1 + v_1 = (5,-4) + (1,1) = (6,-3) \end{cases}$$

$$p_2 = \begin{cases} v_2 = \omega \times v_2 + c_1 \times r_1 \times (P_{\text{Best}-2} - x_2) + c_2 \times r_2 \times (G_{\text{Best}} - x_2) \\ \Rightarrow v_2 = \begin{cases} 0.5 \times (-2) + 0 + 2 \times 0.2 \times (5-1) = 0.6 \\ 0.5 \times 4 + 0 + 2 \times 0.4 \times ((-4)-4) = -4.4 \end{cases} = (0.6,-4.4) \\ x_2 = x_2 + v_2 = (1,4) + (0.6,-4.4) = (1.6,-0.4) \end{cases}$$

$$p_3 = \begin{cases} v_3 = \omega \times v_3 + c_1 \times r_1 \times (P_{\text{Best}-3} - x_3) + c_2 \times r_2 \times (G_{\text{Best}} - x_3) \\ \Rightarrow v_3 = \begin{cases} 0.5 \times 2 + 0 + 2 \times 0.1 \times (5-2) = 1.6 \\ 0.5 \times (-7) + 0 + 2 \times 0.1 \times ((-4)-8) = -5.9 \end{cases} = (1.6,-5.9) \\ x_3 = x_3 + v_3 = (2,8) + (1.6,-5.9) = (3.6,2.1) \end{cases}$$

注：① ω 是惯量权重,一般取 $[0,1]$ 区间的数,这里假设为 0.5；c_1 和 c_2 为加速系数,通常取固定值 2.0；r_1 和 r_2 是 $[0,1]$ 区间的随机数。

② 对于越界的位置,需要进行合法性调整。

步骤 3,评估粒子的适应度函数值。

更新粒子的历史最优位置和全局的最优位置。

$$f'_1 = 6^2 + (-3) - 1 = 32 > f_1 = 20$$

$$\begin{cases} f_1 = f'_1 = 32 \\ P_{\text{Best}-1} = (6,-3) \end{cases}$$

$$f'_2 = 1.6^2 + (-0.4) - 1 = 1.16 < f_2 = 4$$

$$\begin{cases} f_2 = 4 \\ P_{\text{Best}-2} = (1,4) \end{cases}$$

$$f'_3 = 3.6^2 + 2.1 - 1 = 14.06 > f_3 = 11$$

$$\begin{cases} f_3 = f'_3 = 14.06 \\ P_{\text{Best}-3} = (3.6,2.1) \end{cases}$$

$$G_{\text{Best}} = P_{\text{Best}-1} = (6,-3)$$

步骤 4,如果满足结束条件,则输出全局最优结果并结束程序,否则转向步骤 2 继续执行。

5.4 本章小结

遗传算法和粒子群算法是计算智能的代表性算法，它们都具有较好的鲁棒性、适应性和并行性等特点，在科学研究与工程实践中得到广泛应用。不过这两种算法和进化计算的其他算法一样，也存在一些局限。因缺乏坚实的数学理论支撑，计算智能算法的收敛速度和稳定性难以计算，可能导致局部最优或结果不稳定。从算法理论的角度看，智能优化算法也缺乏传统算法精确的时间复杂性和空间复杂性分析。

延伸阅读

除了粒子群优化算法和遗传算法，智能优化算法还包括蚁群优化算法（ant colony optimization，ACO）、模拟退火算法（simulated annealing，SA）、差分进化算法（differential evolution，DE）、混沌优化算法（chaos optimization，CO）、模拟退火算法（simulated annealing，SA）、人工神经网络（artificial neural networks，ANN）、极限学习机（extreme learning machine，ELM）、人工免疫算法（artificial immune algorithm，AIA）、萤火虫算法（firefly algorithm，FA）、人工鱼群算法（artificial fish swarm algorithm，AFSA）、粒子群优化（particle swarm optimization，PSO）、人工蜂群算法（artificial bee colony algorithm，ABC），以及基于自然界其他生物行为的优化算法，如鲸鱼优化算法（whale optimization algorithm，WOA）、麻雀搜索算法（sparrow search algorithm，SSA）等。

这些算法各自模拟了不同的自然现象或生物行为，如蚁群优化算法模拟了蚂蚁寻找食物的路径选择行为，模拟退火算法则模拟了物理过程中的退火过程。每种算法都有其独特的搜索机制和适用场景，它们在解决复杂的优化问题时，能够提供有效的解决方案。这些算法的共同特点是它们都能够在复杂的搜索空间中找到全局最优解或近似解，而且通常具有较好的鲁棒性和适应性。

课后习题

1. 计算智能主要通过模拟（　　）现象来设计算法。
    A. 数学公式　　　　　　　　　　　　B. 生物和自然界现象
    C. 物理定律　　　　　　　　　　　　D. 化学反应
2. 以下算法中不属于计算智能中的进化计算的是（　　）。
    A. 遗传算法　　　　　　　　　　　　B. 模糊逻辑
    C. 粒子群优化算法　　　　　　　　　D. 蚁群优化算法
3. 遗传算法的基本操作不包括（　　）。
    A. 选择　　　　　　　　　　　　　　B. 交叉
    C. 变异　　　　　　　　　　　　　　D. 聚类

4. 粒子群优化算法的灵感来源于(　　　)。

　　A. 生物进化　　　　　B. 金属退火　　　　　C. 鸟群觅食　　　　　D. 人脑信息处理

5. 计算智能的主要研究领域不包括(　　　)。

　　A. 数据智能　　　　　B. 感知智能　　　　　C. 认知智能　　　　　D. 化学智能

6. 解释计算智能的主要组成部分及其特点。

7. 简述遗传算法的基本原理及其应用场景。

8. 粒子群优化算法的基本原理是什么? 它有哪些应用?

9. 结合一个具体应用领域,讨论遗传算法和粒子群优化算法的潜在影响和可能的创新方向。

第6章 神经网络

教学导引

（1）了解神经网络的发展历史。

（2）理解神经网络基础，包括神经元模型、神经网络基础结构和训练过程。

（3）掌握深度学习技术，包括多层神经网络、卷积神经网络和循环神经网络。

内容脉络

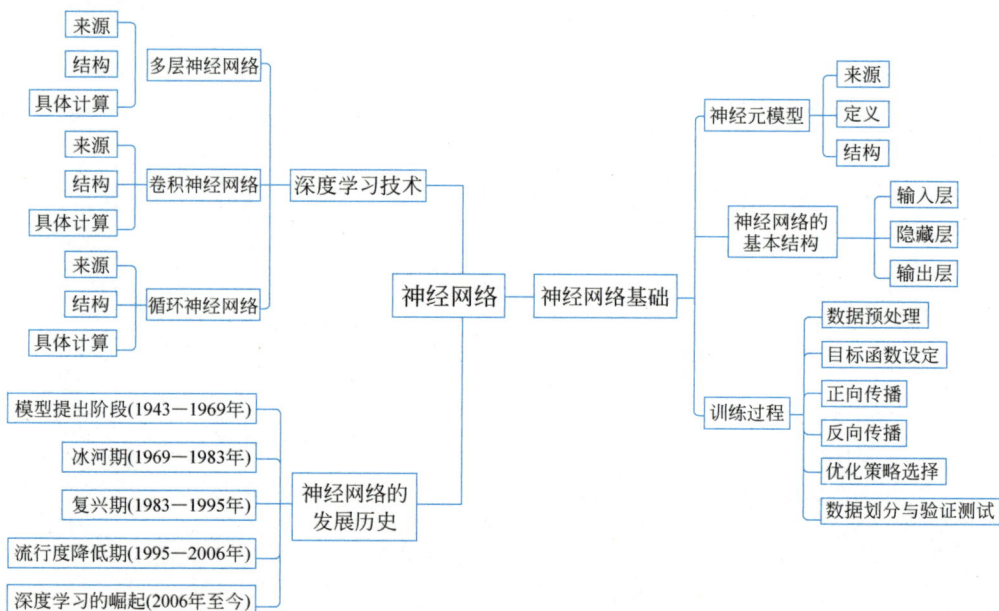

内容概要

在当今信息时代，人工智能技术快速发展并广泛应用于各个领域，而神经网络作为人工智能的核心技术之一，是推动科技进步的重要动力。本章将系统介绍神经网络的基础理论、结构设计及其现实应用。首先，回顾神经网络的发展历程，展现其从简单概念到多学科交叉领域的演变过程。其次，详细阐述神经网络的基本组成单元——神经元模型，以及复杂网络的构建与训练方法。重点内容包括深度学习技术中的多层神经网络、卷积神经网络和循环神经网络，解析其如何通过模拟人脑的工作机制来处理和分析海量数据。本章旨在以清晰简洁的方式传授神经网络核心原理，并提供专业化的知识储备，帮助读者掌握这一重要技术。

　　场景引入：想象一下，你正在前往一个讲不同语言的国家旅游，或参加一场国际会议，面对的是完全不懂的语言和文化差异。在这种情况下，传统的翻译方法往往显得力不从心。词典和人工规则的翻译工具虽然可以帮助你翻译一些简单的单词，却很难应对复杂的句子结构、口音差异、俚语和多层次的文化背景。例如，在与当地商店老板的对话中，你可能会遇到一些地方性俚语或文化特有的表达方式，传统的翻译工具可能会导致误解或产生令人困惑的翻译结果。而基于神经网络的翻译系统能够自动从大量的双语语料中学习语言之间的深层次联系，捕捉到词汇、语法及语境的复杂关系，如 Google Translate 和 DeepL 等翻译工具，正是依赖这种基于神经网络的模型，能够自动根据上下文理解并生成流畅的翻译结果。

6.1　神经网络的发展历史

　　神经网络的发展历程可以追溯至 20 世纪，并大致经历了以下五个阶段，每一阶段均对人工智能领域产生了重要影响。

1. 模型提出阶段（1943—1969 年）

　　这一阶段是神经网络研究的起点。艾伦·图灵（Alan Turing）提出了"图灵机"（Turing machine）的概念，这是一种模拟人类数学运算行为的虚拟机器，也是计算机科学的奠基性发明。心理学家沃伦·麦卡洛克（Warren McCulloch）和数学家沃尔特·皮茨（Walter Pitts）于1943 年提出了最早的人工神经网络模型——MP 模型，开启了神经网络研究的先河。1951 年，马文·明斯基（Marvin Minsky）设计了第一台神经网络机 SNARC。1958 年，弗兰克·罗森布拉特（Frank Rosenblatt）提出了感知器模型，并引入了应用迭代和试错机制的学习算法。此阶段，神经网络在自动控制和模式识别等领域取得了初步成效。

2. 冰河期（1969—1983 年）

　　1969 年，马文·明斯基（Marvin Minsky）在《感知器》一书中指出，感知器无法解决"异或"问题，同时当时的计算资源无法支持大型神经网络的研究，导致这一领域进入低谷。然而，这一时期仍有重要进展，如保罗·韦伯斯（Paul Werbos）于 1974 年提出了反向传播算法，福岛邦彦于 1980 年提出的新知机模型。这些研究为神经网络的发展奠定了技术基础。

3. 复兴期（1983—1995 年）

　　反向传播算法的应用标志着神经网络研究的复兴。1983 年，约翰·霍普菲尔德（John Hopfield）提出了 Hopfield 网络，1984 年杰弗里·辛顿（Geoffrey Hinton）提出了随机化版本的 Hopfield 网络——玻尔兹曼机（Boltzmann machine）。这一阶段，神经网络研究重新活跃，成为学术研究和应用探索的热点，并推动了该领域的快速发展。

4. 流行度降低期（1995—2006 年）

　　这一时期，神经网络的研究热度有所下降，支持向量机等其他机器学习方法因其理论基础更加明确而受到关注。神经网络在优化和理论解释方面面临瓶颈，计算资源的不足也限制了其发展。尽管如此,神经网络的研究仍未完全停止,为后续的深度学习奠定了基础。

5. 深度学习的崛起(2006 年至今)

2006 年,杰弗里·辛顿(Geoffrey Hinton)等人通过逐层预训练的方法成功训练深度信念网络(DBN),标志着深度学习时代的到来。此后,随着计算能力的提升和数据规模的增长,深度神经网络在语音识别、图像处理等领域取得了突破性进展。并行计算技术和 GPU 设备的广泛应用显著增强了计算能力,使训练庞大的神经网络模型成为可能,逐层预训练的方法逐渐被高效的端到端训练方法取代。在此背景下,神经网络研究迎来了第三次高潮,并成为科技公司和学术界的研究重点。

上述五个阶段展示了神经网络从理论提出到深度学习全面兴起的演变历程,为人工智能的快速发展奠定了坚实基础。

6.2　神经网络基础

6.2.1　神经元模型

神经网络的研究可以追溯到较早时期,如今已发展成为一个涵盖多学科交叉的庞大领域。不同学科对神经网络的定义各不相同,而本书采用目前较为广泛接受的定义:"神经网络是由适应性的简单单元组成的广泛互连的网络,其结构能够模拟生物神经系统对现实世界对象的交互反应。"在机器学习领域,神经网络的研究本质上是"神经网络学习",即机器学习与神经网络研究的交叉部分。

对神经元的研究起源于 20 世纪初。早在 1904 年,生物学家就已经深入了解神经元的基本结构。一个典型的神经元包括多个树突(用于接收传入信号)和一条轴突(用于输出信号)。轴突末端通过轴突末梢与其他神经元的树突相连接,形成信息传递的关键点,即突触。神经元如图 6-1 所示,这种结构奠定了人工神经网络模型的生物学基础。

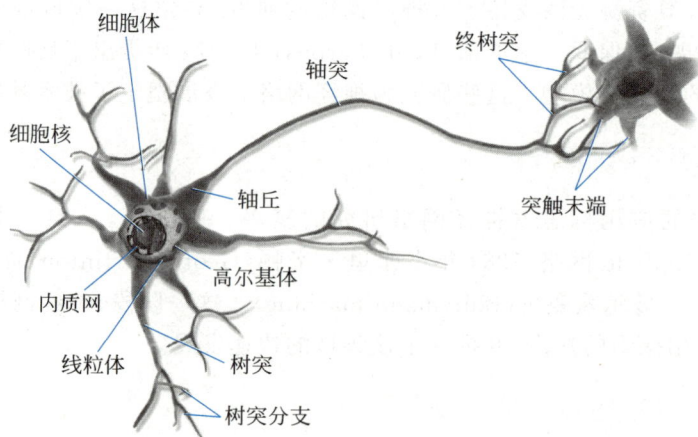

图 6-1　神经元

1943 年,心理学家沃伦·麦卡洛克(Warren McCulloch)和数学家沃尔特·皮茨(Walter Pitts)借鉴生物神经元的结构,提出了神经网络的基本构成单元——MP 模型。该模型模拟了神经元的输入、处理和输出功能,如图 6-2 所示。以下是 MP 模型的主要组成部分。

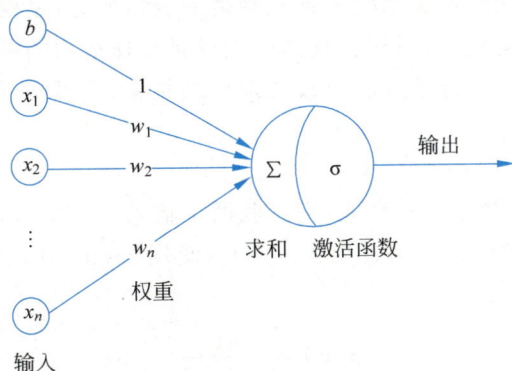

图 6-2　MP 模型

(1)输入。输入对应于生物神经元中的树突,表示外部数据传递给神经网络的信息。每个输入通道可以从前一层输出或直接来自数据集,作为进一步处理的基础数据。

(2)权重。权重是表示输入信号重要性或强度的参数,类似于生物神经元中的突触强度。神经网络通过调整权重以适应训练数据,从而实现学习与优化。

(3)求和。求和单元对加权输入进行汇总,计算输入向量与权重向量的点积,得到神经元的净输入值。该值反映了所有输入对神经元反应的综合影响,作为后续处理的关键中间变量。

(4)激活函数。激活函数是对神经元净输入执行数学运算以生成输出的关键组件。为神经网络赋予了非线性处理能力,使其能够解决非线性可分问题的复杂任务。激活函数的作用在于确定神经元的激活状态及其程度,从而影响神经网络的整体计算性能。常见的激活函数有以下两种,如图 6-3 所示。

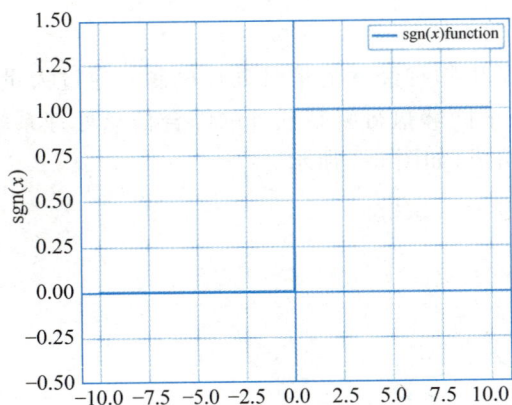
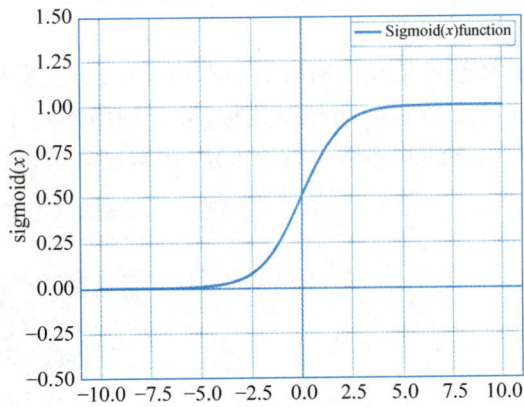

图 6-3　神经元激活函数

① 阶跃函数。阶跃函数是最简单的激活函数之一,根据输入值的大小生成输出。输出值仅为两种状态:"1"表示神经元被激活,"0"表示神经元被抑制。然而,由于阶跃函数的不连续性和不平滑性,其在实际应用中较少使用。

② Sigmoid 函数。Sigmoid 函数克服了阶跃函数的局限性,能够将输入值映射到(0,1)的区间内,因此也被称为压缩函数。这种平滑的非线性特性使 Sigmoid 函数在许多早期神经网络模型中得到广泛应用。

激活函数通过引入非线性特征增强了神经网络的表达能力,是构建多层神经网络的基础。不同激活函数在特性上各有优劣,可根据具体应用场景选择适用的函数。

(5) 输出。输出是神经元经过激活函数处理后的结果,它代表了神经元对于输入信号的响应:$y = \sigma\left(\sum_{i=1}^{n} w_i x_i + b\right)$。

【例 6-1】 假设有一个简单的神经元,它接收两个输入 x_1 和 x_2,分别对应的权重为 $w_1 = 0.5$ 和 $w_2 = -0.5$。这个神经元的偏置项为 $b = 0$。使用 Sigmoid 函数作为激活函数,其数学表达式为:

$$\sigma(z) = \frac{1}{1 + e^{-x}}$$

式中,z 是神经元的净输入,即加权输入和偏置项的总和。现在,假设 $x_1 = 1$ 和 $x_2 = 1$,请计算这个神经元的输出。

解:(1)计算净输入:净输入 z 的计算方式是将输入的加权和与偏置项相加:

$$z = w_1 x_1 + w_2 x_2 + b$$

将给定的值代入公式中:

$$z = 0.5 \times 1 + (-0.5) \times 1 + 0 = 0$$

(2)应用激活函数:将净输入的值 z 代入 Sigmoid 激活函数中:

$$\sigma(0) = \frac{1}{1 + e^0} = 0.5$$

因此,这个神经元的输出是 0.5。

6.2.2 神经网络的基本结构

神经元是神经网络的基本构成单元,它模拟了生物神经元的信号处理机制。通过大量神经元按照特定架构相互连接,神经网络形成了一个能够执行复杂任务的综合信息处理系统。神经网络的基本结构由输入层、隐藏层和输出层组成,如图 6-4 所示。

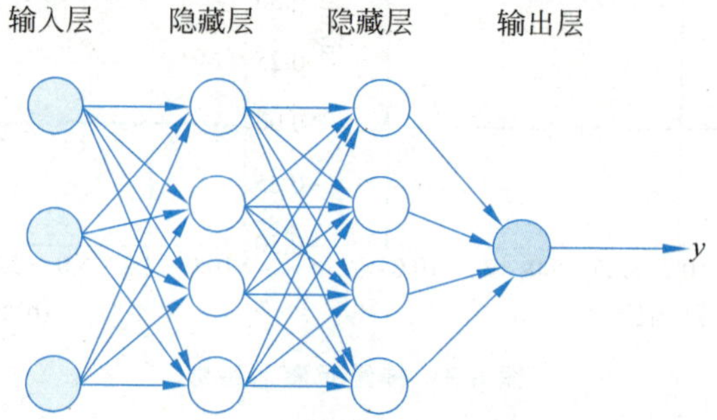

图 6-4 神经网络的基本结构

(1)输入层。输入层是神经网络的信息接收端,负责将外部数据转换为可供处理的格式。在输入层中,每个神经元对应输入数据的一个特征。例如,对于一张 32 像素×32 像素×3 像素的彩色图像,每个像素包含 3 个颜色通道(红、绿、蓝),总计 3072 个特征。因此,输入层需要包含 3072 个神经元,以接收每个像素的强度值。这些输入特征通常以矩阵形式输入网络,为后续处理提供基础。

(2)隐藏层。隐藏层位于输入层和输出层之间,它可以包含一层或多层神经元。隐藏层的主要功能是通过对输入数据进行非线性变换来提取复杂特征。每个隐藏层的神经元都通过权重矩阵和激活函数,将接收到的输入转化为新的特征表示。这些隐藏层在网络中逐步实现对数据的抽象,帮助神经网络捕捉输入数据的深层模式。

(3)输出层。输出层是神经网络的最后一层,其神经元数量取决于具体任务。例如,在分类任务中,输出层的神经元数量通常等于目标类别的数量,而在回归任务中,输出层可能仅包含一个神经元,用于输出预测值。

在神经网络的结构中,每个层的神经元与其相邻层的所有神经元相连接。这种全连接机制确保了每个输入信号能够传递到下一层的所有神经元,并在整个网络中流动,从而捕捉输入数据的全局特征。这种设计赋予神经网络强大的数据处理能力,使其能够胜任多种复杂任务。

6.2.3　训练过程

神经网络的训练是通过调整权重和偏置参数以最小化或优化损失函数的过程。损失函数用于衡量模型输出与目标值之间的差异,其优化使网络能够学习输入与输出之间的映射关系。训练过程包括数据预处理、目标函数设定、正向传播、反向传播、优化策略选择,以及数据分割与验证测试等关键步骤。

1. 数据预处理

数据预处理确保输入数据的质量,是训练过程的基础环节。常见的预处理方法包括特征缩放、中心化和归一化,旨在将数据调整到合理范围内,降低特征之间尺度差异对模型训练的影响,从而提高模型的收敛效率和性能。

2. 目标函数设定

目标函数(通常称为损失函数)用于量化预测结果与实际目标之间的偏差,是参数调整的依据。目标函数的形式取决于任务类型。

(1)回归问题。回归问题常用均方误差(MSE)来衡量预测值与实际值之间的偏差。

(2)分类问题。分类问题通常采用交叉熵损失函数,以评估预测概率分布与真实分布之间的相似程度。

损失函数需准确反映预测误差,从而指导模型优化。

3. 正向传播

正向传播是数据从输入层通过隐藏层到输出层的过程,负责生成预测结果。在正向传播中,神经元接收前一层的加权输入,通过激活函数进行非线性变换后,将结果传递至下一层。通过多层结构的逐步抽象,神经网络能够提取复杂特征并形成输入数据的高级表示。

4. 反向传播

反向传播用于计算损失函数相对于模型参数的梯度,是训练过程中的关键步骤。具体过程包括以下三个阶段。

(1) 正向传播。计算网络输出及损失函数值。

(2) 梯度计算。通过链式法则,从输出层向前逐层传播,计算每一层权重和偏置的梯度。

(3) 参数更新。利用优化算法调整参数,降低损失函数值。

反向传播的有效性依赖计算图的构建和梯度的正确传播。

5. 优化策略选择

优化算法用于根据梯度信息更新网络权重和偏置参数,其目标是最小化损失函数值。常用的优化算法有以下几种。

(1) 随机梯度下降(SGD)基于单个样本的梯度更新,适用于小规模数据集。

(2) Adam 结合自适应学习率和动量的优化方法,适用于稀疏梯度和大规模数据。

(3) Adagrad 为每个参数分配不同的学习率,适合处理稀疏数据特征。

优化算法的选择影响训练效率、收敛速度及模型性能,需根据数据和任务特点进行合理选择。

6. 数据分割与验证测试

为了评估模型性能并防止过拟合,训练数据通常分为训练集、验证集和测试集。

(1) 训练集用于模型的参数学习,通过优化损失函数获取输入与输出的映射关系。

(2) 验证集用于模型超参数的调优及训练过程中的性能监控。

(3) 测试集用于评估模型在未见数据上的表现,验证其泛化能力。

通过科学的数据分割和验证,确保模型能够在实际应用中表现稳定且具有鲁棒性。神经网络训练过程通过多阶段协作优化网络参数,提升模型的预测性能。各环节相辅相成,构成了一套科学完整的训练框架,适用于解决多种复杂任务。

6.3 深度学习技术

6.3.1 多层神经网络

多层神经网络是一种人工神经网络模型,包含输入层、输出层和若干隐藏层。每层由若干不相连的单元组成,不同层之间通过全连接机制连接,即上一层的每个神经元与下一层的所有神经元相连。当网络的层数达到或超过 3 层(输入层、至少一个隐藏层和输出层)时,即构成多层感知机(multilayer perceptron,MLP)。

如图 6-5 所示,多层神经网络的典型架构由 3 个层次组成:输入层由两个节点(i_1 和 i_2)构成,用于接收外部信号。此外,设置了一个偏置项 b_1,增强模型的表达能力和灵活性。隐藏层包含两个神经元(h_1 和 h_2),其功能是对输入数据进行特征提取和非线性变换。该层还设

置了一个偏置项 b_2，进一步提高数据处理能力。输出层由两个神经元（o_1 和 o_2）组成，负责生成最终的网络输出结果。

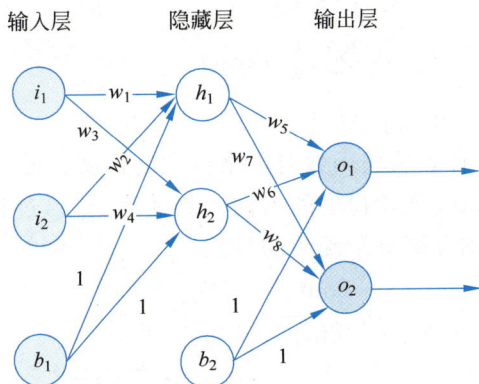

图 6-5　多层神经网络模型

网络中的每对相邻节点之间通过权值 w_i 连接，权值表示信号在节点间传递的强弱。网络采用 Sigmoid 函数作为激活函数，负责对每个神经元的加权输入进行非线性变换。Sigmoid 函数的非线性特性使网络能够捕捉复杂的数据模式和特征，从而提升模型的表达能力。

多层神经网络通过全连接架构和激活函数的应用，实现了对数据的逐层处理和抽象，能够有效解决复杂的分类与回归任务。

当训练数据在神经网络中流动时，从输入层到隐藏层的过程是信息转换和特征提取的关键步骤。具体而言，输入层由若干神经元组成，每个神经元表示数据中的一个特征。当数据通过输入层传递到隐藏层时，每个输入与相应的权重相乘，权重表示特征对当前神经元的影响程度。这些加权后的输入值在到达隐藏层神经元后，根据偏置项进一步调整，然后全部加总形成总输入值。

$$in_{h_1} = w_1 \times i_1 + w_2 \times i_2 + b_1 \times 1 \tag{6-1}$$

总输入值经过激活函数进行非线性变换，输出最终处理信号。激活函数有多种选择，包括 Sigmoid、ReLU 和 Tanh 等函数。通过非线性变换，隐藏层能够提取输入数据中更深层次的模式与关联，为后续层数据处理和预测输出提供基础。本网络中，选择 Sigmoid 作为激活函数，其计算公式为

$$out_{h_1} = \frac{1}{1 + e^{-in_{h_1}}} \tag{6-2}$$

从隐藏层到输出层的过程是生成最终预测的关键环节。在这一阶段，隐藏层输出的数据经过进一步处理到达输出层。具体而言，隐藏层的输出首先与另一组权重相乘，表示隐藏层神经元对输出层神经元的贡献程度。加权后的信号加上相应的偏置项，形成输出层神经元的总输入值，总输入值经过激活函数处理，生成输出层的最终结果。

$$in_{o_1} = w_5 \times h_1 + w_6 \times h_2 + b_2 \times 1 \tag{6-3}$$

$$out_{o_1} = \frac{1}{1 + e^{-in_{o_1}}} \tag{6-4}$$

在训练周期中，反向传播过程以总损失的计算开始。总损失评估网络输出与真实目标之间的偏差，用损失函数表示。对于训练批次或单个数据点，总损失是所有输出预测误差的累

积。以均方误差（MSE）为例，总损失 L 的计算公式如下：

$$L_{o_1} = \sum \frac{1}{2}(target_{o_1} - \text{out}_{o_1})^2 \tag{6-5}$$

$$L_{o_2} = \sum \frac{1}{2}(target_{o_2} - \text{out}_{o_2})^2 \tag{6-6}$$

$$L_{\text{total}} = L_{o_1} + L_{o_2} \tag{6-7}$$

反向传播算法的核心是计算损失函数对网络权重的梯度。梯度表示损失函数对每个权重的变化率，揭示了调整权重以降低总损失的方向。具体而言，该过程从输出层开始，逐层向输入层反向传播，使用链式法则分解复杂函数的导数。

$$\frac{\partial L_{\text{total}}}{\partial w_5} = \frac{\partial L_{\text{total}}}{\partial \text{out}_{o_1}} \times \frac{\partial \text{out}_{o_1}}{\partial \text{in}_{o_1}} \times \frac{\partial \text{in}_{o_1}}{\partial w_5} \tag{6-8}$$

$$L_{\text{total}} = \frac{1}{2}(target_{o_1} - \text{out}_{o_1})^2 + \frac{1}{2}(target_{o_2} - \text{out}_{o_2})^2 \tag{6-9}$$

$$\frac{\partial L_{\text{total}}}{\partial \text{out}_{o_1}} = 2 \times \frac{1}{2}(target_{o_1} - \text{out}_{o_1}) \times -1 + 0 \tag{6-10}$$

$$\frac{\partial \text{out}_{o_1}}{\partial \text{in}_{o_1}} = \text{out}_{o_1}(1 - \text{out}_{o_1}) \tag{6-11}$$

$$\frac{\partial \text{in}_{o_1}}{\partial w_5} = 1 \times \text{out}_{h_1} \times w_5^{1-1} + 0 + 0 = \text{out}_{h_1} \tag{6-12}$$

通过梯度计算，可以确定每个权重对损失的贡献，进而更新权重以降低损失。权重更新公式为

$$w_5' = w_5 - \alpha \frac{\partial_{\text{total}}}{\partial_{w_5}} \tag{6-13}$$

【例 6-2】 假设有一个简单的多层神经网络，它包含一个输入层（2 个输入节点 i_1 和 i_2，偏置项 $b_1 = 1$）、一个隐藏层（2 个神经元 h_1 和 h_2，偏置项 $b_2 = 1$）和一个输出层（单个输出节点 o_1）。使用 Sigmoid 函数作为激活函数，方误差（MSE）作为损失函数。网络结构如图 6-6 所示。其中，给定输入为 $i_1 = 0.5, i_2 = 0.5$，真实输出值为 0.75。网络的权重初始化如下：$w_1 = 0.15, w_2 = 0.20, w_3 = 0.25, w_4 = 0.30, w_5 = 0.40, w_6 = 0.45$。

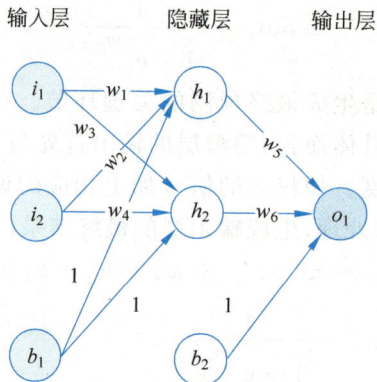

图 6-6 网络结构

（1）计算隐藏层神经元 h_1 和 h_2 的输出。

（2）计算输出层神经元 o_1 的输出。

（3）计算损失函数值。

解：（1）隐藏层神经元的净输入和输出计算。

h_1 的净输入：

$$z_{h_1}=i_1 w_1+i_2 w_2+b_1=0.5\times 0.15+0.5\times 0.20+1=1.175$$

输出：
$$h_1=\sigma(z_{h_1})=\frac{1}{1+e^{-1.175}}\approx 0.764$$

h_2 的净输入：

$$z_{h_2}=i_1 w_3+i_2 w_4+b_1=0.5\times 0.25+0.5\times 0.30+1=1.275$$

输出：
$$h_2=\sigma(z_{h_2})=\frac{1}{1+e^{-1.275}}\approx 0.781$$

（2）输出层的输出计算。

o_1 的净输入：

$$z_{o_1}=h_1 w_5+h_2 w_6+b_2=0.764\times 0.40+0.781\times 0.45+1=1.65705$$

输出：
$$o_1=\sigma(z_{o_1})=\frac{1}{1+e^{-1.910}}\approx 0.871$$

（3）损失计算使用均方误差（MSE）。

$$L=\frac{1}{2}(target-output)^2=\frac{1}{2}(0.75-0.871)^2\approx 0.007$$

6.3.2 卷积神经网络

在神经网络的发展历程中，尽管传统的多层前馈神经网络在多个领域表现优异，但在处理高维空间数据（如图像）时逐渐暴露出局限性。例如，由于神经元之间的密集连接，这类网络的参数数量会随着输入维度的增长而迅速膨胀，尤其是在处理高分辨率图像时，这不仅使网络结构异常复杂，还显著增加了计算成本。此外，这种全连接结构未能针对图像数据的空间结构进行优化，导致难以高效地提取和利用图像中的局部相关性。

卷积神经网络（CNN）的引入很好地解决了这些问题。通过设计合理的网络架构，CNN能够显著降低模型的参数数量，并提高对空间特征的提取能力。与传统全连接网络不同，CNN 通过卷积层实现局部连接和参数共享，使网络能够专注于输入数据的局部区域，并对相似的特征复用相同的参数，从而大幅减少参数数量。直观上，卷积操作可视为在图像上应用多个小的过滤器（滤波器）进行扫描，每个过滤器捕捉特定的信息，如边缘、角点或纹理等特征。

此外，CNN 利用池化层进一步降低特征图的维度，这不仅减少了参数数量，还增强了模型对输入数据变化（如平移和缩放）的适应性。通过卷积层与池化层的结合，CNN 能够以层次化的方式提取和整合特征，从低级特征（如边缘）逐渐抽象为高级特征（如形状和模式）。

这些特性使得卷积神经网络在视觉任务中取得了革命性进展，迅速成为计算机视觉和图像处理领域的主流模型。现代的 CNN 结构通过多层堆叠实现复杂特征的逐层抽象，并采用端到端的训练方式直接从原始数据中学习有用的特征表示，极大地简化了传统机器学习任务中烦琐的特征工程工作。

　　随着卷积神经网络的出现和快速发展,其独特的网络结构被广泛认为是深度学习领域的一个重大突破。卷积神经网络的核心结构可以分为三个主要部分:卷积层、池化层和全连接层,如图 6-7 所示。

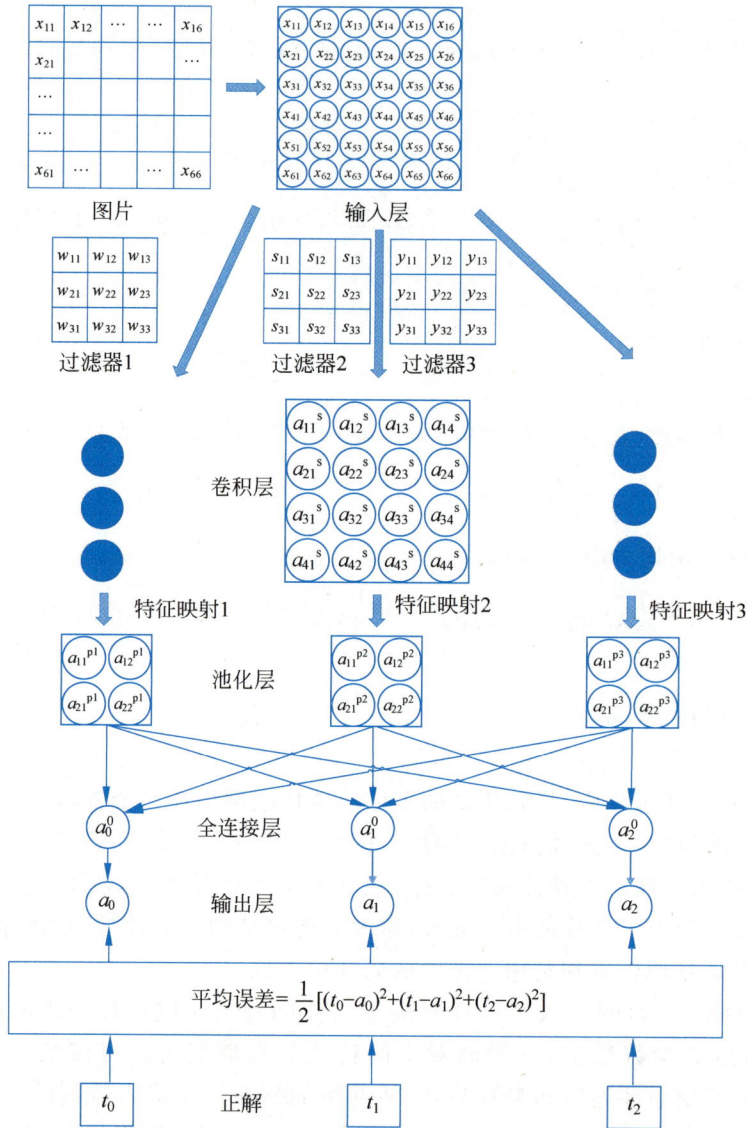

图 6-7　卷积神经网络的核心结构

1. 卷积层

　　卷积层是卷积神经网络的基本构成单元,也是该网络名称的来源。通过卷积核的作用,卷积层能够提取输入数据中的局部特征。卷积核在输入数据上滑动,覆盖不同的区域,这种滑动的视野被称为感受野。卷积运算通过滑动窗口将卷积核的权重集应用于输入数据的各个局部区域,每个窗口的局部数据独立地与卷积核的权重进行计算,生成对应的输出特征,如图 6-8 所示。

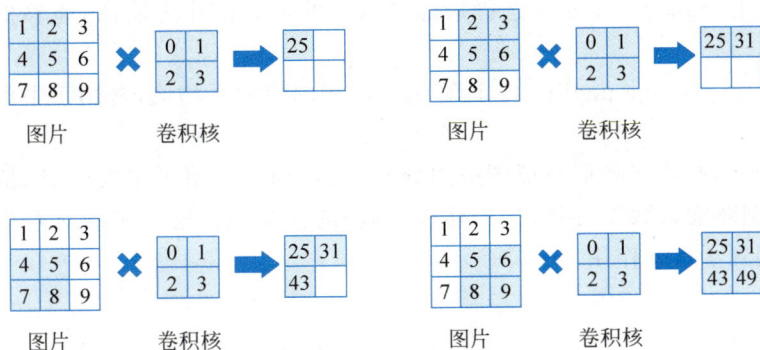

图 6-8　卷积操作图解

卷积运算的核心在于多层次特征的提取。初始卷积层能够提炼出边缘、线条等基本视觉元素,而随着网络层数的增加,卷积层会逐步组合这些基础特征以形成更复杂的表征,如特定的形状或模式。

为了保持卷积操作后的输出尺寸与输入尺寸一致,常使用零填充(padding)技术。例如,在一个 $3 \times 3 \times 3$ 的卷积核作用于 $5 \times 5 \times 5$ 的输入数据时,如果不进行填充,输出特征图的大小将缩减为 $3 \times 3 \times 3$。通过在输入数据的边界添加零值填充,输出特征图可以保持为 $5 \times 5 \times 5$,同时确保图像边缘的信息得以充分利用。

卷积层的性能还受到两个关键参数的影响:偏置和激活函数。卷积操作的结果会与偏置向量相加,通过线性调整确保重要信息不会在激活函数处理时被丢失。随后,激活函数引入非线性变化,是卷积层捕获复杂特征的关键步骤。常用激活函数包括 ReLU、Tanh 和 Sigmoid。ReLU 函数将所有负值置为零,保留正值。这种处理不仅简单高效,还能加速网络的收敛速度。然而,ReLU 可能导致部分神经元长期输出零值,称为"神经元死亡",但实践证明,其性能优势能够弥补这一不足,在多数任务中表现优异。

卷积层通过滑动窗口的局部连接、权重共享、零填充及激活函数的组合,为卷积神经网络提供了高效的特征提取能力,并在减少参数数量的同时提升了计算效率。

2. 池化层

池化层是卷积神经网络架构中的关键组件,其主要作用是对特征图(feature maps)进行下采样或降维,从而实现特征筛选和简化。池化操作通常紧随在一个或多个卷积层之后,针对卷积层生成的特征图进行处理。

池化过程通过将输入的特征图划分为若干局部区域,对每个区域执行特定的池化操作。常见的池化方式包括以下两种,如图 6-9 所示。

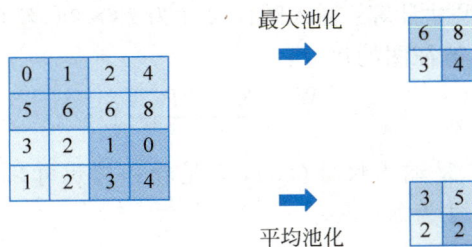

图 6-9　池化方式比较

（1）最大池化（max pooling）：选择局部区域内的最大值作为输出，能够提取显著特征并保留关键信息。

（2）平均池化（average pooling）：计算局部区域内值的平均值，常用于平滑特征并减少噪声干扰。

通过池化操作，网络在降低特征图空间分辨率的同时，保留了主要信息，从而减少了计算成本，提高了模型对输入数据变化（如平移和缩放）的鲁棒性。这一机制对卷积神经网络的性能和效率提升起到了重要作用。

3. 全连接层

在卷积神经网络经过卷积层和池化层的特征提取与维度压缩后，数据进入全连接层。全连接层是网络中关键的阶段，负责整合前层提取的特征并完成最终的决策任务。

在全连接层中，每个神经元都与前一层的所有输出连接。通过这种连接方式，网络能够综合局部检测到的特征，为更高级的模式识别奠定基础。例如，卷积和池化层提取的边缘和纹理等基础特征，在全连接层中可能被组合为面部、物体或其他复杂结构的特征表征。

全连接层的主要作用是将卷积层提取的空间特征映射到目标空间。例如，分类问题，全连接层将深层特征映射为类别概率，通常通过 Softmax 层输出预测结果；回归问题，全连接层将特征映射为连续数值，用于生成预测值。

由于每个神经元都与前一层所有输出相连，全连接层往往包含大量参数，占据网络模型的大部分存储和计算资源。这种结构可能导致过拟合，尤其是在训练数据不足或正则化措施不到位的情况下。因此，在进入全连接层之前，卷积和池化层通过充分的特征提取和降维，确保全连接层能够高效工作，同时减少计算成本和参数冗余。

网络通常在全连接层末尾设置一个 Softmax 层或回归输出层，以生成最终预测结果。通过全连接层的整合作用，卷积神经网络能够实现从局部特征到全局决策的转化，为模型的精确预测提供支持。

【例 6-3】 假设有一个简单的卷积神经网络，它的设计目的是区分图像是猫还是狗。网络结构如下。

输入层：28 像素×28 像素的灰度图像。

卷积层 1：使用 3×3 的卷积核，数量为 2，无填充，步长为 1。

池化层 1：使用 2×2 的最大池化。

全连接层：输出层具有 2 个神经元，分别对应猫和狗的类别。

（1）计算经过卷积层 1 后特征图的尺寸。

（2）计算经过池化层 1 后特征图的尺寸。

（3）描述全连接层在图像分类中的作用。

解：（1）卷积层 1 输出尺寸计算：输入图像尺寸为 28×28，卷积核尺寸为 3×3，步长为 1，无填充。使用公式计算输出特征图的尺寸：

$$O = \frac{W - K + 2P}{S} + 1$$

式中，O 是输出尺寸，W 是输入尺寸（28），K 是卷积核尺寸（3），P 是填充（0），S 是步长（1）。因此，输出特征图的尺寸为

$$O = \frac{28 - 3 + 2 \times 0}{1} + 1 = 26$$

所以,卷积层 1 的输出尺寸为 26×26,由于有 2 个卷积核,因此有 2 个 26×26 的特征图。

（2）池化层 1 输出尺寸计算:输入特征图尺寸为 26×26,池化尺寸为 2×2,步长默认等于池化尺寸(2),无填充。使用相同的公式,将池化尺寸 K 和步长 S 替换为 2,得到输出尺寸:

$$O=\frac{26-2}{2}+1=13$$

所以,池化层 1 的输出尺寸为 13×13,由于输入有 2 个特征图,输出也有 2 个 13×13 的特征图。

（3）全连接层的作用:在卷积神经网络中,全连接层的作用是将前面卷积层和池化层提取并压缩的特征图转化为最终的分类预测。在本例中,全连接层将两个 13×13 的特征图转化为两个输出值,分别表示图像属于"猫"或"狗"类别的可能性。通过 Softmax 函数等激活函数,这些输出值可以被进一步转换为概率分布,从而完成分类任务。

6.3.3　循环神经网络

在人工神经网络领域,前馈神经网络(如卷积神经网络)在图像识别和分类问题中取得了显著成功。这类网络通常处理静态的输入输出关系,即针对单个输入生成对应的输出,而不考虑输入数据之间的时序关系或序列特征。例如,在图像处理中,网络将每张图像作为独立输入进行处理,而不关注图像间可能存在的连续性或上下文关联。然而,在现实应用中,许多问题都源于一串相互依赖的数据流,如语音识别、自然语言处理和时间序列分析。

为了解决这一问题,需要一种能够处理序列数据的新型神经网络结构——循环神经网络（recurrent neural network,RNN）。循环神经网络的核心特点是引入了"记忆"机制。其神经元不仅能够处理当前的输入信号,还可以结合前一时间步的状态信息,从而捕获序列数据中的时序动态。这种结构能够在内部状态中保留长时间的上下文信息,适用于处理依赖于时间展开的数据关系。如图 6-10 所示,循环神经网络在处理语言序列时,能够分析词语的顺序和相互关系,从而填补句子中的空白,生成连贯的语义结果。

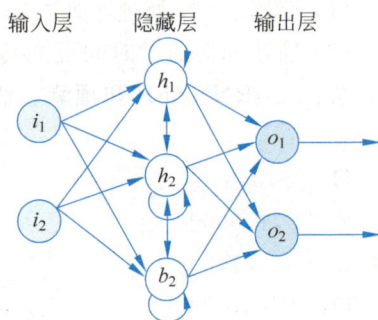

图 6-10　循环神经网络的结构

循环神经网络的这种特性,使其能够有效应对依赖长期上下文信息和时序特性的任务。例如,在机器翻译中,RNN 能够根据源语言序列生成目标语言序列;在语音识别中,它可以将连续的语音信号转换为文本;在时间序列分析中,它可用于预测股市趋势或分析金融数据。循环神经网络不仅弥补了传统机器学习技术在处理时序数据时的不足,还在理论研究和商业应用中得到广泛采用。

如图 6-10 所示,在循环神经网络的结构中,隐藏层节点之间存在信息的往复流动。为了更直观地理解其工作机制,可以将循环神经网络沿时间轴展开,结果如图 6-11 所示。

以一个包含三个单词的句子为例,时间展开的过程相当于将循环神经网络转化为一个由三层全连接神经网络组成的结构,其中每一层对应句子中的一个单词。

这种展开形式展现了循环神经网络的特性:通过时间步的逐步展开,网络能够按顺序处理序列中的每个元素,并维持一个内部状态。该内部状态记录了之前时间步的信息,使网络在处理新的输入(如句子中的下一个单词)时,能够充分利用已处理过的上下文信息。

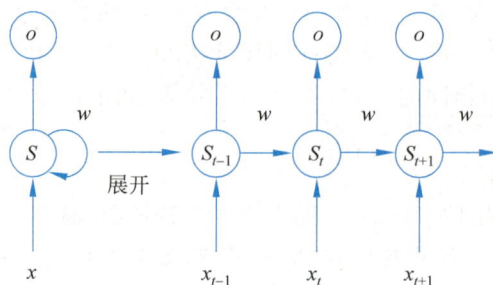

图 6-11　循环神经网络展开图

由于循环神经网络只具有短期记忆的特性,难以有效处理较长的输入序列。此外,训练循环神经网络的计算成本较高。针对这些局限性,研究者提出了多种基于循环神经网络的优化算法,如长短期记忆网络(LSTM)和门控循环单元(GRU)。这些改进模型通过引入门控机制,增强了网络捕获长期依赖关系的能力,同时在一定程度上降低了训练复杂度。

【例 6-4】　假设有一个简单的循环神经网络,用于文本生成任务,其网络结构如下。

输入层:接收字符编码的独热编码(one-hot encoding)。

循环层:包含 3 个神经元,使用简单 RNN 单元。

输出层:使用 Softmax 激活函数,输出下一个字符的概率分布。

给定一个简单的字母序列作为训练数据 HELLO。

(1) 使用 RNN 处理序列"HE"并预测下一个字符。

(2) 描述如何通过时间反向传播(BPTT)更新网络权重。

解:(1) RNN 处理和预测。假设我们的字符集只包含[H,E,L,O]四个字符,独热编码分别为:

H:[1,0,0,0]

E:[0,1,0,0]

L:[0,0,1,0]

O:[0,0,0,1]

首先,RNN 接收字符 H 的独热编码作为输入。其次,循环层处理这个输入,并更新其内部状态。再次,RNN 接收字符 E 的独热编码和前一步的内部状态,再更新其内部状态。最后,基于当前的内部状态,RNN 的输出层使用 Softmax 函数预测下一个字符是[H,E,L,O]中的哪一个。例如,假设输出层给出的概率最高的是 L,则 RNN 预测下一个字符为 L。

(2) 通过时间反向传播更新权重。在训练过程中,如果实际下一个字符是"L",我们将使用损失函数(如交叉熵损失)来计算预测与实际值之间的差异。然后,通过时间反向传播算法,我们将损失从输出层通过网络反向传播到循环层,计算关于权重的梯度,并使用这些梯度来更新网络权重以减小损失。

时间反向传播算法的关键在于,它不仅考虑了当前时间步的梯度,还考虑了之前时间步的梯度,从而能够在整个序列上优化权重。这意味着,权重更新不仅基于当前的预测误差,还基于网络在处理整个序列时的表现。

趣味案例

在传统的课堂教学中,老师常常面临一个挑战:如何有效地向学生传达全文的主旨或核心概念。特别是在面对长篇或复杂的文本时,学生往往难以快速把握文章的核心思想和结构。

这时,神经网络技术可以作为一个有力的辅助工具,帮助教师和学生更好地理解和传达全文主旨。

实现方法如下。

(1) 文本处理。将需要分析的文本(如课文、论文等)进行预处理,包括分词、去除停用词、词性标注等步骤。这些步骤可以帮助神经网络更好地理解文本的结构和内容。

(2) 特征提取。使用自然语言处理技术从文本中提取关键特征,如关键词、关键短语、句子结构等。这些特征将作为神经网络的输入,用于训练模型。

(3) 模型训练。构建一个神经网络模型,如卷积神经网络(CNN)或循环神经网络(RNN)的变种。利用大量标注好的文本数据(包括全文主旨的标注)来训练模型。通过不断调整模型的参数和结构,使其能够准确地识别文本中的主旨信息。

(4) 主旨提取。一旦模型训练完成,就可以将其应用于新的文本数据。通过输入待分析的文本,模型将自动提取出其中的主旨信息,并以简洁明了的方式呈现给学生。

(5) 辅助教学。老师可以将神经网络提取的主旨信息作为教学辅助材料,帮助学生快速理解全文的核心思想。同时,学生也可以利用这个工具进行自主学习,提高阅读效率和理解能力。

这个案例展示了神经网络在解决课堂教学中的困扰方面的潜力。通过自动化地提取文本的主旨信息,神经网络可以帮助学生更好地理解复杂文本,减轻老师的教学负担。同时,这也为教育技术的创新提供了新的思路和方法。神经网络不仅能应用于教育领域,还能应用于其他领域。我们可以尝试提出在现实生活中遇到的困扰,并通过使用神经网络来解决它。

6.4　本章小结

本章对神经网络的基本理论和关键技术进行了全面的介绍和分析。从神经网络的发展历史入手,回顾了这一领域的起源和演变过程,以及其在人工智能技术中的核心地位。通过对神经元模型的讨论,本章阐明了神经网络处理信息的基本机制,并解析了如何通过组合这些基本单元来构建复杂的网络结构。本章还详细探讨了多层神经网络、卷积神经网络和循环神经网络等深度学习技术,展示了这些模型在图像处理、语音识别和自然语言处理等领域的强大能力及广泛应用。

通过本章的学习,读者能够掌握神经网络的基本原理、关键技术及其应用领域,为进一步研究和探索人工智能技术奠定坚实的基础。

▶ 延伸阅读

神经网络作为深度学习的核心技术之一,不断涌现出新的网络架构,这些新型网络结构往往具有更强的学习能力和更广泛的应用场景。除经典的卷积神经网络(CNN)和循环神经网络(RNN)之外,近年来出现了许多创新性网络架构,它们在各个领域中都展现了强大的表现。变换器网络(Transformer)在自然语言处理领域取得了突破性的进展。Transformer 通过自注意力机制(self-attention)解决了传统 RNN 在长序列处理中的局限性,能够在处理长文本时捕捉到更加丰富的上下文信息。基于 Transformer 的架构,如 BERT、GPT 等,生成对抗网络

(GAN)作为一种创新性的深度生成模型,能够通过对抗训练的方式生成高度逼真的图像、音频和视频。图神经网络(GNN)近年来在处理图结构数据(如社交网络、知识图谱、分子结构等)方面取得了重要进展。GNN能够有效地捕捉节点之间的复杂关系,广泛应用于推荐系统、社交网络分析及生物信息学等领域。自监督学习(self-supervised learning)也是当前神经网络研究中的热门方向,它通过构造自身标签进行训练,减少了对人工标注数据的依赖。自监督学习在计算机视觉和自然语言处理等领域中展现了巨大的潜力,特别是在没有大量标注数据的情况下,它能够通过大量未标注数据提升模型的性能。

这些新型网络结构不仅推动了深度学习技术的发展,也为解决各种复杂的实际问题提供了新的思路和方法。随着计算能力的提升和数据集的不断丰富,未来可能会涌现更多创新的网络结构,这些网络结构将进一步拓展人工智能在各个领域的应用边界。

课后习题

1. 神经网络训练模型的整体工作流程是怎样的?

2. 为什么需要激活函数?给出几个常见的激活函数并画出其图形。

3. 什么是反向传播,它是怎样工作的?

4. 多层神经网络、卷积神经网络和循环神经网络的优点、应用场景及缺点分别是什么?

5. 除了多层神经网络、卷积神经网络、循环神经网络,还有其他类型的神经网络吗?

6. 讨论神经网络在边缘计算环境中的应用潜力,包括挑战和机遇,以及如何优化模型以适应资源受限的环境。

7. 基于你对神经网络的理解,讨论神经网络在非计算机视觉和自然语言处理领域的潜在应用,如金融分析或生物信息学。

8. 讨论深度学习未来的发展方向,以及可能面临的技术和伦理挑战。

第 7 章　生成式人工智能

教学导引

（1）了解生成式人工智能的概念及背景。
（2）了解生成式人工智能的核心技术。
（3）熟悉生成式人工智能的应用场景与行业影响。
（4）探讨生成式人工智能的社会影响与伦理。

内容脉络

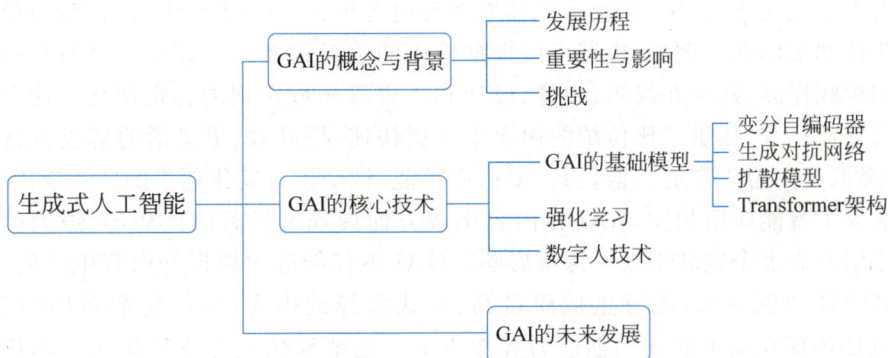

内容概要

本章围绕生成式人工智能（generative artifcial intelligence，GAI）的定义、技术基础及其在各行业的应用进行全面阐述。GAI 作为通过人工智能生成文本、图像、音频等多种内容的技术，不仅改变了传统的内容创作模式，还推动了内容生产的高效化与个性化。章节开篇以一个真实案例引出 GAI 的概念与背景，明确其在多领域中的实践价值。随后，本章详细剖析了 GAI 的核心技术，包括变分自编码器（VAE）、生成对抗网络（GAN）、扩散模型及 Transformer 架构等，为读者提供了对这些技术原理的深刻理解。在应用层面，GAI 通过提升效率、推动商业模式创新及为科学研究提供支持，已在广告、新闻、艺术和科研等领域展现出显著影响。同时，GAI 技术也面临内容真实性、伦理规范及计算资源需求等挑战。最后，章节展望了 GAI 未来的发展趋势，包括算法优化、伦理框架完善及资源利用效率提升，强调了技术进步与社会责任并重的重要性。

场景引入：2023 年，一家知名国际品牌面临新品发布的挑战，需要在短时间内推出一系列具有高度创意且吸引力强的广告内容。然而,传统的广告创作周期长、成本高,难以满足其全球化市场的多元需求。该品牌决定采用 GAI 技术,结合市场数据和用户行为分析,由 AI 生成多种风格的广告文案和视觉内容。在文案创作方面,GAI 根据产品特性和不同区域的文化背景,生成了多种语言版本的广告词,同时还能针对目标受众调整风格,从优雅细腻到幽默生动,精准定位消费者的喜好。在视觉设计中,GAI 通过多模态生成技术,将文本描述转化为符合品牌调性的高质量图像,为广告设计师提供了多种创意方案。此外,该品牌还使用 AI 语音技术,生成多语言语音广告,为全球发布活动提供了高度一致的传播内容。这一案例生动地展示了 GAI 在内容创作中的强大能力,不仅大幅提升了创作效率,还实现了创意输出的多样化和个性化。

7.1　GAI 的概念与背景

生成式人工智能是一种通过人工智能技术自动生成各种内容的技术手段和过程。简单来说,GAI 的作用是让机器像人类一样"创作",能够根据已有的数据和算法生成全新的内容。它可以应用于生成文本、图像、音频和视频等多种内容形式。GAI 生成的内容不仅形式丰富,还具有创新性和实用性。例如,机器可以根据输入的关键词撰写一篇文章、创作一幅画,或者生成音频和视频作品,甚至在娱乐、教育、设计和广告等领域实现内容定制化。这种技术通过模仿人类的创作过程,提供了比传统的内容生产更快速、更高效、更灵活的解决方案。GAI 的出现,大幅降低了内容生产的门槛,为许多行业赋能,推动了自动化创作的广泛应用。

与传统人工智能应用相比,GAI 在内容生成方面展现出显著的优势,其强大的创造能力和广泛的适用性为多个领域带来了深远影响。GAI 不仅能够大幅提升内容生产的效率,还具备高度的灵活性和创新性,能够生成质量高、形式多样的内容,满足复杂多样的创作需求。GAI 的优点还体现在成本效益和创造力释放方面。它能够快速生成传统人工创作需要耗费大量时间和资源的内容,同时激发人类的创作灵感,为艺术、教育、传媒等领域开辟了新的可能性。通过结合用户需求和创作目标,GAI 为各种场景提供定制化、高质量的内容解决方案,推动了智能化创作的全面发展。图 7-1 展示了 GAI 技术的典型应用领域。通过 GAI,多个行业实现了内容生产的高度自动化与创新化。GAI 相关 App 示例如图 7-2 所示。

GAI 在多个领域展现出重要的应用价值和广泛的影响力。其技术不仅大幅提升了内容创作的效率和质量,还开辟了新的应用场景和商业模式,对社会和经济产生了深远的影响。

1. 提升创作效率

GAI 技术可以自动生成高质量的文本、图像、音频和视频内容,从而显著提升了创作效率。例如,在新闻写作领域,GAI 能够根据现有的信息和数据自动生成新闻报道,减少了记者的工作量并提高新闻发布的速度。在广告文案创作中,GAI 可以根据产品特性和市场需求生成多样化的广告文案,显著提高了营销效果并节省了时间成本。此外,在艺术创作领域,GAI 技术能够生成新的艺术作品,为艺术家提供灵感和创意素材。这不仅提高了创作效率,还使得创作过程更加灵活和高效。例如,GAI 可以为电影制片人生成初步的剧本草稿,为平面设计师生成设计原型,为音乐制作人生成旋律和配乐素材,从而加速整个创作流程。

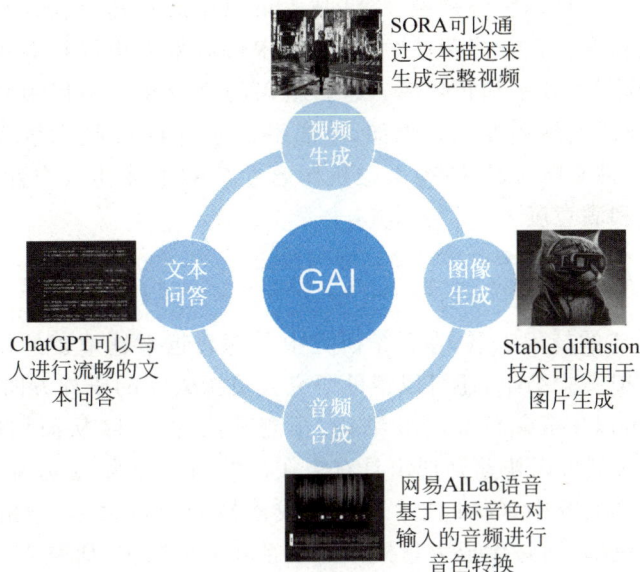

图 7-1　GAI 技术的典型应用领域

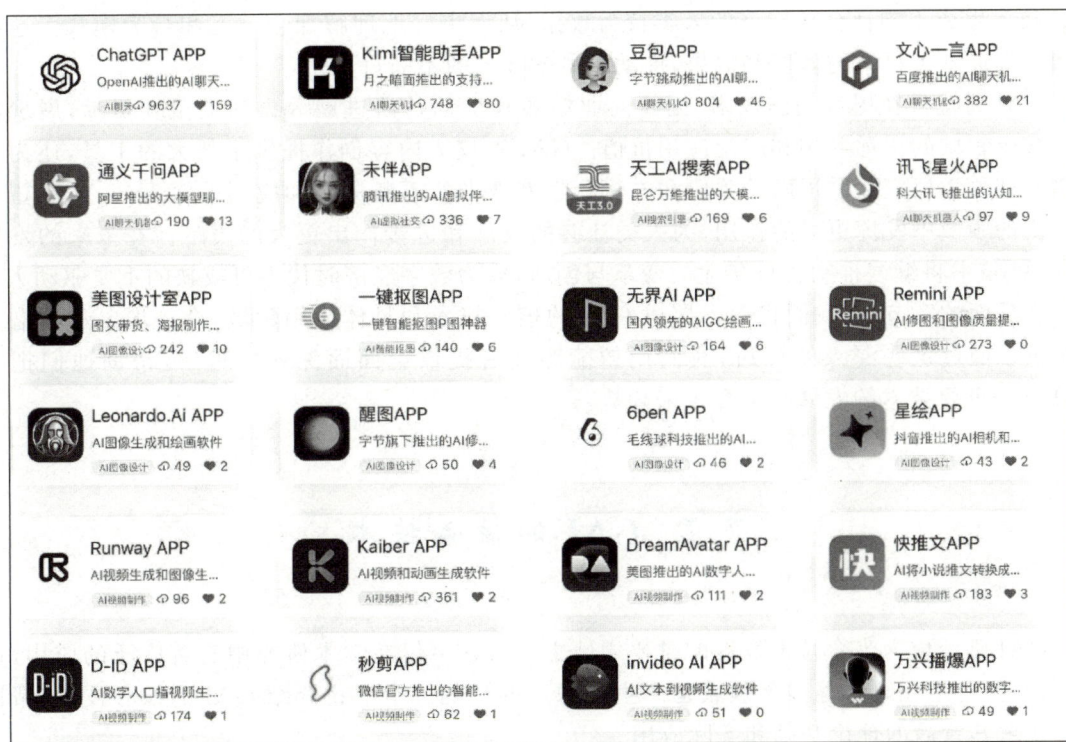

图 7-2　GAI 相关 App 示例

2. 创新商业模式

GAI 为企业提供了新的商业机会和模式,推动了商业的创新和发展。例如,在个性化内容推荐方面,GAI 技术可以根据用户的兴趣和行为生成个性化的推荐内容,从而显著地提升用户的体验和满意度。在自动客服领域,GAI 技术可以生成自然、流畅的对话内容,极大地提高客服效率和用户满意度。在智能营销中,GAI 技术可以根据市场趋势和消费者行为生成定制化的营销方案,提高营销效果和转化率。这些新兴的商业模式不仅为企业带来了新的盈利点,还推动了整个行业的发展和变革。例如,电商平台通过 GAI 技术生成个性化的产品推荐和广告,提升了用户黏性和购买转化率;金融机构通过 GAI 技术生成个性化的投资建议,提高了客户的投资回报率和满意度。

3. 推动科研进展

GAI 作为一种重要的技术工具,在科学研究中发挥着越来越重要的作用。它不仅可以用于生成研究数据和模拟实验结果,还可以帮助研究人员探索新的研究方向和方法。例如,在药物研发中,GAI 技术可以生成新的化合物结构,预测其药理特性,从而加速新药的开发进程。利用 GAI 技术,研究人员可以快速筛选出具有潜在疗效的化合物,大幅缩短药物研发周期,降低研发成本。在天文学研究中,GAI 技术可以生成模拟的宇宙数据,帮助研究人员更好地理解宇宙的演化规律。例如,通过生成大量模拟的星系和天体数据,研究人员可以进行大规模的宇宙模拟实验,从而揭示宇宙中的各种物理现象和演化机制。在社会科学研究中,GAI 技术可以生成虚拟社会情景,帮助研究人员进行社会行为的模拟和分析。例如,研究人员可以利用 GAI 技术生成不同社会环境下的人类行为数据,从而更好地理解社会动态和行为模式。这些应用大幅提升了科研的效率和效果,推动了科学技术的不断进步。

GAI 通过其在提升创作效率、创新商业模式和推动科研进展等方面的重要贡献,展现出其在多个领域的深远影响和广泛应用价值。GAI 不仅为内容创作提供了强大的工具,还为企业创新和科学研究提供了新的手段和方法。随着技术的不断进步和应用的深入,GAI 有望在更广泛的领域中发挥更大的作用,为人类社会的发展和进步作出更大的贡献。在未来的发展中,GAI 技术将继续推动各行各业的变革与创新,成为数字经济时代不可或缺的重要驱动力。

在后面的章节中,我们将深入探讨 GAI 的核心技术和具体应用领域,进一步揭示其潜力和价值。通过这些深入的探讨,我们期望能为读者提供全面而深入的理解,帮助他们把握 GAI 这一重要技术的发展脉络和未来趋势。

7.2　GAI 的核心技术

GAI 已经成为当今技术发展的重要领域之一。它不仅在学术研究中有着广泛的应用,而且在商业、艺术和媒体等多个领域也产生了深远的影响。本节将介绍 GAI 的核心技术,帮助读者了解其背后的理论基础和实际应用。

7.2.1　GAI 基础模型

GAI 的快速发展得益于多种深度生成模型的创新与应用,这些模型为自动生成高质量内容提供了强大的技术支撑。相较于传统的判别式模型(discriminative models),生成式模型不仅可以对数据进行分类,还能生成类似于训练数据的新数据。在 GAI 技术体系中,变分自编码器(variational autoencoder,VAE)、生成对抗网络(generative adversarial network,GAN)、扩散模型(diffusion model)及 Transformer 架构是其重要的基础模型。这些模型各具特色,分别在数据重构、对抗生成、逐步采样和序列建模等任务中展现出强大的性能。通过对这些模型的深入研究与改进,GAI 在图像生成、文本生成、多模态任务及艺术创作等领域取得了卓越的进展,推动了生成内容技术的创新与普及。以下将详细介绍这些模型的原理、架构和应用场景。

1. 变分自编码器

VAE 是一种概率生成模型,由 Kingma 等人于 2014 年提出,是深度生成模型中的重要方法。VAE 通过结合深度学习和概率分布的思想,不仅能有效地重构输入数据,还能生成与输入数据分布相似的全新数据样本。与传统自编码器不同,VAE 在编码过程中不仅提取数据的低维特征,还将这些特征表示为潜在空间中的概率分布,这使得模型在生成过程中具有更高的灵活性和可控性。

VAE 的模型架构由编码器和解码器两部分组成。编码器负责将输入数据(如图像)映射为潜在空间中的概率分布参数,通常为均值(μ)和方差(σ)。这些参数定义了潜在空间中每个特征的分布,如图像的笑容强度、发型长度、肤色深浅等。随后,模型从这些分布中随机采样生成隐变量,并将隐变量作为解码器的输入。解码器则利用这些隐变量,生成新的数据样本,试图尽可能还原输入数据的结构和特性。

以人脸图像生成为例,VAE 可以将一张人脸照片分解为多个特征维度,如笑容强度、发型长度、性别和眼镜有无等。这些特征被编码为潜在空间中的概率分布,如笑容强度可能的均值为 0.7,方差为 0.1,而发型长度的均值可能为 0.8。在潜在空间中,通过采样这些特征值,解码器可以生成与输入图像相似但具有一定变化的全新图像。例如,通过略微增加笑容强度的值,生成一张带有更灿烂笑容的面部图像;或通过调整发型长度的值,生成不同发型的样本。VAE 模型如图 7-3 所示。

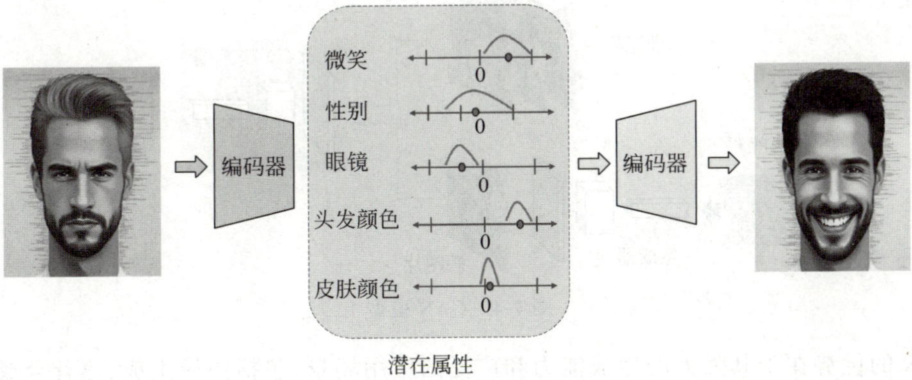

图 7-3　VAE 模型

VAE 的一个显著优势在于潜在空间的连续性,使生成数据的样本之间可以实现平滑的过渡。这意味着,通过在潜在空间中插值两个不同样本的特征值,VAE 可以生成逐步变化的中间样本,如从无笑容逐渐变为微笑的面部图像。此外,VAE 的隐空间可以通过正则化保证分布的规整性,从而使生成的样本在多样性和真实感之间达到平衡。

VAE 作为一种概率生成模型,通过对潜在空间进行建模和采样,能够生成多样化的高质量样本。其在图像生成、特征表示学习和异常检测等领域具有广泛应用,为人工智能生成内容(AGI)的发展提供了重要支持。

2. 生成对抗网络

GAN 由伊恩·古德费勒(Ian Goodfellow)等人于 2014 年提出,是一种深度学习领域的重要生成模型。GAN 通过生成器(generator)和判别器(discriminator)之间的对抗训练,使生成器能够生成以假乱真的数据,同时推动了生成任务的快速发展。生成器负责从随机噪声中生成伪造数据,试图"欺骗"判别器;而判别器则负责判断输入数据是真实数据还是生成数据,不断提升自己的鉴别能力。通过生成器和判别器的对抗博弈,GAN 最终实现生成数据与真实数据分布非常接近的目标。

GAN 的工作原理可以概括为两个部分。首先,生成器从随机向量中生成伪造样本,如图像或声音。以图像生成为例,生成器通过多层神经网络将输入噪声映射到数据空间,生成逼真的图像,如人脸、动物或风景等。其次,判别器通过二分类神经网络学习真实样本与生成样本的区别,并为生成器提供反馈信号,帮助其改进生成能力。在训练过程中,生成器和判别器的目标互相对立,生成器试图最大化判别器的错误率,而判别器则试图最小化自己的错误率。通过这种对抗学习机制,双方在不断博弈中达成平衡,从而使生成器的输出最终可以达到以假乱真的效果。

以生成马匹图像为例,GAN 可以通过对真实马匹图片的学习,生成具有马匹风格的新图片。生成器从随机噪声中生成一批初始样本,这些样本最初可能质量很差,与真实马匹图片的差距较大。判别器会对这些样本进行评估,指出哪些特征不符合真实马匹的分布。生成器根据判别器的反馈进行优化,不断改进生成样本的质量。例如,它可能逐步改进马匹的身体比例、头部形状或毛发纹理。在经过多轮训练后,生成器生成的图片逐渐变得逼真,甚至能够生成肉眼难以区分真伪的马匹图像。GAN 模型如图 7-4 所示。

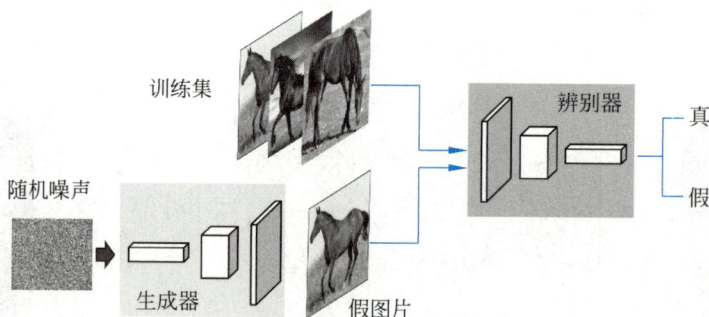

图 7-4　GAN 模型

GAN 的优势在于其强大的生成能力和广泛的应用场景,包括图像生成、语音合成、风格迁移和超分辨率重建等。GAN 能够生成高质量的图像,如生成逼真的人脸或虚拟场景;在语音领域,GAN 也被用来生成自然的语音或音乐片段。此外,GAN 在图像修复和风格迁移领域表现尤为突出,如通过 CycleGAN 实现图片中的季节转换或艺术风格迁移。然而,GAN 的训练过程存在一定挑战,如容易出现模式崩溃(mode collapse),即生成器只生成有限的几种样本,无法覆盖数据的多样性。GAN 的训练也对网络结构和参数调优非常敏感,可能需要大量的实验调整才能达到理想的效果。

生成对抗网络通过生成器与判别器的对抗机制,为人工智能生成内容(GAI)提供了强大的技术支持。其在图像生成、风格转换和多媒体内容生成中的广泛应用,不仅提升了生成任务的精度和效率,还推动了生成模型在实际场景中的应用落地。GAN 的创新理念和灵活性为 GAI 的发展开辟了新的路径,同时也为研究人员提供了探索生成任务更高质量方法的方向。

3. 扩散模型

扩散模型是一种受非平衡热力学启发的生成模型,其核心思想是通过逐步添加噪声破坏数据,然后学习逆扩散过程,将噪声还原为目标样本。扩散模型最初的设计目的是去除图像中的噪声,但随着技术的发展,它被扩展为一种从完全随机噪声生成高质量样本的强大工具。模型的生成机制分为两个主要阶段:前向扩散过程和反向降噪过程。在前向扩散阶段,模型从原始图像出发,逐步向图像中引入随机噪声,直到图像完全成为高斯噪声;而在反向降噪阶段,模型通过学习逆过程,逐步去除噪声,将随机噪声还原为与原始数据分布一致的清晰样本。扩散模型原理如图 7-5 所示。

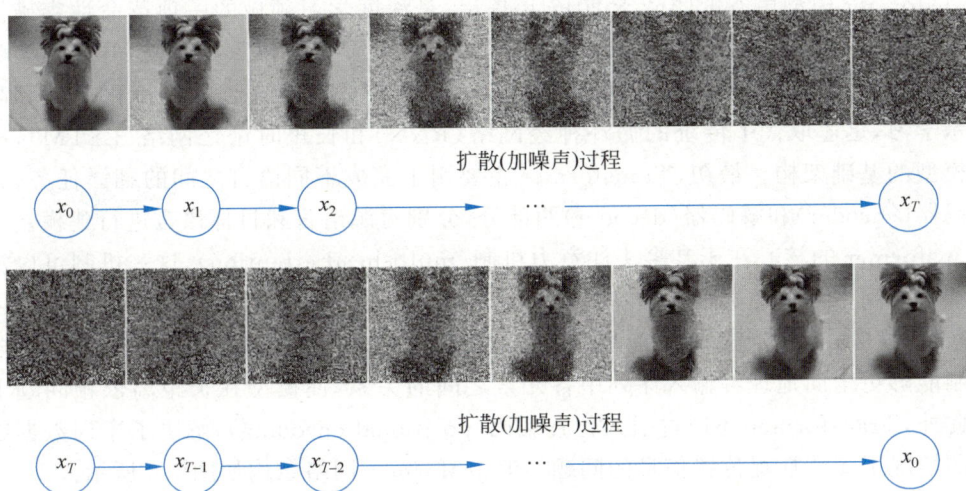

图 7-5 扩散模型原理

扩散模型的核心原理可以概括为通过添加噪声破坏训练数据,然后学习如何逆转这个过程。前向过程模拟了数据退化的动态演变,而反向过程则利用马尔可夫链逐步去除噪声,从高斯噪声中生成逼真的目标数据。这种逐步生成的方式使扩散模型在生成任务中表现出连贯性和细节保真的优势,尤其适合高质量图像的生成任务。通过学习如何从噪声中恢复数据,扩散模型实现了从简单随机种子生成复杂图像的能力。

基于扩散模型的这一特点,许多公司和研究机构开发了具有代表性的生成产品。例如,OpenAI 的 DALL-E 2 是一种基于扩散模型的文本生成图像工具。用户只需输入文本描述,模型即可生成多样化的高质量图像。DALL-E 2 于 2022 年向公众开放使用,其多样化和细节丰富的生成能力使其成为文本生成图像领域的重要工具。与之类似,Google 的 Imagen 是另一种基于扩散模型的文本生成图像工具,能够通过详细的文本提示生成与描述相符的高保真图像。例如,用户输入"穿着'CVPR'毛衣的手工编织考拉",Imagen 可以准确地生成符合描述的图像,展现出模型在语义理解和视觉生成上的强大能力。

此外,Stability AI 发布的 Stable Diffusion 是扩散模型领域的又一里程碑。作为一种开源模型,Stable Diffusion 允许用户通过文本提示生成高质量图像,其代码和模型权重对公众完全开放。例如,用户输入"超现实主义风格的城市夜景,高度细致的 8K 分辨率",模型能够生成符合描述且极具艺术性的图像。Stable Diffusion 的开源特性使其不仅在研究领域获得了广泛关注,也为艺术创作和内容生成提供了强大的工具支持。

扩散模型在应用中展现出独特的优势。它生成的图像质量极高,能够捕捉数据分布中的丰富细节。同时,扩散模型的生成过程稳定且可控,避免了其他生成模型(如 GAN)容易出现的模式崩溃问题。此外,像 Stable Diffusion 这样的开源模型,进一步降低了技术门槛,推动了人工智能生成内容(AGI)的普及和应用。

扩散模型通过模拟从噪声到数据的逐步恢复过程,为高质量图像生成提供了强大的技术支持。从 DALL-E 2 和 Imagen 到 Stable Diffusion,这些基于扩散模型的产品展示了技术在文本生成图像和艺术创作领域的潜力,为人工智能生成内容开辟了新的方向。

4. Transformer 架构

Transformer 模型由谷歌团队于 2017 年提出,是深度学习领域的一项革命性突破。它引入了注意力机制(attention),通过对输入数据的重要性分配不同权重,显著提升了模型处理长序列数据的能力。在自然语言处理任务中,Transformer 凭借其优越的并行化能力和高效的数据表示学习,迅速取代了传统的循环神经网络(RNN)和长短时记忆网络(LSTM),成为预训练大模型的基础架构。最初,Transformer 主要用于完成不同语言之间的翻译任务,其结构包含编码器(encoder)和解码器(decoder)两部分,分别对源语言和目标语言进行建模。

Transformer 的核心在于其多头注意力机制(multi-head attention),这一机制可以让模型在不同的子空间中并行捕捉输入数据的相关性。每个注意力头会计算输入数据的键(key)、查询(query)和值(value),通过点积的方式生成注意力分数,并根据这些分数分配权重。多头注意力机制能够更全面地理解输入序列中各元素之间的关系,使模型在长距离依赖问题上表现卓越。此外,Transformer 还通过引入位置编码(positional encoding),解决了序列数据在无固定顺序的情况下无法捕捉位置信息的问题。Transformer 网络结构如图 7-6 所示。

在实际应用中,Transformer 为自然语言处理领域带来了深远影响。以 BERT(bidirectional encoder representations from transformers)为代表,Transformer 被用来预训练双向语言模型,在情感分析、问答系统和文本分类等任务中取得了突破性进展。此外,基于 Transformer 的生成式预训练模型(如 GPT 系列)进一步扩展了其应用范围,通过解码器结构生成高质量文本,广泛用于文本生成、自动摘要和对话系统。

Transformer 的成功不仅限于自然语言处理,在计算机视觉领域也展现了巨大潜力。视觉 Transformer(vision transformer,ViT)通过将图像划分为小块并嵌入 Transformer,实现了图像分类和目标检测等任务的高效处理。此外,Transformer 还被应用于多模态任务,如图像—文本生成、视频理解等,进一步拓展了其使用场景。

Transformer 通过注意力机制、高效的并行化处理能力和灵活的架构设计,彻底改变了深度学习的技术格局。从早期的语言翻译任务到如今的多模态大模型时代,Transformer 为人工智能的发展提供了强大的技术支持,并推动 AI 进入了大规模参数预训练模型的新时代。

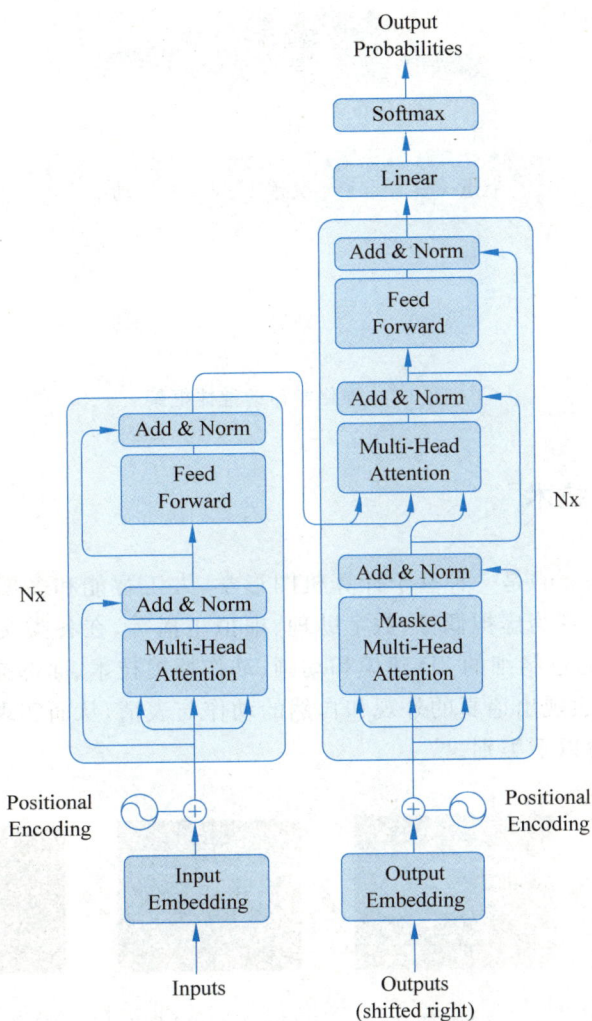

图 7-6　Transformer 网络结构

7.2.2　强化学习

强化学习(reinforcement learning,RL)是机器学习的一个重要分支,在人工智能生成内容(AGI)中发挥着关键作用。如图 7-7 所示,RL 通过与环境的交互,使智能体(agent)通过试错学习最优策略,从而在复杂环境中完成特定任务。强化学习的核心是一个由状态、动作和奖励组成的循环过程。智能体在特定状态下采取某种动作,从环境中获得反馈(奖励或惩罚),并根据这一反馈调整其策略,以期在未来获得更高的累积奖励。这个过程可以描述为一个马尔可夫决策过程(markov decision process,MDP)。

强化学习算法主要分为两大类。一类是基于值的算法,通过估计值函数来指导智能体的行为。最经典的基于值的算法是 Q 学习(Q-learning)。Q 学习通过更新 Q 值(状态—动作值)来学习最优策略。另一类是基于策略的算法,这类算法直接优化策略函数。策略梯度(policy gradient)方法是其中的代表,通过梯度上升优化策略,使累积奖励最大化,其常见的策略梯度方法包括 REINFORCE 算法和近端策略优化。

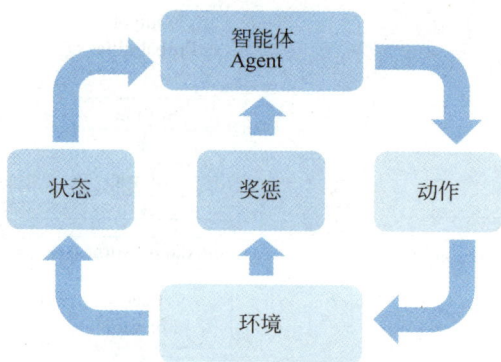

图 7-7　强化学习的整体框架

7.2.3　数字人技术

数字人（digital human）是一种基于计算机图形学、人工智能和多模态技术创建的虚拟人物形象。数字人可以表现为虚拟偶像、数字助理、虚拟主播等，在各类交互和娱乐场景中发挥作用。如图 7-8 所示，通过精细的 3D 建模和动画、动作捕捉技术、面部捕捉和表情生成及语音合成技术，数字人能够表现出逼真的外观和自然的动作与表情，从而实现与用户的交互。数字人的生成技术主要包含以下类别。

数字人3D建模和动画　　动作捕捉技术　　面部捕捉和表情生成　　语音合成技术　　数字人

图 7-8　数字人生成步骤

1. 3D 建模和动画

3D 建模是创建数字人的第一步，通常使用专业的建模软件，如 Maya、Blender 等。建模的过程包括：①几何建模：通过多边形、曲面和体素等方法创建数字人的基本形状和结构；②纹理贴图：为 3D 模型添加颜色、细节和纹理，使其外观更加逼真；③骨骼绑定：为模型添加骨骼系统，定义模型的运动结构。3D 建模的精细程度和细节决定了数字人的逼真度，高质量的 3D 模型能够展示出细腻的面部表情、复杂的动作和自然的光影效果。

动画制作是赋予数字人生命和动作的过程，主要包括：①关键帧动画：手动设置模型在不同时间点的姿态，通过插值算法生成中间帧，实现连续的动作；②物理驱动动画：基于物理引擎模拟真实世界中的物理现象，如重力、碰撞等，生成自然的动作效果；③程序化动画：通过编写程序控制模型的动作，适用于复杂的动态场景，如群体运动、粒子效果等。动画制作的质量直接影响数字人的表现力和观众的沉浸感。

2. 动作捕捉技术

光学动作捕捉(optical motion capture)是一种常用的动作捕捉技术,通过在演员身上穿戴带有标记点的捕捉服,并使用多个高速摄像机拍摄演员的动作,捕捉系统通过标记点的位置和运动轨迹生成演员的动作数据。这种方法具有高精度、高帧率的优点,广泛应用于电影、游戏和虚拟现实等领域。惯性动作捕捉(inertial motion capture)使用惯性传感器(如加速度计和陀螺仪)捕捉演员的动作。这种方法不依赖外部摄像设备,具有便携性强、应用场景广泛的优点,适用于户外或大范围的动作捕捉。然而,惯性捕捉系统的精度和帧率通常低于光学捕捉。

3. 面部捕捉和表情生成

面部捕捉(facial motion capture)用于捕捉演员的面部表情和细微的肌肉运动。常用的方法包括:①标记点捕捉:在面部关键位置粘贴标记点,通过摄像系统捕捉标记点的运动轨迹;②图像处理:使用高分辨率摄像机拍摄演员的面部,通过图像处理算法提取面部特征点。面部捕捉生成的数据用于驱动数字人的面部动画,使其能够表现出逼真的表情和情感。表情生成(facial animation)包括基于面部捕捉数据和程序化生成的表情。主要方法有:①Blendshape技术:通过预设多组面部形变(如微笑、皱眉等),根据权重混合生成目标表情;②骨骼驱动表情:使用骨骼系统控制面部的各个部分,生成复杂的表情变化。

4. 语音合成技术

语音合成(text to speech,TTS)技术用于将文本转化为自然流畅的语音。主要方法包括:①基于拼接的语音合成:将预录的语音片段拼接在一起生成语音,音质较好,但灵活性较差;②参数化语音合成:使用声学模型合成语音,灵活性高,但音质可能不够自然;③基于深度学习的语音合成:如DeepMind的WaveNet模型,通过神经网络生成高质量的语音,既具有自然的音质,又具有较高的灵活性。

在深入探讨了GAI的核心技术之后,我们已经了解了这些技术如何拓展人工智能生成内容的边界并展现其潜力。在实际应用中,GAI在医疗、教育、娱乐、金融等多个行业中发挥了强大的变革力量,不仅提升了效率和效果,还创造了全新的商业模式并优化了用户体验,实现了技术与实践的深度融合。

7.3　国内大模型简介及应用

7.3.1　国内典型大模型介绍

大模型(也称为大语言模型,简称LLM)是一种人工智能技术,通过在海量文本数据上训练,能够理解和生成类似人类的语言,可以回答问题、写文章甚至生成创意内容。国内大模型近年来发展迅猛,主要分为通用型大模型和垂直型大模型两类。

通用大模型具备广泛的任务处理能力,覆盖文本生成、问答、翻译、代码编写等场景,通常基于多领域的海量数据训练。国内常见的通用大模型有文心一言、Kimi、豆包、DeepSeek、通义千问等。百度文心一言(ERNIE Bot)是由百度开发的通用型大模型,深度融合知识图谱与多模态能力,在中文语境理解、诗歌生成及多任务处理上表现卓越,广泛应用于智能搜索、企业服务和创意内容生成。2024年升级至 ERNIE 4.0 版本,显著提升推理效率和扩展上下文,进一步提升行业定制能力。文心一言的对话窗口如图 7-9 所示。

图 7-9　文心一言的对话窗口

Kimi 大模型专注于长文本处理,由 Moonshot AI 研发,以支持 20 万字超长上下文窗口为核心突破,采用稀疏注意力技术优化效率。该模型擅长法律合同分析、学术论文总结及长篇小说创作,凭借轻量化设计和开源友好特性,快速落地企业知识库管理及办公协作场景。2024 年推出的 Kimi＋版本新增多模态文件解析功能,进一步拓展在跨格式长文档处理中的实用性。Kimi 的对话窗口如图 7-10 所示。

图 7-10　Kimi 的对话窗口

豆包大模型是字节跳动推出的轻量化通用模型,覆盖 7B 至千亿级参数,采用混合专家系统(MoE)实现高效计算资源分配。其训练数据融合短视频文本与用户评论,语言风格贴近年轻群体,主要应用于抖音视频脚本生成、社交互动话术优化及移动端低延迟服务。凭借商业化成熟度与低门槛特性,豆包通过开放 API 加速赋能中小开发者,2024 年迭代的 Pro 版本强化多语言支持,覆盖超 50 种语种翻译需求。豆包的对话窗口如图 7-11 所示。

图 7-11　豆包的对话窗口

DeepSeek 大模型由深度求索公司打造,兼具通用与垂直领域能力,其通用模型以突出的数学与代码性能著称,垂直模型如华佗 GPT 专注医疗诊断。该模型依托科学论文与代码数据训练,在科研辅助、编程开发及专业场景中展现高精度,并以全栈开源策略降低技术门槛。2024 年发布的 DeepSeek v2 版本大幅降低推理成本,扩展上下文至 128k,通过与高校及企业合作深化教育、医疗等行业的数字化转型。DeepSeek 的对话窗口如图 7-12 所示。

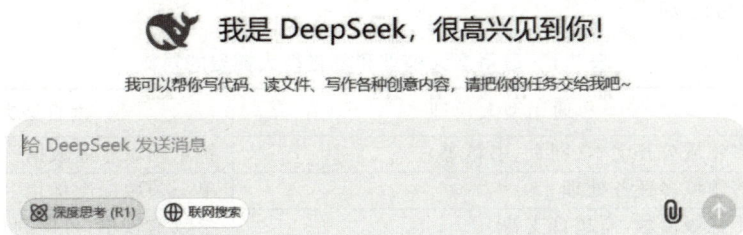

图 7-12　DeepSeek 的对话窗口

通义千问(Qwen)大模型是阿里巴巴集团自主研发的超大规模语言模型,具备强大的多语言理解和生成能力,能够支持多种任务需求,如文本创作、对话交互、逻辑推理和编程辅助等。该模型在训练过程中融入了丰富的知识体系和广泛的语料数据,展现出高精度的回答能力和流畅自然的语言表达能力。同时,模型注重隐私保护和内容安全性,旨在为用户提供高效、可靠的服务体验,助力解决实际问题并提升工作效率。通义千问的对话窗口如图 7-13 所示。

图 7-13　通义千问的对话窗口

在通用大模型之外,面向行业场景的垂直大模型也得到充分发展。垂直大模型依赖领域数据和知识库,在专业场景中表现更精准。垂直大模型广泛应用于医疗、金融、教育、零售、制造、能源、法律、农业、交通等各个行业,通过深度结合领域专业知识和数据,提供精准化、智能化的解决方案。

幂律智能推出的·ChatLaw 是法律行业的垂直大模型,集成超千万份法律条文、判例及合同模板,通过自然语言处理解析法律术语与风险评估。该模型专攻合同审查、纠纷咨询等场景,支持条款合规性自动校验与风险点标注,为律师与企业法务提供决策支持。百度推出的轩辕大模型专注金融风控与投资决策,依托度小满海量信贷数据与宏观经济指标训练,强化时序数据分析与市场预测能力。其核心应用包括企业财报自动分析、信贷风险评估及量化策略生成。科大讯飞推出的教育版星火大模型针对教学场景优化,融合学科知识图谱与多模态交互,支持智能出题、作文批改及个性化学习路径规划。该模型通过口语评测技术实现语言类科目自动评分,并基于用户错题数据推荐强化练习。

通用型大模型与垂直型大模型在技术和应用上既有共性,也有显著区别。共性方面,二者均基于 Transformer 架构,依赖预训练加微调的训练范式,需大规模算力(如 GPU 集群)支持,且都具备自然语言理解与生成能力。区别在于,通用型大模型以多领域公开文本(如网页、书籍)为数据源,参数规模达千亿级,需超算支持,擅长跨领域多任务处理,泛化能力强,适用于客服、写作等广泛场景。而垂直型大模型聚焦特定领域专业数据,参数量较小,可定制化部署,针对单一领域深度优化,专业精度和可靠性更高,适用于医疗、法律等专业场景。两者各有优势,通用模型灵活多变,垂直模型精深可靠,满足不同需求。表 7-1 列出通用型大模型和垂直型大模型之间的共性与区别。

表 7-1 通用型大模型和垂直型大模型的对比

维 度	通用型大模型	垂直型大模型
数据来源	多领域公开文本(网页、书籍等)	特定领域专业数据
任务范围	跨领域多任务处理	单一领域深度优化
计算资源	千亿级参数,需超算支持	参数量较小,可定制化部署
应用场景	广泛(如客服、写作)	专业场景(如医疗、法律)
优势	泛化能力强,灵活性高	专业精度高,可靠性强
共同点	基于 Transformer 架构,依赖预训练＋微调范式。 需大规模算力(如 GPU 集群)支持训练。 支持自然语言理解与生成	

7.3.2 大模型的使用案例

大模型能够理解和生成类似人类的文本,执行各种任务,如回答问题、撰写文章、翻译语言等。对于大学新生,这些模型可以成为学习、研究和创意活动中的宝贵工具。基于现有案例,详细探讨大模型在语言学习、研究辅助和创意写作中的具体应用,旨在为用户提供实用指导。

1. 语言学习的互动式导师

大模型在语言学习中的应用尤为出色,能够高效赋能语言学习。用户可以通过与模型进行模拟对话来练习口语和听力技能。模型可以扮演母语者的角色,与用户进行交流,并在用户犯错时给予纠正和解释。例如,用户可以说:"让我们模拟一个关于点餐的英语对话。"模型会回应:"好的,你先开始。"如果用户说错,模型会指出,如"'I want'应为'I would like'更礼貌",并解释原因。大模型辅助语言学习如图 7-14 所示。

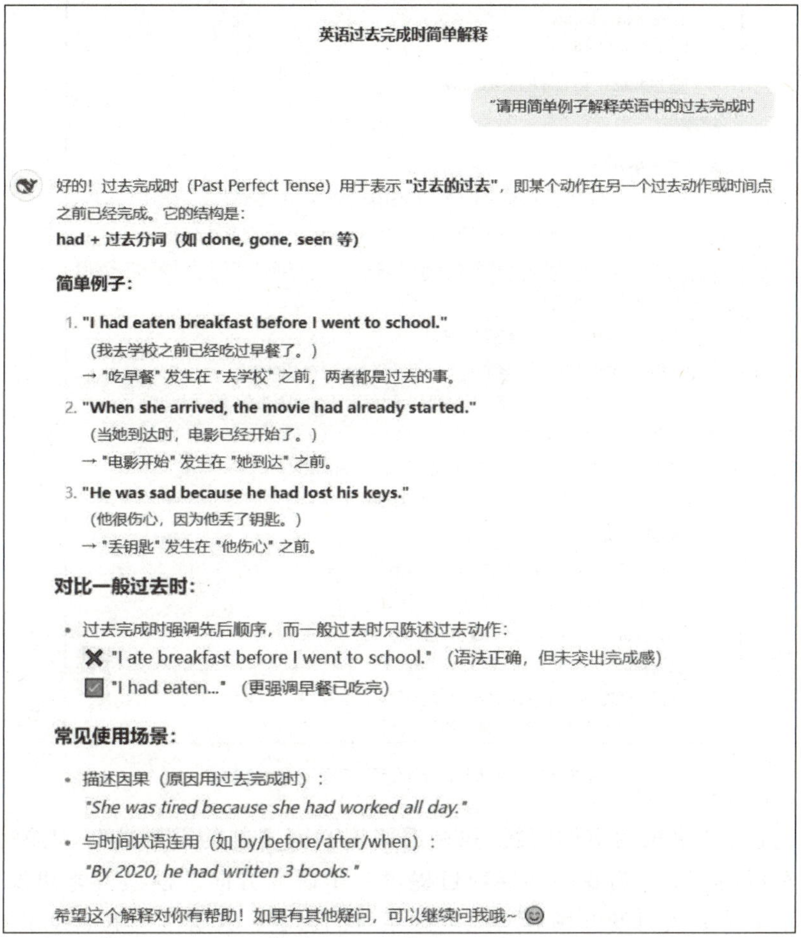

图 7-14　大模型辅助语言学习

　　解释语法:当用户对某个语法点感到困惑时,可以向模型寻求帮助。案例中提到:"请用简单例子解释英语中的过去完成时。"模型会提供清晰的解释,如"过去完成时用于描述在过去某个动作之前已经完成的动作。例如,I had finished my homework before I went to bed. 这里,完成作业发生在睡觉之前。"这种解释简洁易懂,帮助用户快速掌握难点。

　　生成练习题:大模型还能根据用户的水平生成定制化的练习题,用户填写后可请求答案和解析。大模型辅助语言学习习题解析如图 7-15 所示。

2. 整理资料辅助研究

　　在学术研究和写作中,大模型能够高效的处理信息,赋能科学研究和工程应用。研究人员需要阅读大量文章、论文和书籍,需要大量积累才能获取感兴趣的信息,而在大模型辅助下可以快速提取关键信息。例如,研究人员可以在模型中输入"总结一篇关于人工智能伦理的文章的要点",同时上传几篇同主题论文。模型能够解析研究人员提供的材料,根据需求输出相关

过去完成时选择题

After they ___ dinner, they realized someone ___ the window.

A) had; broke

B) had had; had broken

C) have had; broke

D) had; had broke

☑ **正确答案：B) had had; had broken**

详细解析：

1. **句子结构分析**：
   - 这是一个包含两个动作的复合句，用"after"连接两个过去事件。
   - 主句"they realized..."使用了一般过去时(realized)，说明这是过去时间点。
   - "after"引导的从句动作发生在主句动作之前，即"过去的过去"，必须用过去完成时。
2. **第一个空"had had"**：
   - 第一个had是过去完成时的助动词
   - 第二个had是动词"have"的过去分词(吃晚餐=have dinner)
   - "had had dinner"构成过去完成时，表示"吃完晚餐"发生在"意识到"之前
3. **第二个空"had broken"**：
   - 窗户被打破发生在他们意识到之前，也是"过去的过去"
   - "had broken"是break的过去完成时被动式
4. **错误选项分析**：
   - A) 两个动词都只用一般过去时，无法体现动作先后
   - C) "have had"是现在完成时，时态错误
   - D) "had broke"语法错误(broke应为过去分词broken)
5. **翻译理解**：
   "在他们吃完晚餐后，他们发现有人早就打破了窗户。"
   两个"had"分别带出两个更早发生的动作。

图 7-15 大模型辅助语言学习题目解析

结果，如“文章讨论 AI 决策的道德问题，强调透明度和问责制的重要性”。大模型还可以提供研究选题建议和灵感，如：“为我的环保项目提供三个研究方向。”模型可能建议：城市环境中太阳能电池板的效率；风力发电场对当地生态系统的影响；电动汽车电池技术的进步。

研究人员可以将这些工具融入日常学习，以提升效率、深化理解并激发创造力。虽然大模型表现优异，但仍需结合用户的主动学习发挥作用。随着技术进步，大模型的应用场景有望进一步拓展，为科学研究和工程应用带来更多可能。

7.3.3 提示词工程

随着人工智能技术的飞速发展，大型语言模型等技术逐渐成熟并广泛应用于各种实际场景。这些模型能够处理和理解大量的数据，并根据输入的提示词生成相应的输出。模型的输出质量在很大程度上取决于输入的提示词设计是否合理。提示词(prompt)是用户输入给模型的指令或引导信息，用于明确任务目标、约束生成范围，并激发模型生成符合预期的输出，比如“写一篇文章”或“解释这个概念”。提示词工程是通过设计和优化输入提示，引导生成式 AI 模型输出更精准、更符合需求的结果的技术。目的是通过微调提示内容，减少模型偏见、提升生成质量，引导模型产生符合用户期望的输出。

提示词工程在提升模型性能、增强适应性和优化用户体验方面发挥着重要作用。通过精

心设计的提示词,可以精准引导模型理解任务目标,减少歧义,使模型输出更符合预期,提高文本生成等任务的质量和效果。此外,提示词工程能够帮助模型灵活适应不同用户和应用场景的需求,增强其通用性和灵活性,满足多样化的要求。同时,合理的提示词设计还能改善用户与模型之间的交互体验,让用户更自然地表达需求,模型更准确地回应,进而提升整体的使用满意度。

提示词工程是提升人工智能模型输出质量的关键技术,通过巧妙运用小技巧,用户可以更精准地引导模型满足需求。下面是几个实用的提示词优化技巧。

(1) 提供准确的用户需求,增强模型输出的实用性。当提示词过于宽泛时,模型可能无法准确把握用户的具体需求,导致输出内容过于笼统或与预期偏差较大。通过在提示词中加入具体的细节要求,如明确指出所需信息的具体方面,时间、地点、人物、事件等;而对于创作类任务,则需要指定具体的风格、格式、字数等要求,这可以显著提升模型输出的精准度和实用性。

提示词优化案例如表 7-2 所示。通过具体化需求、限定范围和加入特定元素等方式,优化后的提示词能够更精准地传达用户的意图,使模型的输出更加符合用户的期望,提升回答的质量和实用性。

表 7-2　提示词优化案例

场景分类	普通提示词	优化提示词	案例分析
语言学习	告诉我动词变位	用三个例子解释法语中动词的现在时变位	具体要求例子和时态,回答会更清晰实用
研究辅助	讲讲气候变化	总结气候变化对海洋生态的三大影响	限定主题和数量,回答更聚焦
创意写作	写首诗	假装你是李白,写一首关于月亮的五言诗	加入角色和风格,输出更有创意和个性

(2) 提供足够的上下文背景,增强生成内容的精准性。根据目标受众和使用场景,在提示词中添加背景描述,模型的输出风格和内容深度很大程度上取决于提示词中提供的上下文信息。通过为任务设定特定的背景或场景,明确要求模型采用相应的语言风格和表达方式,可以引导模型调整输出的语气、风格和复杂度,使其更贴合实际应用场景。

(3) 充分利用网络资源,增强提示词使用技巧。可以加入相关的人工智能社区、论坛或社交媒体群组,与其他用户交流经验并收集和整理优秀的提示词案例,建立自己的提示词库,以便在类似任务中快速调用。借助已有的资源和社区经验,可以快速提升提示词工程的效率和质量。互联网上有许多人工智能爱好者和专业人士分享的优秀提示词案例、技巧和工具,这些资源为提示词的设计和优化提供了丰富的参考。

7.4　GAI 的未来发展

随着技术迭代精进与应用深度拓展,GAI 正蓄势待发,预期将在更为宽广的领域施展其变革之力。这不仅要求我们不断优化算法架构与模型效能,还呼唤着更加健全的法律法规体系与伦理准则以保驾护航。同时,提升计算资源的配置效率,以及在跨领域中的广泛应用探索,也是推进 GAI 影响力边界的不可或缺之举。

1. 优化算法和模型

未来的学术和工业研究将集中于进一步优化生成模型的算法,以显著提升生成内容的质量和真实性,以及品质与逼真度,使其几乎难以与人类创作区分。这一进程将涉及多个层面的技术革新。首先,更复杂的语言模型将被引入,诸如改进版的 Transformer 架构,它们能够捕捉更深层次的语言结构和语境依赖,从而使生成的文本更为自然流畅,连贯性更强。其次,强化语义理解技术将成为关键,通过深度学习和自然语言处理的结合,系统将能更准确地把握文本的意义和情感色彩,生成富有表现力和感染力的内容。最后,多模态生成技术的融合将是另一个重要趋势,通过图像、文本、音频甚至视频的交互作用,GAI 技术将创造出跨越单一媒介的丰富表达,为用户带来全方位的感官体验,如图像—文本、音频—文本或视频—文本融合,将极大地丰富生成内容的形式,实现跨媒体的创造性表达。

2. 完善法律法规和伦理规范的全面布局

随着 GAI 技术的发展,法律法规和伦理规范也需要不断完善。具体而言,应细化相关法律法规,明确规定生成内容的版权归属问题。无论是由 AI 独立创作还是人机协作完成的作品,都应有清晰的法律界定,以确保创作者与使用者的合法权益得到充分保障。与此同时,制定与实施严格的伦理规范是确保 GAI 技术健康发展不可或缺的一环。构建全面而细致的伦理准则,监督和指导 GAI 系统的开发与应用,是维护社会公平正义的必要举措。这包括但不限于设立专门的审查机构,定期评估 AI 模型的公正性;开展算法透明度与可解释性的研究,使公众能够理解和信任 GAI 技术;加强跨学科合作,邀请伦理学家、社会学家、心理学家等专家共同参与伦理规范的制定,确保其全面性和前瞻性。

3. 提高计算资源利用效率

面对 GAI 技术对计算资源的庞大需求,优化计算效率和能源消耗成为不可忽视的任务。技术创新未来会从硬件与软件两个维度展开。在硬件层面,高性能计算芯片的研发将持续推进,如专为 AI 计算优化的 GPU 和 TPU,以及量子计算的探索,旨在提升计算速度和并行处理能力。在软件层面,分布式计算和边缘计算技术的应用将进一步增强系统的可扩展性和响应速度,实现资源的动态调配和高效利用。同时,算法层面的创新,如模型压缩、稀疏编码和自适应计算,将有助于降低运算复杂度,减少能源消耗,推动 GAI 技术向低碳环保的方向发展。

GAI 尽管面临内容质量、版权伦理和计算资源等诸多挑战,但其在提升内容创作效率、创新商业模式和推动科研进展等方面展现出巨大的潜力。通过不断优化算法、提高生成内容的质量和真实性、完善相关法律法规和伦理规范,以及提升计算资源的利用效率,GAI 有望在更广泛的领域中发挥越来越重要的作用,推动技术和社会的共同进步。随着这些挑战的逐步解决,GAI 将成为数字时代不可或缺的重要工具,带来前所未有的创新和变革。

GAI 作为人工智能领域的重要分支,正逐步革新我们的内容创作方式,并深刻影响我们的生活方式。通过对 GAI 的概念、发展历程、重要性与影响,以及其面临的挑战和未来发展的系统介绍,我们可以全面地理解这一技术的现状和未来趋势。GAI 技术不仅显著提升了内容创作的效率和质量,还开辟了全新的应用场景和商业模式,展现出重要的应用价值和广泛的影响。未来,随着技术的不断进步和应用的深入,GAI 有望在更广泛的领域发挥作用,为人类社会的发展和进步作出更大的贡献。通过不断优化算法、提升生成内容的质量和真实性,并完善相关的法律法规和伦理规范,GAI 将在提升内容创作效率、创新商业模式和推动科研进展等方面,发挥越来越重要的作用。

7.5　本章小结

生成式人工智能作为数字时代的核心驱动力,通过其独特的技术框架与广泛的应用场景,正在重塑社会经济格局。其核心技术包括变分自编码器(VAE)、生成对抗网络(GAN)、扩散模型和 Transformer 架构,分别通过概率建模捕捉数据分布、对抗学习提升生成质量、逐步噪声还原生成细节,以及注意力机制增强多模态表达能力,为文本、图像及跨模态内容生成提供了坚实保障。

在国内实践中,GAI 技术已实现广泛应用。文心一言和 DeepSeek 等通用大模型凭借跨领域数据训练,具备强大的多任务处理能力,广泛应用于客服、写作等场景;垂直模型则聚焦医疗、教育、金融等多个领域,通过专业数据优化,解决各领域的具体问题。提示词工程进一步优化了人机交互效率,使模型输出更精准。GAI 的快速发展也带来挑战,内容真实性、数据隐私等需要法律规范约束。

未来,GAI 的发展需在技术创新与社会责任间实现深度融合。通过技术创新与社会责任的协同推进,GAI 有望成为数字时代的重要驱动力,为人类社会创造更多可能性。

📖 延伸阅读

在生成式人工智能的技术领域,延伸阅读可以聚焦其核心技术的进阶机制与实际问题解决方案。例如,对于生成对抗网络(GAN),可以进一步研究如何通过改进训练稳定性解决模式崩溃问题(mode collapse),如引入谱归一化或对抗性损失改进;探索 GAN 在高分辨率图像生成中的表现,研究其如何在超分辨率重建或医学图像处理等领域实现实际应用。在扩散模型方面,可以深入探讨噪声分布与数据质量之间的权衡机制,研究如何通过调整扩散过程的时间步数或设计自适应噪声策略,提高生成内容的细节保真度。对于 Transformer 架构,重点研究其在多模态任务中的应用,如如何通过跨模态注意力机制实现文本与图像的深度耦合。

在应用层面,延伸阅读可以集中在特定领域的深度应用。例如,在广告行业,GAI 通过生成文案与视觉设计的协同,如何结合用户画像数据实现个性化创作。在医疗领域,可以研究 GAI 生成虚拟患者数据以辅助药物研发的实践,通过模拟不同人群特征的数据提高实验的泛化性和效率。延伸阅读还应关注 GAI 技术的伦理与法律问题。例如,在深度伪造内容的检测与治理中,研究如何通过逆向工程揭示生成模型的工作机制;在版权问题上,深入探讨生成内容的归属权划分与使用限制。这些具体问题不仅对技术开发者具有指导意义,也对政策制定者提供了重要参考。

🌀 课 后 习 题

1. 请简述 GAI 的定义及其与传统人工智能在应用方面的主要区别。

2. GAI 在教育和医疗领域有哪些典型应用？这些应用如何提升行业效率与创新水平？

3. GAI 未来在多模态生成、实时内容生成及隐私保护领域可能会有哪些发展方向？

4. 针对 GAI 生成的深度伪造（Deepfake）技术可能带来的社会伦理问题，请提出解决思路或监管建议。

5. 结合本章内容，从技术、应用和社会三个维度，对 GAI 的现状与未来发展进行全面评价。

第 8 章 模 式 识 别

教学导引
(1) 理解模式识别的基本概念。
(2) 回顾模式识别历史发展。
(3) 重点学习模式识别核心技术。
(4) 思考模式识别未来发展。

内容脉络

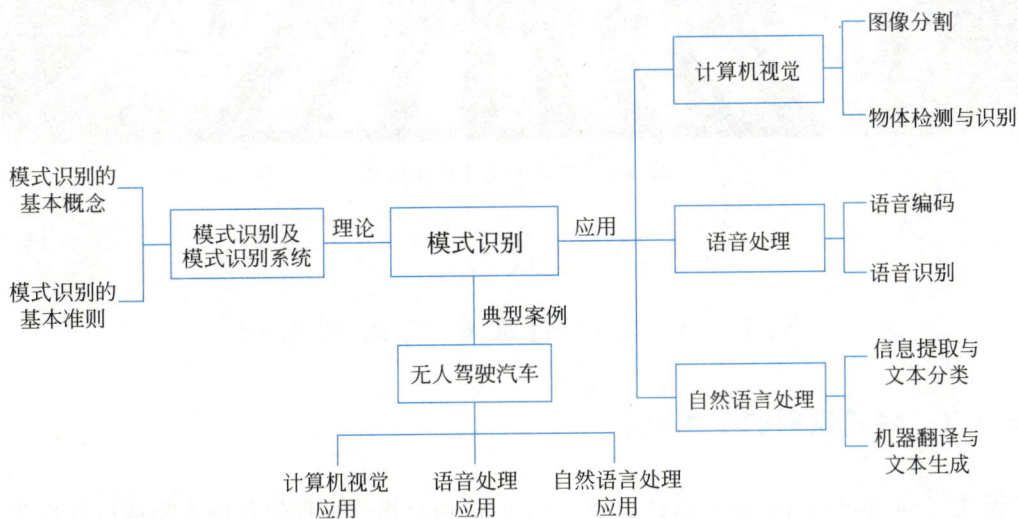

内容概要

模式识别作为现代信息科学的重要分支,结合了数学、统计学、信号处理和计算机科学等多个领域的知识,致力于从复杂数据中提取有意义的模式和规律。自20世纪50年代以来,随着计算机硬件和算法的进步,模式识别技术逐渐从理论研究走向实际应用,广泛应用于人工智能、大数据分析、医学影像、自动驾驶等多个前沿领域。本章介绍了模式识别的基本概念、历史发展和应用领域。

场景引入:你走在城市的街道上,一辆自动驾驶汽车正在通过各种传感器和模式识别技术协同工作,确保它的每个驾驶决策都是安全可靠的。摄像头在实时捕捉交通信号、行人和其他车辆的动态,激光雷达和超声波传感器也在感知周围的距离和物体的位置。这些数据会被模式识别算法迅速分析和理解。基于这些信息，自动驾驶汽车能够快速判断行人是否要过马路、其他车辆会往哪儿走，以及交通信号的变化，从而作出及时而安全的决策，避免潜在的危险。这一切都依赖同一项核心技术——模式识别（见图 8-1）。本章将带你深入了解模式识别的世界，从基本概念到实际应用，看看这项技术如何在我们的生活中扮演不可或缺的角色，成为智能时代的重要基石。

图 8-1　模式识别与自动驾驶

8.1　模式识别及模式识别系统

8.1.1　模式识别的基本概念

"模式"一词的英文 pattern 源自法语 patron，最初是指一种理想化的人物或可以作为复制标准的完美样本。在生物体，包括人类在内的智能活动中，模式识别是一项基本能力。模式识别的研究主要聚焦认知模式识别和计算机模式识别两个方面。

1. 认知模式识别

认知模式识别是认知心理学研究领域中的核心问题之一，它是人的一种基本的认知能力或智能，在人的各种活动中都有重要的作用。在认知心理学中，匹配过程可以采用模板匹配理论、原型匹配理论、特征匹配理论和结构优势描述理论来实现。

（1）模板匹配理论是模式识别的基本理论，它认为大脑中的长时记忆存储了各种与外部模式相对应的模板。当外部刺激作用于感觉器官时，刺激信息会与大脑中的模板进行比较，以找到最匹配的模板，从而完成模式识别。如果匹配成功，刺激信息就会被识别为该模板，否则无法被辨认。

（2）原型匹配理论是对模板匹配理论的改进,认为大脑中存储的是事物的抽象"原型",而非具体的模板。原型代表一类事物的关键特征,不要求与外部刺激严格匹配,只需近似匹配即可。当外部刺激与某个原型匹配后,就能被识别为该原型的范畴。

（3）特征匹配理论认为,模式在长时记忆中存储的是其基本特征和属性,而不是具体的模板或原型。模式由多个元素或特征组合而成,因此识别一个模式就是分析其基本特征。模式识别过程通过分析外部刺激的特征,并与长时记忆中存储的模式进行比较,从而确定最佳匹配。

（4）结构优势描述理论认为,人的经验在刺激信息的知觉过程中起着重要作用。马尔和比德曼提出的"马尔计算理论"强调结构描述,关注刺激信息中的关键部分。但该理论忽视了情境信息对知觉的影响,同时在模式识别的精细区分上仍存在争议。

2. 计算机模式识别

早期的计算机模式识别研究主要集中在模型的建立上。20 世纪 50 年代末,罗森布拉特(F. Rosenblatt)提出了感知机模型,这是一种简化的模拟人脑进行识别的数学模型,它能够通过样本训练使系统具备对未知类别进行正确分类的能力。20 世纪 60 年代,统计决策理论在模式识别中的应用迅速发展。20 世纪 70 年代,关于统计模式识别理论和方法的专著相继出版。1962 年,纳拉西曼(R. Narasimahan)提出了基于基元关系的句法识别方法,傅京孙等学者在这一领域作出了重要贡献,形成了句法模式识别的系统理论。20 世纪 80 年代,约翰·J.霍普菲尔德(J. J. Hopfield)揭示了人工神经网络的联想存储和计算能力,为模式识别提供了新的思路,人工神经网络算法在短短几年内取得了显著成果,成为模式识别的重要技术之一。

一个完整的计算机模式识别系统不仅包括分类识别过程,还需具备学习过程。图 8-2 展示了模式识别系统的原理框图,虚线的上部是分类识别过程,虚线的下部是学习过程。学习阶段通过特征选择来发现分类规律,分类识别阶段则根据规律对未知样本进行分类。系统的主要环节包括数据采集与预处理、特征提取与选择、学习训练和分类识别。在模式识别系统的学习阶段,需要在样本集上进行训练。选取训练集时需注意:样本数量应为特征维数的 10 倍,分类器的未知参数不能过多和避免分类器过度训练。

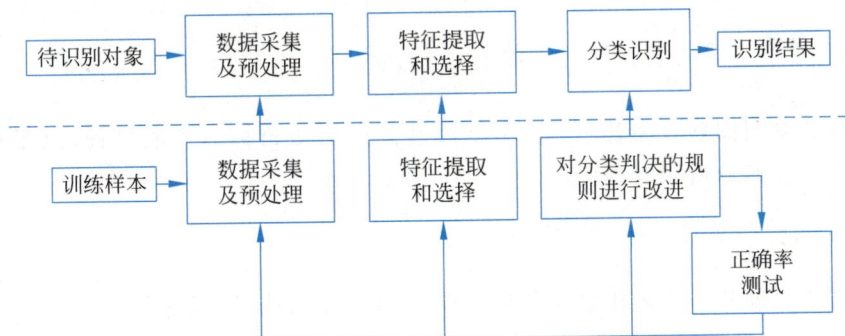

图 8-2　模式识别系统的原理框图

8.1.2　模式识别的基本准则

尽管计算机模式识别已经取得了显著成就,但在实际研究和应用中,人们逐渐意识到其仍存在许多限制和需要遵循的准则。以下是一些已广泛认可的基本准则。

1. 奥卡姆剃刀原理

奥卡姆剃刀原理由 14 世纪逻辑学家奥卡姆的威廉提出,简而言之,即"如无必要,勿增实体"。该原理提倡在多种等价方案中选择最简单的模型或假设,避免引入不必要的复杂性。对于模式识别算法而言,并非越复杂的算法越有效,有时简单的算法也能达到较好的效果。

2. 没有免费的午餐定理

1997 年,沃尔伯特和麦克雷迪提出了没有免费的午餐定理(no free lunch,NFL)。该定理指出,没有最好的算法,每种算法都有优缺点。简而言之,对于所有问题,任意两种算法在不同问题上的表现总是相互补偿,即它们的平均表现是相同的。该定理还表明,任何分类算法都不一定比线性列举或纯随机搜索更优。

3. 丑小鸭定理

20 世纪 60 年代,模式识别的先驱之一、美籍日本学者渡边慧提出丑小鸭定理。该定理指出,分类标准是主观的,并不存在客观的标准。他认为,如果对象通过一组原子性质来描述,并利用这些性质的所有组合来训练模式识别系统,由于所有原子性质的初始权重相同,训练集没有实际意义。

8.2 模式识别应用——计算机视觉

随着技术的进步,计算机视觉已成为一个成熟且广泛应用的领域,涵盖了图像特征提取、图像分割、物体检测与识别、运动分析、立体视觉、图像理解与场景分析等多个方面。本节将详细介绍图像分割、物体检测与识别,探讨其原理、实现技术及应用。

8.2.1 图像分割

图像分割是将图像划分为若干具有相似属性的区域或目标对象的过程,以便对这些区域或对象进行进一步的分析和处理。

1. 区域分割

区域分割是一种基于像素相似性和连通性的图像分割技术,通过将图像划分为若干连通的区域,每个区域内部的像素具有相似的属性(如灰度、颜色、纹理等),而不同区域之间的像素属性差异较大。常用的区域分割方法包括区域生长、区域合并和区域分裂—合并等。

(1)区域生长是一种基于像素相似性的图像分割方法,通过从初始种子点开始,将与种子点相似的像素逐步加入区域,最终形成完整的分割区域。其基本原理是从一个或多个种子点开始,根据像素间的相似性标准(如灰度值、颜色、纹理等),递归地将相似的相邻像素合并到当前区域中,直到没有更多的像素满足相似性条件。

（2）区域合并是一种自底向上的图像分割方法,通过逐步合并相邻或相似的小区域来形成较大的分割区域,实现图像的有效分割。其基本原理是先将图像初始化为许多小区域,通常可以是单个像素或者通过预处理得到的初始超像素,然后根据相似性准则对这些小区域进行两两比较,如果相邻区域之间的特征差异小于设定的阈值,则将它们合并成一个更大的区域。相似性准则可以根据灰度值、颜色、纹理等特征来定义,如使用区域的平均灰度值或颜色值来判断相似性。

（3）区域分裂—合并方法是一种自顶向下与自底向上相结合的图像分割方法,通过将图像分裂成多个小区域,再根据相似性准则逐步合并相邻的相似区域,从而实现图像的有效分割。其基本原理是先将图像视为一个整体,然后递归地将不满足相似性准则的区域分裂为更小的子区域,通常采用四叉树结构进行分裂,即每次将区域分成四个相等的子区域。这个过程持续进行,直到所有子区域均满足相似性准则或达到最小区域大小为止。

2. 深度学习方法

目前,常用的深度学习方法主要包括 U-Net、DeepLab 系列和 Mask R-CNN 等。这些方法利用深度学习模型的强大特征提取和表示能力,显著提高了图像分割的精度和效率。

（1）U-Net 是一种用于图像分割的卷积神经网络(convolutional neural network,CNN)架构,由奥拉夫·伦内伯格(Olaf Ronneberger)等人于 2015 年提出,最初用于生物医学图像分割。U-Net 的网络结构(见图 8-3)呈 U 形,分为编码器和解码器两部分,且通过跳跃连接将相同分辨率的编码器特征图直接传递给解码器,相当于为网络提供了更多的细节信息,增强了网络的特征提取能力和梯度传递。编码器部分类似传统的卷积神经网络(如 VGG 网络),由多个卷积层和池化层组成,作用是逐步提取图像的局部特征并通过池化减小特征图的空间维度。每个卷积块包含两次 3×3 卷积操作,并使用 ReLU 激活函数。在每个卷积块后,使用最大池化层进行下采样,将特征图空间维度减半。解码器部分通过上采样操作逐步恢复图像的空间分辨率,生成最终的分割结果。解码器使用转置卷积进行上采样,增加特征图的空间维度,并

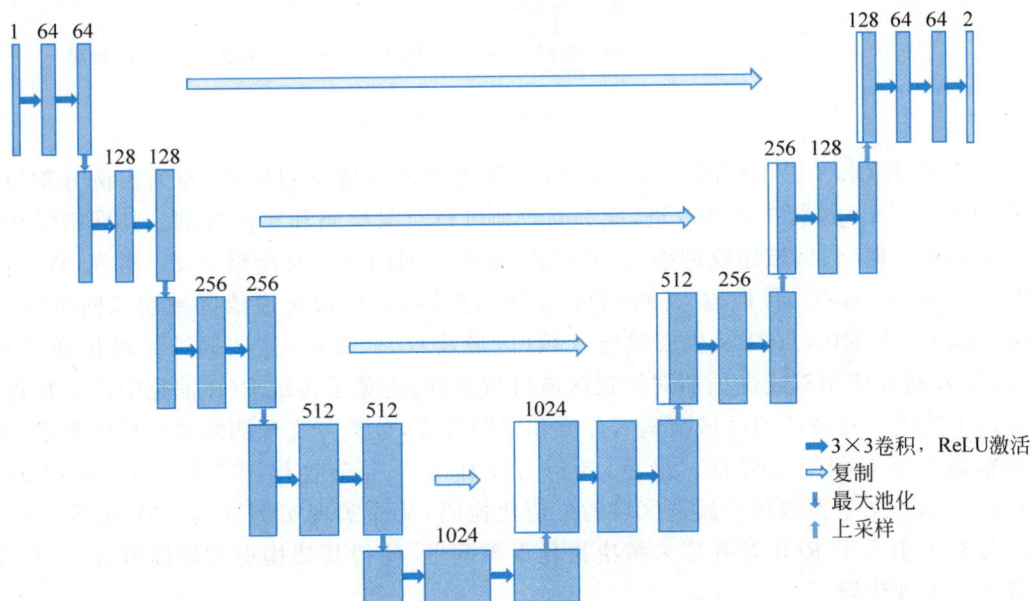

图 8-3　U-Net 的网络结构

结合跳跃连接的特征对上采样后的特征图进行细化处理,逐步恢复原始图像的结构信息。跳跃连接是 U-Net 的一个重要特性,它通过将编码器和解码器中相同分辨率的特征图拼接在一起,帮助解码器保留细节特征,从而提高分割精度。

(2) DeepLab 系列是由谷歌研究团队提出的一系列图像语义分割模型,旨在提高分割精度并处理多尺度信息。其核心技术包括空洞卷积(atrous convolution)和空洞空间金字塔池化(atrous spatial pyramid pooling,ASPP)。DeepLabv1 引入空洞卷积,通过在卷积核之间插入空洞扩大感受野,而不增加计算量,能捕捉更多的上下文信息。DeepLabv2 在此基础上加入了ASPP 模块,使用不同空洞率的空洞卷积并行处理输入特征图,从多个尺度提取特征,增强了多尺度上下文信息的处理能力。DeepLabv3(见图 8-4)则在 ASPP 的基础上采用了残差网络作为主干网络,提升了特征提取能力,并通过结合多尺度空洞卷积与全局平均池化,进一步增强了多尺度信息的处理。此外,DeepLabv3 增加了批量归一化,加速了模型收敛并提高了稳定性。DeepLabv3+在 DeepLabv3 的基础上融合了编码器-解码器结构,采用 Xception 模型作为编码器,通过深度可分离卷积减少计算量,同时保持高效的特征提取能力。解码器部分使用逐像素反卷积操作,并将高层特征与低层特征融合,以恢复更加精细的分割边界。

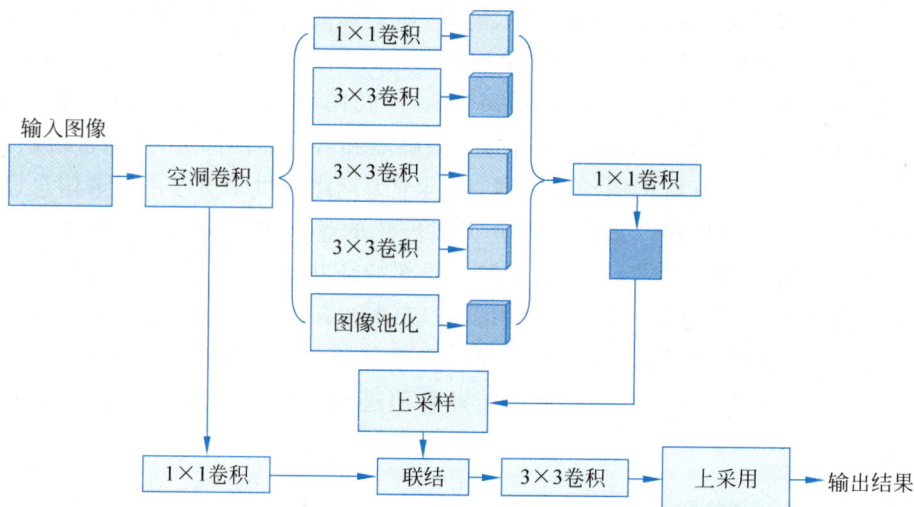

图 8-4　DeepLabv3 的网络结构

(3) Mask R-CNN 是由何凯明等人于 2017 年提出的深度学习模型,专为实例分割设计,基于 Faster R-CNN 进行扩展和改进,能够高效地进行对象检测和实例分割。其网络结构(见图 8-5)包括骨干网络、区域建议网络、区域对齐、分类与回归分支及掩码分支。首先,骨干网络(如 ResNet 或 ResNeXt)提取输入图像的特征图,这些特征图被传递给区域建议网络(region proposal network,RPN),RPN 生成候选区域(区域建议)。其次,这些候选区域传递到 ROI 对齐层,ROI 对齐使用双线性插值对候选区域进行对齐,避免了传统 ROI 池化中的量化误差,从而提高了精度。对齐后的区域被输入分类和回归分支,分类分支预测候选区域的类别,回归分支则精确定位对象的边界框。最后,掩码分支作为一个全卷积网络(fully convolutional network,FCN),用于预测每个候选区域的二值化掩码,从而实现实例分割。Mask R-CNN 的创新之处在于引入了 ROI 对齐层来解决量化误差问题,使得其架构更加简捷有效,且在实例分割任务中表现优异。

图 8-5　Mask R-CNN 的网络结构

8.2.2　物体检测与识别

物体检测与识别是计算机视觉中的主要任务之一,旨在识别图像或视频中的物体类别并确定其在图像中的位置。深度学习在物体检测与识别中取得了显著成果,其利用 CNN 模型自动学习图像的特征表示,实现高精度的物体检测与识别。目前,常用的深度学习方法包括区域卷积神经网络(region-based convolutional neural networks,R-CNN)、YOLO 和 SSD 等。

1. R-CNN

R-CNN(见图 8-6)是一种用于目标检测的深度学习模型,由罗斯·吉尔西克(Ross Girshick)等人在 2014 年提出,是目标检测领域的开创性工作。R-CNN 的基本思想是通过选择性搜索算法生成候选区域,然后将这些候选区域分别输入卷积神经网络 CNN 中提取特征,最后使用支持向量机进行目标分类。具体来说,R-CNN 先对输入图像进行选择性搜索以生成大约 2000 个候选区域,每个候选区域都可能包含一个目标对象。这些候选区域被裁剪并调整为固定大小(如 224×224 像素),以便 CNN 处理。然后,预训练的 CNN(如 AlexNet)用于提取每个候选区域的特征。提取的特征向量被输入多个 SVM 分类器中,以确定候选区域属于哪一个目标类别,并使用线性回归器对候选区域的边界框进行精细调整。

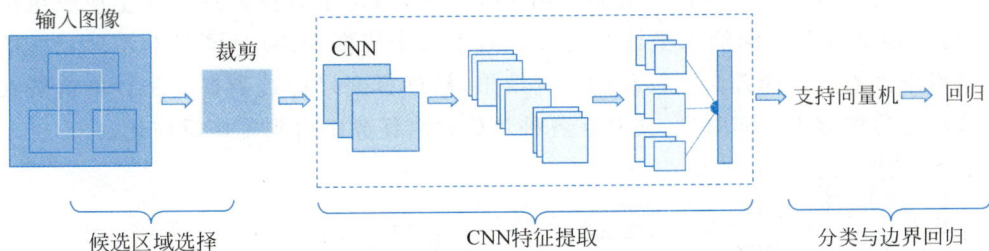

图 8-6　R-CNN 的网络结构

2. YOLO

YOLO(见图 8-7)是一种实时目标检测系统,由约瑟夫·雷德蒙(Joseph Redmon)等人于 2016 年提出,其核心思想是将目标检测任务视为回归问题,通过一次前向传递完成图像中的对象定位和分类。YOLO 将输入图像划分为 $S×S$ 的网格,每个网格预测多个边界框和类别概率分布。每个边界框包括位置坐标(x,y,w,h)、置信度和类别概率。YOLO 的优势在于其高速性和端到端的训练方式。通过单次前向传递,YOLO 能够实时检测,在典型硬件上每秒处理数十帧图像。其全卷积网络架构不仅保持了计算效率,还能够提取多尺度特征,检测不同尺寸的对象。YOLO 设计简洁,不需要候选区域生成步骤,使其实现和部署更为简便。YOLO 因其高效性和广泛应用,成为目标检测领域的重要方法,广泛用于自动驾驶、安防监控和智能视频分析等实时场景。

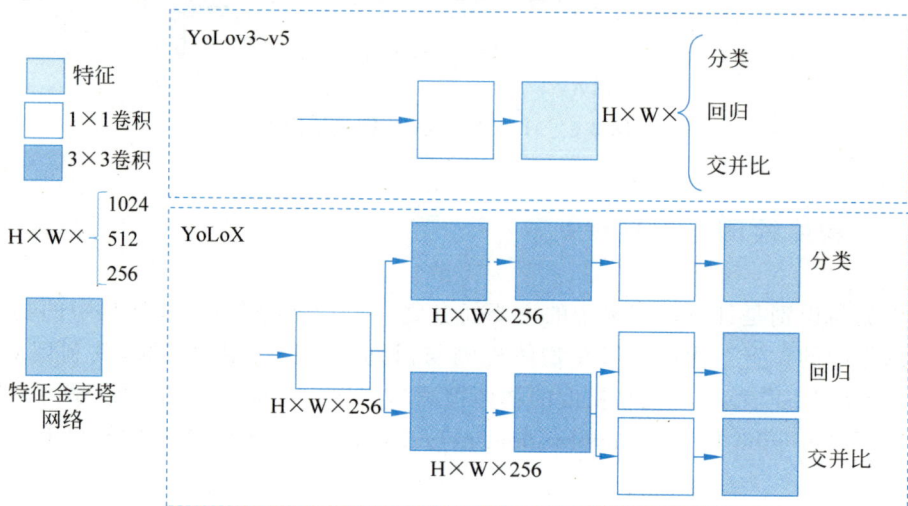

图 8-7　YOLO 的网络结构

3. SSD

SSD(见图 8-8)是一种目标检测深度学习模型,由刘伟(Wei Liu)等人于 2016 年提出,旨在通过单次前向传递实现实时目标检测。SSD 的核心思想是同时预测多个类别的目标边界框和类别概率。其架构结合了卷积神经网络用于特征提取,并通过多个预测层进行目标检测。在 SSD 中,主干网络(如 VGG-16)后添加了多个卷积层,逐层提取不同尺度的特征图。在每个尺度的特征图上,SSD 通过卷积操作直接预测一组固定大小的边界框和类别概率,从而能够检测不同大小的目标。SSD 的预测机制采用多框检测,即每个特征图的单元生成一组预定义的锚框,这些锚框具有不同的纵横比和尺度。对于每个锚框,SSD 预测其与实际目标的偏移量及类别概率。通过选择置信度较高的预测结果,最终得到目标检测框。SSD 的优势在于其高效的多尺度检测能力和实时性,使其在各种目标检测任务中得到了广泛应用。

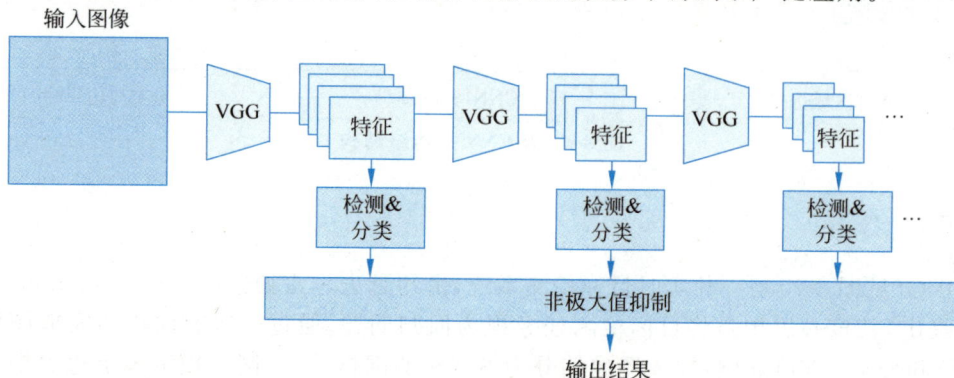

图 8-8　SSD 的网络结构

8.3　模式识别应用——语音处理

语音识别的主要方法涵盖了从基本信号处理技术到复杂的深度学习模型的广泛领域。这些方法包括语音编码、语音增强、语音识别、语音合成。本节将详细介绍语音编码和语音识别，探讨其原理、实现技术和应用。

8.3.1　语音编码

语音编码技术旨在以较低的比特率高效地表示语音信号，同时保持尽可能高的语音质量。常见的语音编码技术包括波形编码和参数编码。

1. 波形编码

波形编码技术直接对语音信号的波形进行编码，保留语音信号的细节和特征。波形编码技术在低噪声环境下表现良好，常用于较高比特率的应用场景。波形编码技术包括脉冲编码调制（pulse code modulation，PCM）和差分脉冲编码调制（differential pulse code modulation，DPCM）。

（1）PCM 是最简单的波形编码方法，它通过对语音信号进行采样、量化和编码来实现语音编码。它将连续时间的语音信号按照固定的时间间隔进行采样，从而得到离散时间的信号。采样的过程是在时间上将连续的语音信号分成许多等间隔的点，每个点的值代表在该时间间隔内语音信号的幅度。量化是将离散时间信号的每个取样值映射到一个离散的量化级别上，以得到量化后的信号。量化的过程是将每个采样点的幅值转换成最接近的离散值，从而减少表示幅值所需的位数。编码是将量化后的值转换为二进制表示，以得到数字信号。编码的过程是将每个量化后的幅值转换成一个固定长度的二进制数，以便存储和传输。PCM 技术在高比特率下可以提供很高的语音质量，但其压缩效率较低。

（2）DPCM 通过对相邻采样点的差值进行编码，以减少冗余数据，提高编码效率。具体过程如下。首先，计算当前采样点和前一个采样点的差值。由于语音信号在相邻采样点之间的变化通常较小，因此差分信号的幅值通常比原始信号的幅值要小。其次，将差分信号进行量化，得到量化后的差分信号。由于差分信号的幅值较小，量化后的差分信号可以用更少的位数表示。最后，将量化后的差分信号转换为二进制表示，得到数字信号。编码的过程类似于PCM，将每个量化后的差分信号转换成一个固定长度的二进制数。DPCM 技术通过编码差分信号，可以减少编码所需的比特数，进而提高编码效率。DPCM 在语音压缩和传输中具有重要应用。

2. 参数编码

参数编码技术通过对语音信号的声学参数进行分析和编码，适用于低比特率应用。参数编码技术能够在保持语音清晰度的同时显著降低比特率。常见的参数编码技术包括线性预测编码（linear predictive coding，LPC）和码激励线性预测编码（code-excited linear prediction，

CELP)。

（1）LPC利用当前语音信号的线性组合来预测未来的语音信号值。它通过线性预测模型对语音信号进行分析和压缩，能够有效地捕捉语音信号的短时相关性，降低数据冗余，从而实现高效的语音编码和语音合成。LPC的基本原理可以用以下公式表示：

$$s(n) = -\sum_{k=1}^{p} a_k s(n-k) + e(n) \tag{8-1}$$

式中，$s(n)$表示当前的语音信号样本，a_k是预测系数，p是预测阶数，$e(n)$是预测误差（即激励信号）。通过求解一组最佳的预测系数，可以最小化预测误差。

（2）CELP结合线性预测编码和码本搜索技术，通过优化激励信号来实现高质量的语音压缩和合成。它通过分析和合成两个主要步骤，对语音信号进行编码和解码。在分析阶段，先对语音信号进行预处理，包括预加重、分帧和加窗。预加重是通过高通滤波器增强高频成分，通常公式为

$$s'(n) = s(n) - \alpha s(n-1) \tag{8-2}$$

式中，α是预加重系数，通常取值在0.9左右。然后，将预处理后的语音信号分割成短时帧（通常每帧20~30毫秒），并对每帧信号加上窗函数（如汉明窗），以减少频谱泄漏。接着，通过自相关分析和Levinson-Durbin递归算法，先计算线性预测系数，用以构建全极点滤波器，描述语音信号的短时谱特性。最后，语音信号通过LPC滤波器得到预测误差信号。

8.3.2 语音识别

语音识别技术旨在将语音信号转换为相应的文本。现代语音识别技术通常包括解码与搜索算法及端到端语音识别。

1. 解码与搜索算法

解码与搜索算法是从声学模型生成的概率分布中找到最可能的词序列。这些算法需要有效地处理大量的候选词序列，考虑词之间的上下文关系，并在合理的时间内完成搜索。主要的解码与搜索算法包括维特比算法（viterbi algorithm）、前向—后向算法（forward-backward algorithm）、束搜索（beam search）和时间延展搜索（time-synchronous search）。

（1）维特比算法是基于动态规划的最短路径搜索算法，广泛用于隐马尔可夫模型（hidden markov model，HMM）的解码。该算法通过构建一个动态规划表，逐步计算每个时间步的最佳路径及其概率。具体来说，维特比算法在每个时间步记录每个状态的最优前驱状态及其对应的累积概率，最终通过回溯找到最优路径。维特比算法的时间复杂度为$O(N^2 T)$，其中，N是状态数，T是时间步数，适用于中小规模的HMM解码。

（2）前向—后向算法是基于HMM的一种解码方法，但它主要用于计算给定观察序列的模型参数和概率分布。前向—后向算法通过计算前向概率（从初始状态到当前状态的概率）和后向概率（从当前状态到终止状态的概率），然后结合这两个概率计算每个状态的后验概率。该算法在模型训练和参数估计中广泛应用，特别是在最大期望算法中。

（3）束搜索是一种启发式搜索算法，广泛应用于语音识别和自然语言处理等领域。束搜索在每个时间步只保留概率最高的K个候选路径（称为束宽），从而避免了维特比算法中计算和存储所有路径的高复杂度。束搜索通过在每个时间步剪枝不太可能的路径，有效地减少了

计算量。具体来说,束搜索在扩展每个时间步的候选路径时,只保留那些累积概率在当前最高概率的 K 倍范围内的路径,这样可以显著提高搜索效率。

（4）时间延展搜索 TSS 是一种在时间步同步进行的搜索算法,适用于连续语音识别。TSS 在每个时间步扩展所有可能的词边界,通过动态规划,记录每个时间步的最佳词边界和累积概率。TSS 结合了束搜索和维特比算法的优点,通过剪枝减少计算复杂度,同时保证了搜索的全局最优性。

2. 端到端语音识别

端到端语音识别通过直接将输入的语音信号映射到输出的文本,简化了传统语音识别系统的结构,常用的方法包括序列到序列（sequence-to-sequence,Seq2Seq）。Seq2Seq 方法是一种创新的语音识别技术,通过直接将输入的语音信号映射为输出的文本序列,简化了传统语音识别系统的架构,取消了需要单独的声学模型、语言模型和解码器的步骤。Seq2Seq 方法利用深度学习模型,尤其是基于递归神经网络（recurrent neural network,RNN）、CNN 和 Transformer 架构,来实现端到端的训练和推理。主要的 Seq2Seq 方法包括基于 RNN 的编码器—解码器模型、带有注意力机制的 Seq2Seq 模型及基于 Transformer 的模型。

基于 RNN 的编码器—解码器模型是最早应用于 Seq2Seq 语音识别的架构之一。在这种模型中,编码器接收输入的语音信号（通常是经过特征提取后的 Mel 频率倒谱系数）,通过一系列 RNN 层,如长短期记忆网络（long short-term memory network,LSTMN）或门控循环单元（gated recurrent unit,GRU）,将输入序列编码为固定长度的上下文向量。解码器则接受这个上下文向量,逐步生成输出的文本序列。解码器同样使用 RNN 层,每一步生成一个字符或词,并将其作为输入传递到下一步,直到生成完整的文本序列。基于 RNN 的 Seq2Seq 方法如图 8-9 所示。

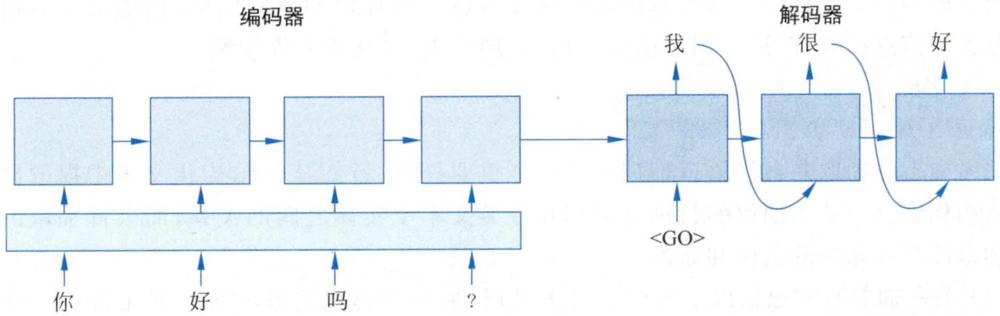

图 8-9　基于 RNN 的 Seq2Seq 方法

为了提高 Seq2Seq 模型的性能,注意力机制（attention mechanism）被引入编码器—解码器架构。注意力机制通过为解码器的每一步计算一个权重向量,该向量表示输入序列中不同位置的重要性,从而使解码器能够在生成每个输出字符或词时,灵活地关注输入序列的不同部分。这种方法显著提高了模型的效果,因为它解决了长序列输入在固定长度上下文向量中的信息压缩问题,增强了模型对长距离依赖的捕捉能力。

基于 Transformer 的模型进一步改进了 Seq2Seq 方法,特别是在处理长序列输入时表现出色。Transformer 架构完全基于注意力机制,摒弃了 RNN 结构,通过多头自注意力机制和前馈神经网络实现并行处理。编码器和解码器均由多个层堆叠而成,每一层包括一个多头自注意力机制和一个前馈神经网络。自注意力机制允许模型在计算每个位置的表示时，直接关注序列中所有位置的表示，极大地提高了并行计算能力和信息交互能力。

8.4 模式识别应用——自然语言处理

自然语言处理（natural language processing，NLP）是人工智能和计算机科学的一个重要领域，致力于研究和开发使计算机能够理解、生成和处理人类语言的技术。NLP涵盖了语言学、计算语言学和机器学习等多个学科，应用范围广泛，包括机器翻译、文本分类、情感分析、对话系统和信息提取等。随着深度学习和大数据技术的发展，NLP取得了显著进展，尤其是在语音识别、自动翻译和智能对话等领域，推动了人机交互和智能应用的进步，进一步提升了计算机对自然语言的理解和处理能力。

8.4.1 信息提取与文本分类

信息提取与文本分类是自然语言处理中的两个重要任务，信息提取旨在从非结构化文本中提取出有意义的结构化信息，如命名实体识别（named entity recognition，NER）、关系抽取和事件抽取等，方法包括基于规则的方法、机器学习方法及深度学习方法，常见的模型有条件随机场（conditional random fields，CRF）、RNN和Transformer结构等。文本分类则是将文本归类到预定义的类别中，方法包括传统的机器学习方法，如朴素贝叶斯、支持向量机（support vector machine，SVM）和逻辑回归，以及现代的深度学习方法（如CNN、LSTM）和预训练语言模型（如BERT）。这些方法通过对文本特征的提取和模式的学习，能够高效地进行文本分类和信息提取，广泛应用于情感分析、新闻分类、自动摘要等领域。

1. 关系和事件抽取

关系和事件抽取是自然语言处理中的两个重要任务，旨在从非结构化文本中提取出有意义的结构化信息。关系抽取的目标是识别并分类文本中实体之间的关系，而事件抽取的目标是识别事件及其相关的实体和属性。

（1）关系抽取通常包括以下步骤：实体识别、关系分类和关系填充。首先，使用NER技术识别文本中的实体，如人名、地名和组织名等。其次，通过关系分类识别实体之间的语义关系，如"工作于""位于"和"出生于"等。传统方法主要基于特征工程和机器学习模型，如SVM和CRF，这些方法依赖手工设计的特征，如实体类型、词性标注和依存句法树等。而现代方法则利用深度学习模型，如CNN和RNN，自动提取特征并进行关系分类。此外，预训练语言模型（如BERT）在关系抽取任务中表现优异，通过微调预训练模型来捕捉上下文信息，能够提高关系分类的准确性。在公式上，关系抽取可以表示为给定文本序列和实体对后，预测它们之间关系的概率。

（2）事件抽取涉及识别事件触发词和相关的实体角色。事件触发词是指示事件发生的词语，而实体角色是指与事件相关的实体及其在事件中的角色。事件抽取过程包括事件检测和事件参数填充。在事件检测阶段，系统需要识别文本中的事件触发词。传统方法主要依赖于特征工程和统计模型,如最大熵模型和 CRF;而现代方法则使用深度学习模型,如 BiLSTM—
CRF 和 Transformer,自动提取特征并进行事件检测。在事件参数填充阶段,系统识别与事件
相关的实体及其角色,并使用类似的深度学习技术来自动提取特征并完成角色分类。事件抽
取的公式表示为给定文本序列,预测事件触发词及其相关实体角色的概率。

为了提高关系和事件抽取的性能,当前的研究趋势包括利用预训练语言模型、联合抽取方
法和多任务学习。预训练语言模型(如 BERT)通过大规模语料库预训练,捕捉丰富的上下文
信息,然后在关系和事件抽取任务上进行微调,提高抽取的准确性。联合抽取方法同时进行实
体识别和关系分类,利用实体和关系之间的相互依赖关系提高抽取效果。多任务学习通过同
时训练多个相关任务,利用任务之间的共享信息提高模型的泛化能力。

关系和事件抽取在实际应用中具有重要意义,广泛应用于信息抽取、知识图谱构建、文本
理解和问答系统等。通过有效地从文本中提取结构化信息,关系和事件抽取技术能够显著提
升信息处理和利用的效率,推动自然语言处理技术的发展和应用。

2. 文本分类方法

文本分类是自然语言处理中的一项关键任务,旨在根据文本的内容将其归类到预定义的
类别中。文本分类方法包括传统机器学习方法和现代深度学习方法,每种方法都有其特定的
技术手段和应用场景。

传统机器学习方法主要包括朴素贝叶斯(Naive Bayes,NB)、SVM 和逻辑回归(logistic
regression,LR)等。利用传统方法进行文本分类,通常包括以下几个步骤。首先,对文本数据
进行预处理,如分词、去除停用词和标点符号等。其次,将文本转换为数值特征向量,常见的方
法有词袋模型(bag of words)、TF-IDF(词频-逆文档频率)等。再次,使用这些特征向量训练
一个分类算法,如 NB、SVM 或 LR。最后,将训练好的模型应用于新的文本数据,以预测其所
属的类别。这种方法依赖手工特征提取和传统机器学习算法,尽管在许多任务中表现良好,但
在处理大量复杂文本时,可能无法捕捉到深层次的语义信息。文本分类如图 8-10 所示。

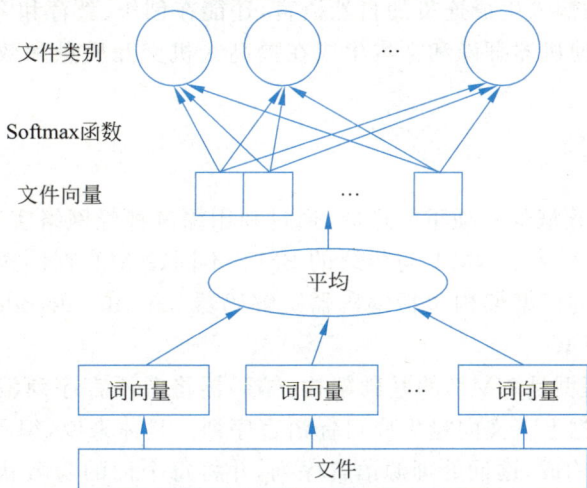

图 8-10 文本分类

现代深度学习方法通过神经网络自动提取特征进行分类,大幅提高了文本分类的效果。
常见的深度学习模型包括 CNN、RNN、LSTM,以及基于 Transformer 的模型。CNN 通过卷

积操作和池化层提取文本的局部特征,广泛应用于文本分类任务。其基本结构包括多个卷积层和池化层,并通过全连接层进行分类。RNN 适用于处理序列数据,通过循环结构捕捉文本中的时间依赖关系,但 RNN 存在梯度消失和梯度爆炸问题。LSTM 和 GRU 是 RNN 的改进变种,能够更好地捕捉长距离依赖关系。Transformer 模型在文本分类任务中表现出色,革新了序列数据处理的方法,尤其在捕获长距离依赖关系方面具有优势。其处理过程包括输入编码、Transformer 架构应用、分类头部设计,以及模型训练与优化等几个核心环节,形成了端到端的文本分类解决方案。具体过程如下。首先,原始文本经过预处理并转换为 token 序列,每个 token 对应词汇表中的一个索引。通过词嵌入层,这些索引被转换为高维向量表示,作为 Transformer 的输入。其次,加入位置编码以保留序列中的单词顺序信息,这对于语义理解至关重要。再次,Transformer 的核心部分——编码器(Encoder)开始工作,由多个相同的层堆叠而成,每层包含多头自注意力(multi-head self-attention)模块和位置 wise 前馈网络(FFN)。自注意力机制使得模型能并行考虑序列中所有位置的信息,高效学习不同单词间的复杂关系;FFNs 则进一步增强了表示能力,提升了模型的表达深度。最后,经过所有编码器层处理后,得到的序列表示被传入分类头部,通常是一个全连接层(FC),将 Transformer 输出压缩为类别数量维度,经过激活函数(如 Softmax)转化为概率分布,表示每个类别的归属概率。

8.4.2　机器翻译与文本生成

机器翻译与文本生成是自然语言处理中的重要任务。机器翻译旨在将一种语言的文本自动翻译为另一种语言的文本,通过统计机器翻译(statistical machine translation,SMT)和神经机器翻译(neural machine translation,NMT)等技术,实现了跨语言的信息交流。NMT 采用深度学习方法,特别是编码器—解码器模型和注意力机制,显著提高了翻译质量。文本生成则是通过计算模型自动生成自然语言文本的过程,应用于自动摘要、文本续写和对话生成等场景,常用的技术包括 RNN、LSTM 和基于 Transformer 的生成模型,如 GPT 系列。文本生成技术不仅能根据给定的输入生成连贯的自然语言,还能在创作、教育和客服等领域发挥重要作用。这些技术的进步,使机器翻译和文本生成在提高人机交互质量和效率方面展现出巨大的潜力。

1. 神经机器翻译

NMT 是机器翻译领域的一项重要进展,通过利用深度神经网络实现端到端的翻译建模,显著提升了翻译质量和效率。NMT 与传统的 SMT 不同,NMT 直接建模源语言和目标语言之间的映射关系,常用的模型架构包括编码器—解码器(encoder-decoder)模型和基于注意力机制的 Transformer 模型。

编码器—解码器模型是 NMT 的基础架构,编码器将源语言序列编码成一个固定长度的上下文向量,解码器根据上下文向量生成目标语言序列。具体来说,编码器通常由一个或多个 RNN、LSTM 或 GRU 构成,逐词处理源语言序列,并将每个词的隐藏状态传递到下一个时间步。编码器的最后一个隐藏状态作为上下文向量,总结了整个源语言序列的信息。解码器同样由一个或多个 RNN、LSTM 或 GRU 构成,使用上下文向量和先前的解码隐藏状态逐步生成目标语言序列。解码器的初始隐藏状态通常是编码器的最后一个隐藏状态,解码过程通过最大化目标语言序列的条件概率来生成翻译:

$$P(y_t \mid y < t, c) = \text{softmax}(\boldsymbol{W} \cdot s_t + b) \tag{8-3}$$

式中,s_t 是解码器在时间 t 的隐藏状态,$\boldsymbol{W}$ 和 b 是参数矩阵和偏置项。为了克服编码器—解码器模型在处理长句子时的信息压缩问题,引入了注意力机制。注意力机制允许解码器在生成每个目标词时动态选择和关注源语言序列的不同部分,通过计算上下文向量的加权和来生成更加精确的翻译。具体过程如下:先将源语句分解为单词或子词,并转化为向量。然后,使用双向循环神经网络(LSTM 或 GRU)编码这些向量,捕获源句的上下文信息。接着,解码器配合注意力机制生成目标语言句子。注意力机制在每次生成目标词时,根据解码器状态与编码器输出的匹配程度,动态地调整关注源句中最相关的部分,从而提升翻译的准确性和流畅度。

Transformer 模型是 NMT 的一个重要突破,它完全基于自注意力机制和多头注意力机制,摒弃了 RNN、LSTM 等循环结构,使得并行化计算成为可能,大幅提高了训练效率和翻译性能。Transformer 模型由编码器和解码器堆组成,编码器由多个相同的层组成,每一层包括多头自注意力机制和前馈神经网络。自注意力机制通过为每个词计算注意力权重,捕捉词与词之间的依赖关系:

$$\text{Attention}(\boldsymbol{Q}, \boldsymbol{K}, \boldsymbol{V}) = \text{softmax}\left(\frac{\boldsymbol{Q}\boldsymbol{K}^{\mathrm{T}}}{\sqrt{d_k}}\right)\boldsymbol{V} \tag{8-4}$$

式中,$\boldsymbol{Q}$(查询)、$\boldsymbol{K}$(键)和 $\boldsymbol{V}$(值)是输入矩阵,d_k 是键向量的维度。多头注意力机制通过并行计算多个注意力头,捕捉不同的语义关系。解码器的结构与编码器类似,但在每一层中增加了一个编码器—解码器注意力机制,用于捕捉解码器隐藏状态与编码器输出之间的关系。

2. 文本生成与应用

NMT 中的文本生成技术通过编码器—解码器架构生成目标语言文本,结合注意力机制提升翻译质量和流畅性。编码器将源语言句子转化为上下文向量,捕捉其语义信息;解码器则根据上下文向量逐步生成目标句子。解码器通常使用 RNN、LSTM 或 GRU 处理序列数据,每个时间步生成一个词,并更新隐藏状态。注意力机制使解码器能够在每个时间步动态关注源句子的不同部分,通过加权上下文向量提高翻译的准确性。

NMT 技术已经广泛应用于多种语言对之间的自动翻译任务,如在谷歌翻译、微软翻译和百度翻译等商业产品中,它实现了高效和高质量的语言转换。文本生成技术不仅限于翻译,还应用于其他自然语言处理任务,如自动摘要、对话生成和文本续写等。自动摘要技术通过提取文章的核心内容,生成简洁的摘要,使得用户能够快速获取信息;对话生成技术用于开发智能客服和对话系统,通过自然语言与用户进行交互,提供即时的服务和信息;文本续写技术则在创作和教育等领域中得到了应用,帮助用户进行创意写作或学术写作。NMT 技术的进步不仅提高了语言转换的效率和质量,还推动了跨语言交流和信息传播,具有广泛的应用前景和社会影响。

8.5 模式识别的典型案例——无人驾驶汽车

无人驾驶汽车作为人工智能和自动化技术的前沿应用,结合了计算机视觉、语音处理和自然语言处理等多种技术,实现了智能感知、决策和控制的复杂任务,如图 8-11 所示。下面将通过一个典型的无人车案例详细分析这三大技术的应用。

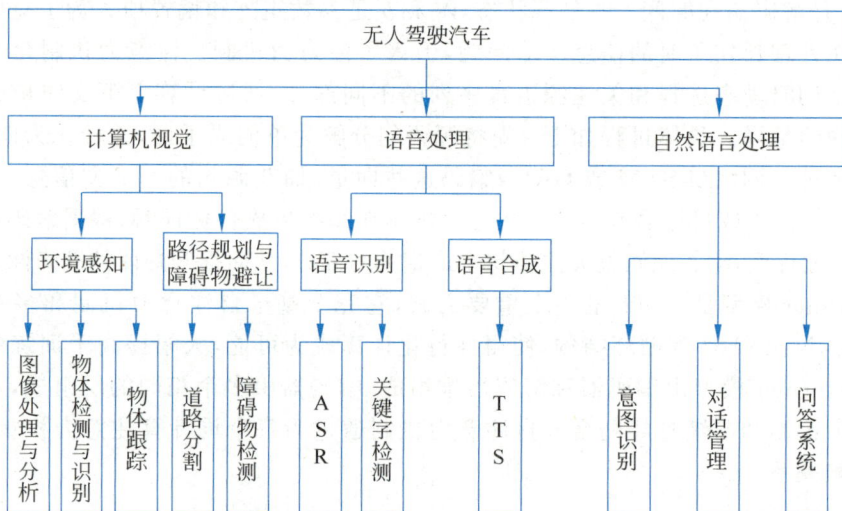

图 8-11　无人驾驶汽车的模式识别技术应用

8.5.1　计算机视觉应用

计算机视觉技术在无人车中用于环境感知、路径规划与障碍物避让，确保车辆能够实时了解周围环境并作出正确反应。

1. 环境感知

无人车通过摄像头、激光雷达和毫米波雷达等传感器获取周围环境的图像和点云数据。计算机视觉算法对这些数据进行处理和分析，构建环境的三维模型。

（1）图像处理与分析。通过图像预处理（如去噪、增强等），无人车可以获取更清晰的环境图像。

（2）物体检测与识别。利用深度学习算法（如 YOLO、SSD、Faster R-CNN 等），无人车能够实时检测和识别行人、车辆、交通标志和道路标线等重要物体。

（3）物体跟踪。采用卡尔曼滤波器和光流法等技术，确保无人车能够持续跟踪移动物体的轨迹，并预测其运动方向和速度。

2. 路径规划与障碍物避让

计算机视觉技术还用于路径规划与障碍物避让，帮助无人车在复杂的道路环境中选择最优路径。

（1）道路分割。通过语义分割算法（如 DeepLab、SegNet），无人车能够识别车道线和行驶区域，为路径规划提供基础。

（2）障碍物检测。结合激光雷达数据，计算机视觉算法能够准确识别和定位障碍物，制定避障策略。

8.5.2　语音处理应用

语音处理技术在无人车中主要用于人机交互,通过语音识别、语音合成等技术,实现自然的语音交流和指令控制。

1. 语音识别

无人车配备的语音识别系统能够准确识别驾驶员或乘客的语音命令,并执行相应操作。

(1) 自动语言识别(automatic speech recognition,ASR)。系统采用深度神经网络、LSTM和端到端模型(如 DeepSpeech)等先进技术,提高语音识别的准确率和鲁棒性。

(2) 关键字检测。通过 Wake Word 技术,系统能够识别特定的唤醒词,激活语音交互功能。

2. 语音合成

语音合成技术用于生成自然流畅的语音反馈,提升用户体验。其中,文本转语音技术(text-to-speech,TTS)利用基于神经网络的语音合成模型(如 WaveNet、Tacotron),使无人车能够生成高质量的语音提示和导航信息。

8.5.3　自然语言处理应用

自然语言处理技术使无人车能够理解和解析复杂的语音指令,并进行多轮对话,从而提供个性化服务。

(1) 意图识别。通过 BERT、GPT 等预训练语言模型,无人车能够理解用户的意图,执行相应的操作。

(2) 对话管理。采用对话管理系统,支持多轮对话和上下文理解,确保无人车与用户的交流自然顺畅。

(3) 问答系统。无人车内置问答系统,通过检索和生成技术,为用户提供即时的信息查询服务。

8.6　本章小结

作为连接数据与意义的桥梁,模式识别技术是现代信息科学中的璀璨明珠。它以数学和计算机科学为基础,通过挖掘和解析数据中的隐藏模式,实现了对图像、声音、文本等多模态信息的智能识别与理解。从手写字符识别到复杂场景分析,从语音命令解析到情感语义解读,模式识别技术的应用范围广泛,已成为推动人工智能、大数据分析和物联网等前沿领域发展的核心动力。总而言之,模式识别技术作为信息时代的基石,其深远影响不可估量。它不仅推动了科学研究的进步,也为日常生活带来了便捷,从安全监控到医疗诊断,从智能家居到智能交通,无处不在地彰显着其价值。展望未来,模式识别技术将持续进化,为构建更加智能、高效和人性化的生活环境贡献力量。

延伸阅读

　　随着人工智能技术的快速发展，模式识别不仅限于传统的图像、语音和文本处理，而是逐步渗透到更广泛的领域。例如，在金融领域，模式识别技术被广泛应用于风险评估、市场预测和欺诈检测；在制造业中，智能化质量控制和故障检测也依赖于精准的模式识别算法。此外，模式识别与增强现实、虚拟现实的结合，也开辟了新的应用场景，如在医疗手术、培训模拟和娱乐互动中的创新应用。除了算法的创新，数据的质量和多样性也对模式识别的效果有着至关重要的影响。如何处理不完整、噪声较多或标签缺失的数据，已经成为当前研究中的一个热点问题。在这一背景下，半监督学习、迁移学习及元学习等方法逐渐崭露头角，为解决数据稀缺或标注成本高的问题提供了新的解决方案。展望未来，随着人工智能技术逐渐融入人们的日常生活，模式识别的技术将进一步走向智能化和个性化，成为构建智能社会的重要基石。特别是在人类行为理解、情感识别、智能决策等领域，模式识别技术将发挥越来越重要的作用，推动各行各业向着更加智能和自动化的方向发展。

课后习题

1. 解释卷积神经网络（CNN）中滤波器（kernel）的作用及其参数的意义。
2. 迁移学习是什么？它是如何在计算机视觉任务中提高模型性能的？
3. 描述对象检测与图像分类的区别，并列举至少两种对象检测算法。
4. 在图像识别任务中，如何评估模型的性能？常见的评估指标有哪些？
5. 简述语音识别系统的组成模块，并解释每个模块的功能。
6. 说明梅尔频率倒谱系数（MFCCs）在语音识别中的作用，并解释其计算过程。
7. 语音增强技术是如何帮助提高嘈杂环境下的语音识别准确率的？
8. 如何利用注意力机制改善序列到序列模型（如在机器翻译中的应用）的性能？
9. 在情感分析中，正面情感和负面情感的界限有可能模糊，如何提高模型在这种情况下判断的准确性？
10. 在文本分类任务中，过拟合是如何产生的，有哪些常见的缓解策略？

应用篇

第9章 人工智能在智能制造领域的应用

教学导引

（1）掌握人工智能在智能制造领域的应用和发展趋势。

（2）理解人工智能在工业机器人控制、工业互联、智慧工厂应用技术方面的原理概述。

（3）了解人工智能在智能制造领域典型应用案例。

内容脉络

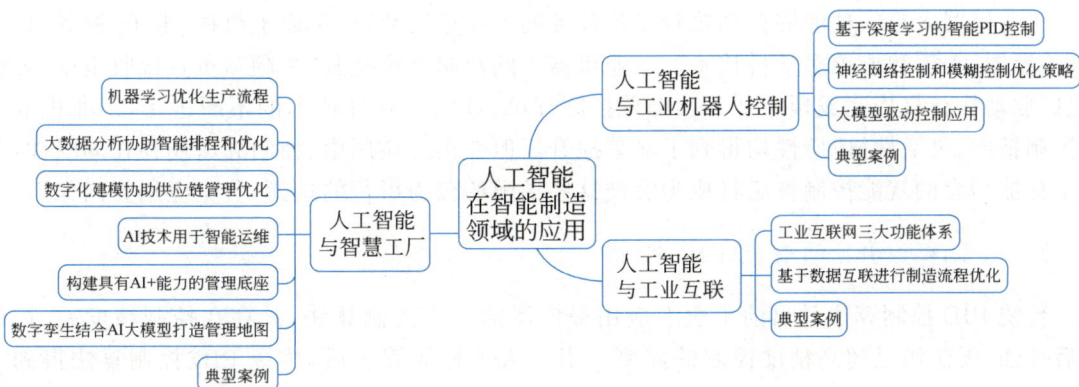

内容概要

人工智能技术正在加速智能制造设备、工厂和园区在企业行业数字化转型方面的技术革新。本章从工业机器人控制、工业互联、智慧工厂三方面对人工智能在智能制造领域中的应用展开叙述。利用人工智能，智能制造业不仅能够完成既定任务，还能够通过深度学习、数字孪生、大模型等手段不断优化工作流程，实现智能制造业的流程优化和迭代更新。人工智能应用于智能制造，需克服种种挑战，包括大数据分析技术的突破、工业数字孪生建模能力的提升、解决方案需精准针对业务痛点、解决方案需具备良好的复制性，以及制造企业需转变理念和培养相关人才。本章对于各个方面的应用给出了已实现的案例，揭示了人工智能正在以多种方式和途径改变中国的制造业，展示了人工智能技术在智能制造领域的广泛应用前景。

9.1　人工智能与工业机器人控制

机器人产业的发展趋势显示,新一轮科技革命和产业变革正在推动机器人产业快速增长,其功能也变得更加丰富和强大,特别是在云化、智能化、协同化等方向取得了显著发展。其中,工业机器人作为机器人的重要分类,其广泛应用和持续创新,对于推动我国工业生产的智能化、自动化发展具有重要意义。目前,工业机器人呈现以下几个发展趋势:增强产业创新能力,依托大学、研究院所等加强对机器人系统开发、操作系统等共性技术的研发;推动产业跨界融合发展,支持机器人研发机构与数字技术研发机构等开展合作,推进机器人与 5G、物联网、人工智能等数字技术的深度融合;积极拓展新市场新场景,鼓励机器人企业开发适应各类制造等领域需求的新产品。要做到这些,就必须优化工业机器人的控制技术。

9.1.1　工业机器人控制的应用概述

工业机器人是一种能够自动执行工作任务的工业机器装置,集成了机械、电子、控制、计算机、传感器、人工智能等多学科技术。工业机器人的控制系统是其"大脑",负责接收指令、处理信息、驱动执行机构完成预定任务。随着控制理论、算法及硬件技术的不断进步,工业机器人的控制精度、灵活性、适应性均得到了显著提升。但在实际应用中,控制算法还存在局限性,与人工智能结合的智能控制算法将成为突破这些局限的较为可行的选择,典型应用方向如下。

1. 基于深度学习的智能 PID 控制

传统 PID 控制算法是目前工业上应用最广泛的一个控制算法,其存在控制精度差、控制滞后性强,无法满足超高精度控制的需要。引入人工智能算法后,传统 PID 控制算法得到了显著的发展和创新。通过训练深度学习模型,可以根据系统的输入输出数据预测最优的 PID 参数,构建可信、可靠的自适应 PID 控制系统。例如,使用双延迟深度确定性策略梯度(TD3)算法来调整 PI 控制器,通过仿真环境训练智能体,使其学习最优的控制策略。这种方法能够自动调整参数,减少人工试错环节,从而节省资源成本,并增强控制稳定性。

2. 神经网络控制和模糊控制优化策略

随着人工智能技术的快速发展,越来越多的智能化控制方法及智能化的系统设计方案不断涌现。借助人工智能算法,可以实现自动的参数调优,如采用模糊控制、神经网络等方式进行机器人控制系统的建模工作。此类控制方式是以全面的感知能力为基础,收集操作环境中的各种信息,为智能分析和决策提供数据支持。机器人能够处理和分析复杂的数据集,发现数据中的模式和关系,然后进行预测和决策。通过与环境的互动和试验,机器人可以学习到最佳的行为策略,提高操作效率,减少错误,并快速适应新任务。

3. 大模型驱动控制应用

深度学习、大规模神经网络等人工智能技术的突破性进展,为工业控制系统的界面形态和交互方式带来了革命性的变化。大语言模型(LLM)的出现,为工业控制发展提供了新的手段和方法,特别是在命名实体识别和信息提取方面展现出巨大潜力。在工艺流程调整方面,传统的工业机器人需要工艺工程师与设备工程师进行多轮沟通,确定标准工艺流程(SOP),并反复进行验证,这一流程调试周期可能长达数周或数月。而大语言模型具备对 SOP 中自然语言的解析能力,能够将工作流程、标准操作步骤等内容解析为操作意图和工序参数,结合机器人和自动化流水线技术,可以降低人机沟通成本,实现更高程度的人机协作,从而提升生产线的柔性和适应性。另外,大模型驱动控制有助于提升工业机器人的性能和精度,推动工业自动化和智能制造的发展,其典型架构如图 9-1 所示。

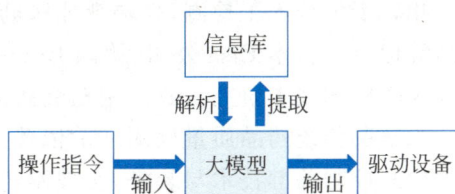

图 9-1　大模型驱动控制的典型架构

9.1.2　工业机器人控制的典型案例

1. 德国梅赛德斯奔驰的 56 号工厂

2020 年 9 月,位于德国辛德芬根的 56 号工厂正式投产。56 号工厂不仅将成为全新梅赛德斯奔驰 S 级轿车的诞生地,也将成为梅赛德斯奔驰全球生产网络未来发展的范例。德国梅赛德斯奔驰的 56 号工厂是按照工业 4.0 标准打造的未来工厂,以灵活、数字化、高效、可持续为特点,采用了无人运输系统、数字孪生、自动分拣等技术。工厂大量地使用了 AGV 装配线,实现了无轨装配工位及无轨自动运输,并与自动分拣、DTS(data transmission service)系统相匹配使用,可实现多种车型混线生产(见图 9-2)。在保证大规模生产的同时,56 号工厂也确保了产品质量并降低生产成本。经验证,S 级轿车的生产效率比上一代提升了 25%。在生产的车型数量、产量及零配件流转等方面,56 号工厂的生产灵活性达到了前所未有的水平。从高效燃油车型到纯电动车型,56 号工厂能同时完成不同类型汽车的全部组装流程。此外,56 号工厂还能根据当前市场需求迅速地、灵活地调整生产节奏。

图 9-2　德国梅赛德斯奔驰的 56 号工厂

2. 三一集团的"18 号厂房"

三一集团的"18 号厂房"工程机械总装车间,采用了 5G+AGV 小车完成智能分拣和精准配送。在智能化调度系统的控制下,上百台机器人能够高效协同工作;采用 5G 高清传感器,使组装作业时可以自动修复偏差,从而减少因磕碰导致的质量缺陷;搭建激光切割软件及系统在该车间取得了多方面的创新突破,包括多品种钢板物料特征识别技术、基于激光测量的物料精确定位技术、激光跟踪与实时寻边技术、机器人位姿鲁棒控制与在线补偿技术,以及基于激光寻边的切割轨迹光顺与优化技术等;通过制造运营系统、物流管理系统、远程控制系统、智能搬运机器人等系统的优化运用与深度融合,并在数字化的"加持"下,实现了从钢板进厂到整车出厂的全流程自动化生产。

3. 高端智能医药质量检测

高端智能医药质量检测主要是指通过新兴的机器人技术来代替人工进行质量检测的过程。相较于传统人工检测,高端智能医药质量检测具有稳定性好、持续工作时间长、精度和效率高等优点。日本 Eisa 公司、德国 Brevetti CEA 集团、意大利 Seidenader 等企业纷纷开展机器人医药检测技术研究。我国制药装备需求量大,医药制造装备的性能是保证药品质量的基础。为解决传统药品质量检测环节依赖人工、漏检、误检频发等问题,需研制高端制药机器人视觉检测控制关键技术与装备,实现制药过程无菌化、无人化生产,保障药品质量安全。高端无菌化制药机器人面临的主要挑战包括:制药技术装备工艺复杂,无菌化控制难;制药过程污染颗粒微小、种类多、检测难;高端制药过程中多工序、多任务、多机器的协同控制难。湖南大学团队针对高端制药装备感知与控制方面的重大需求,攻克了高端制药灌装封口机器人协作控制、高端制药检测机器人视觉识别、高端制药分拣机器人视觉控制等关键技术,研制出无菌化配药双臂机器人、药品灌装—转运—封口机器人、药品质量视觉检测机器人、药品分拣机器人等自动化生产线装备。

基于机器视觉的医药检测,是在药物出厂前,通过对药物的运动图像或视频进行分析和处理,从而实现对药物的一系列质量检测。例如,液体环境中的外来异物检测、冻干粉中的杂质检测、外包装和标签检测等。针对安瓿瓶型,Ge 等设计了一种自动检测安瓿注射杂质的系统,采用空间在线极限学习机算法,验证了该算法在区分气泡和异物上的可行性。针对药液中的不溶异物检测方法,张辉等提出了一种可行的高速度、高精度的机器视觉检测方法,能在线检测 30 多种微弱异物,检测精度达到 $50\mu m$,异物检出率在 99.7% 以上,满足医药微弱异物种类繁多、特征多样、高速高精度的在线检测要求。

9.2 人工智能与工业互联

工业互联网作为新一代信息通信技术与制造业深度融合的产物,是制造业实现数字化、网络化和智能化的关键支撑。它具有低时延、高可靠性、广覆盖的特点,是满足工业智能化需求的关键网络基础设施。工业互联网代表了新一代信息通信技术与先进制造业深度融合所形成的新兴业态和应用模式,包括以网络为基础、以平台为核心和以安全为保障的三大体系。工业互联以智能技术为主要支撑,以重资产、高技术门槛为主要特征,致力于以降低生产成本和提高生产效率为主要目标,推动工业生产方式向数字化、网络化和智能化转型,并在创新生产方式中实现了价值创造。

9.2.1 人工智能在工业互联中的应用概述

工业互联网是新一代信息通信技术与工业经济深度融合的产物,它通过构建网络、平台、安全三大功能体系,实现人、机、物的全面互联,促进全要素、全产业链、全价值链的互联互通。这一全新的工业生态、关键基础设施和应用模式,是数字化、网络化、智能化发展的核心信息基础设施,对于产业数字化转型具有重要的支撑作用。网络体系作为工业互联网的基础,其关键在于实现设备网联化、网络接入无线化、工厂内网 IP 化、工厂外网智能化,以打造先进的工业网络,支撑工业资源的泛在连接和数据的高效流动。

工业互联网作为数字化转型的关键驱动力,其数据的流通共享对于实现工业数据共享的终极目标至关重要,主要包括以下三大功能体系。

(1) 网络体系。工业互联网的网络体系是实现全产业链、全价值链资源要素互联互通的基础。它不仅连接人、机器设备、工业产品和工业服务,而且必须具备低时延、高可靠性和广覆盖的网络性能,以满足实际使用场景的需求。网络体系的高效数据传输和工业级稳健性是确保工业互联网成功实施的关键。

(2) 平台体系。作为工业互联网的中枢功能层级,平台体系连接着设备和应用,承载着海量数据的汇聚、建模分析和应用开发。它在推动工业全要素、全产业链、全价值链的深度互联,优化资源配置,以及促进生产制造和服务体系建设方面发挥着核心作用。平台体系是工业互联网的"操作系统",为各种工业应用提供运行环境和开发工具。

(3) 安全体系。安全体系体现了工业互联网的整体防护能力,覆盖了设备、控制、网络、平台和数据安全的各个环节(见图 9-3)。它通过监测预警、应急响应、检测评估和攻防测试等手段,构建了一个多层次的安全保障体系,为工业互联网的健康稳定发展提供保障。

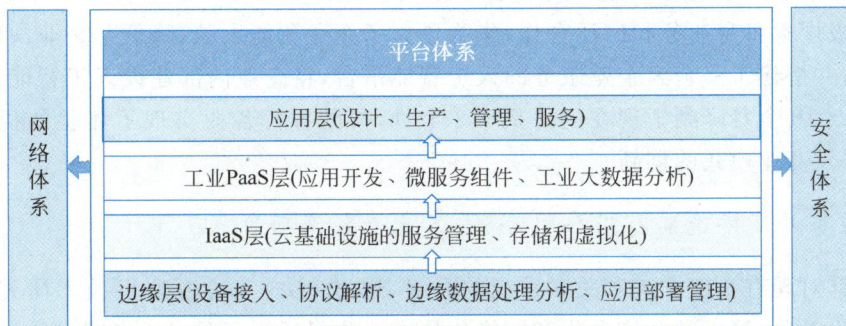

图 9-3　工业互联平台体系

工业互联网主要应用于基于数据互联的制造流程优化。

(1) 无人化制造。人工智能技术使企业能够实现无人化生产,通过自动化设备和智能系统完成生产任务,提高生产效率。人工智能技术能够自动化地进行生产调度,实现智能制造资源的动态平衡,避免资源浪费,减少生产线闲置时间和生产周期。通过智能分析数据,利用数据挖掘和机器学习技术,人工智能可以判断产品质量是否符合要求,并提供预判性质检,提前采取措施解决问题,避免质量问题影响生产流程。

(2) 云端设计与协同开发。基于云平台建立虚拟样机系统,人工智能技术能够实现复杂产品的多学科设计优化。数据互联促进了企业间的协同研发设计与工艺设计,从而缩短了产品研发设计周期,提高了资源有效利用率。

(3) 个性化定制。人工智能技术通过语音识别、机器视觉等技术,打造人性化、定制化、高效化的人机交互模式,满足用户个性化定制需求。此外,还可以提供端到端的解决方案和即插即用的 SaaS 应用,进而提升企业的服务能力和用户体验。

(4) 人机和网络协同。利用人工智能技术将人机合作场景转变成学习系统,持续优化运行参数,为操作员提供最优的生产环境。同时,人工智能技术促进了网络协同制造新模式的发展,实现了设计、供应、制造和服务环节的并行组织和协同优化。

9.2.2　工业互联的典型案例

1. 华为 5G＋AI 应用方案

华为围绕 2C 商业环境,打造了全栈的人工智能解决方案,该方案包括从终端的手机芯片到云服务、产业生态的各个环节,并与行业合作伙伴共同构建智能解决方案。基于从芯片、5G到边缘计算的技术栈,华为提供了全栈的服务平台,而且构建了一个面向全行业、全场景的优秀应用生态,吸引了众多合作伙伴,为构建面向端边云的全场景 AI 基础设施提供产品和服务支持。

华为通过 5G＋AI 推动了制造业的智能化。例如,华为与洛阳一家偏远地区的钼矿厂,通过 5G＋AI,把原来需深入矿区采矿、风险度极高的大型矿车改为无人驾驶、远端控制。这一变革使司机人数从原来的 100 多人降到 20 人,全年零伤亡,创造了巨大的价值。华为与宁波中山港构建了智慧港口,实现了集装箱卡车 24 小时的自动作业,自动识别准确率高达 95%,极大地节约了现场的人力成本。在新冠疫情期间,华为还与全国 300 多家医院合作,提供了基于 5G＋AI 的相关医疗服务,服务人数超过 100 万。

通过积极探索自身业务和广泛合作,华为创立了企业智能大脑,降低了企业内部人工智能的建设成本,并搭建了一个为企业服务的人工智能平台,将企业内部建设人工智能的速度从建设初期的 14～16 个月降到了现在的 2 周～2 个月,帮助各行各业实现了体验的提升、效率效益的提升,以及商业模式的创新。

2. 上海市外高桥造船有限公司 5G＋工业互联网项目

该项目针对现有生产方式和关联系统的升级,通过 5G＋工业互联网技术研究,以薄板智能生产车间为对象,深入融合信息化和网络化技术。项目通过开展 5G 专网,5G 视觉分析、设备智能监控、薄板 AR 辅助装配和 5G 装配精度检测等应用建设,提升了薄板生产车间的智能化水平,并在行业内展开示范应用。本项目的成功建设及在实体车间内的投入使用,已成为船舶行业中的标杆案例。5G 专网确保了企业生产与管理数据不出园区,确保了数据的安全性,其大带宽、低时延的特性可有效支撑 5G 智慧场景的应用落地。

AR 虚拟现实技术在大型的复杂产品的装配场景中得到了验证。此技术在航空、船舶、汽车行业内具有广泛的推广潜力。通过 5G 专网及边缘云,实现了大型钢结构的精度测量,结合自动化检测分析技术,相较于传统的测量方式,效率时间大幅缩短。另外,造船厂还将测量工作融入装配工作,实现了边装配边测量,提升了质量控制的时效性。通过开展基于 5G 的薄板智能车间应用示范建设,车间库存减少了 30% 以上,停工待料时间缩短了 30%,分段无余量制造率达到了 90% 以上,且报验差错率小于 0.5%。该项目以工业物联智能标识技术为纽带,实现了在制品、制造装备、工艺系统、物流系统等生产要素的互联互通,突破了船舶薄板生产的网络化协同管控技术。该项目由中国联合网络通信有限公司负责薄板车间整体 5G 网络的建设,同时联合装配精度检测供应商、AR 辅助装配供应商、设备物联技术供应商等,多方参与,优势互补。通过合作交流、共建实验中心、人才培训、咨询服务等方式,各方紧密协作,以市场为导向,以解决实际问题为目标,以本项目为载体,将培训与实践相结合。在完成本项目的基础上,各方共同探讨并推进 5G 和智能制造技术相关科技成果向现实生产力转化的应用示范合作新模式。

3. 三一重卡重型商用车智造工厂

走进三一重卡基于 5G＋工业互联网的重型商用车智造工厂,一条条生产线整齐排列,AGV 自动运输车来回穿梭,身形庞大的工业机器人举重若轻,搭载视觉传感的机械臂灵活舞动……整个工厂被一张无形的 5G 大网所笼罩。

该项目总体方案由 1 张网和 8 个应用场景构成,采用行业领先的 5G＋工业互联网与智能制造技术,实现了 5G 在生产过程溯源、厂区智能物流、设备协同作业、生产能效管控等 8 个工业应用场景的落地,并在智能网联重卡及其核心零部件的冲压、焊接、涂装、装配、物流等全制造流程开展应用示范。

通过数据驱动,该工厂整合了供应资源、自动调度生产,实现了资源利用超优化、生产效能超大化,实现了物料配送自动化率达到了 99％以上、车间配送效率提升了 50％、场地利用率提升了 166％、车间机器人自动化率达到了 100％、用电成本下降了 10％,等等,成效明显。

9.3　人工智能与智慧工厂

智慧工厂是一种先进的制造模式,是在数字化工厂的基础上,通过加强信息管理和服务、科学编排生产计划与生产进度,并融合绿色智能的手段和智能系统等新兴技术,构建出一个高效节能、绿色环保、环境舒适的人性化工厂。其构建的基础在于自动化与数字化技术的集成应用。

人工智能可以提供业务场景、算法、算力和数据四位一体的综合性服务,通过融合云计算、物联网、人工智能等前沿信息技术等,来提升服务质量和制造资源管理。人工智能使工厂设备的运行变得灵敏和便捷,显著改善了制造环境,为制造工厂的智慧化转型带来了革命性的突破。

9.3.1　人工智能在智慧工厂中的应用概述

人工智能技术正逐步推动工厂运作的自动化和智能化发展。现在,制造工厂面临着秩序、安全和效率三大业务挑战,将人工智能决策与优化及交互应用于智慧工厂,旨在实现生产流程的动态重构和优化,从而保障工厂稳定且高效地运行。

目前,人工智能技术在智慧工厂的应用方向如下。

(1) 机器学习(ML)优化生产流程。人工智能技术能够分析历史数据,学习系统的正常运行模式,预测潜在的故障点,帮助运维团队提前采取措施,减少系统宕机风险,从而提升了生产效率和产品质量。例如,分析服务器日志文件,识别可能导致性能下降的模式,并提前优化。完成学习训练后,人工智能可以理解和执行操作人员的指令,自动完成复杂任务,并在检测到异常时触发修复流程,从而提高工作效率,并减轻人员的工作负担。

(2) 建立模型进行分布式生产调度。分布化控制机制更加灵活,可以更好地处理突发事件带来的生产停滞,结合先进的信息技术和算法优化,实现了生产效率和产品质量的显著提升。例如,人工智能可以通过分析网络流量和用户行为来识别安全威胁,并及时提出防御措施。

(3)大数据分析协助智能排程和优化。生产排程问题一直是制造企业关注的焦点,因为它直接影响到企业的生产效率和成本控制。人工智能技术能够自动解析海量日志,识别异常模式,并生成易于理解的报告。在服务器日志中,人工智能能够快速识别出潜在的安全威胁(如异常登录尝试),并提醒运维人员采取措施。

(4)数字化建模协助供应链管理优化。通过分析物料使用情况、原材料可用性和订单响应时间等指标建立供应链模型,利用事件关联功能整合信息驱动模型运行,输出物料需求预测,进而优化库存管理,减少库存成本,同时确保物料供应的及时性和准确性。

(5)提供企业所需的可视性和自动化功能,完成智能运维,不仅降低运营风险,而且无须完成大量额外的管理工作。常见智能运维手段如图 9-4 所示。

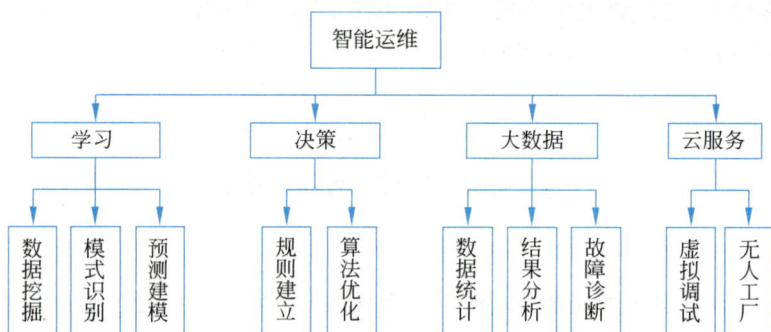

图 9-4 人工智能技术运用于智能运维

目前结合这些技术,人工智能在智慧工厂上的优势和典型应用可概括为基于自主研发的人工智能创新引擎、人工智能分析引擎和人工智能决策引擎,最终打造智能的管理底座和灵敏的管理地图。

1. 构建具有人工智能＋能力的综合管理底座

运用人工智能技术打造综合管理底座,集合传统工业场景需求,为工厂生产流水线提供智能化的生产运营管理和质量管控能力,针对生产流程中出现的问题进行提示,进而保障产品的质量,改善生产流程,其典型构建方式如图 9-5 所示。

综合管理底座包含的典型模块如下。

(1)安全监控。人工智能技术可以通过实时监控网络行为,及时发现并响应安全威胁。人工智能的异常检测算法能够帮助识别出潜在的攻击和异常模式,从而提前预防安全事件的发生。

(2)预测性维护。利用人工智能技术对历史数据进行分析,预测可能的系统故障和安全问题,从而减少意外停机时间,确保业务连续性。

(3)自动化处理。人工智能与自动化工具相结合,能够自动执行日常的运维任务,如系统更新、备份和恢复等,不仅减轻了运维人员的负担,而且提高了执行任务的速度和一致性。

(4)数据隐私保护。人工智能技术在运维中应用时,需要处理大量可能包含敏感信息的数据。因此,必须确保遵守数据保护法规,采取适当的数据加密和匿名化措施来保护数据隐私。

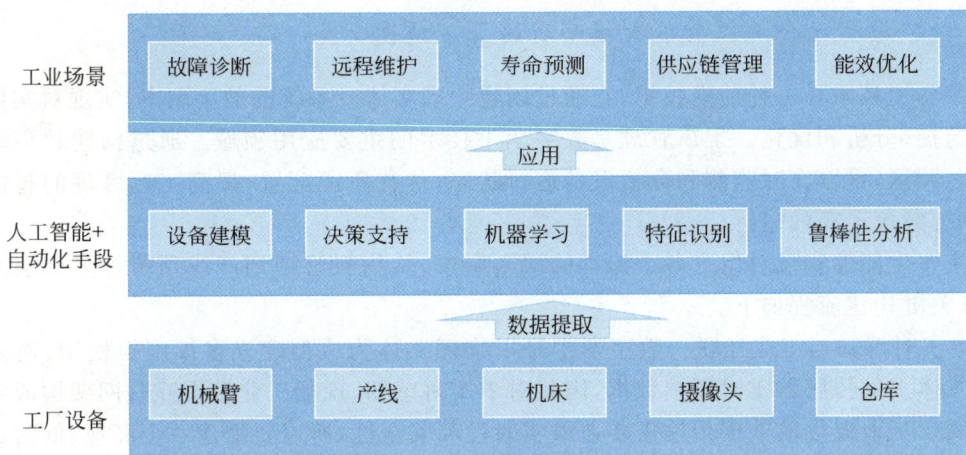

图 9-5　综合管理底座构建

（5）算法和模型安全内嵌。由于人工智能模型的安全性对于防止恶意攻击至关重要，因此需要对模型进行安全测试，如数据输入的前馈检测和模型输出的后馈检测，以减少误判并提升人工智能系统的鲁棒性。

（6）智能分析决策模块。在智能运维中，基于高质量的运维数据，智能分析决策平台采用适合的人工智能算法和模型作出合理判断，并驱动自动管控平台执行运维操作，其中包括与安全相关的决策和操作。

（7）告警收敛。人工智能技术能够对告警信息进行分析、合并和丢弃，降低告警信息的规模，帮助运维人员更有效地识别和响应真实的安全威胁。

通过对现场信息的实时感知、处理与分析，不仅可在工厂实现"边—端—云一体化"的智能决策及控制，其逻辑如图 9-6 所示，更可进行自动全息感知和全样分析，突破性应用决策智能技术实现车间级甚至园区级的全息全域信控优化，打造业务闭环，从而全面提升工厂和企业管理效能。

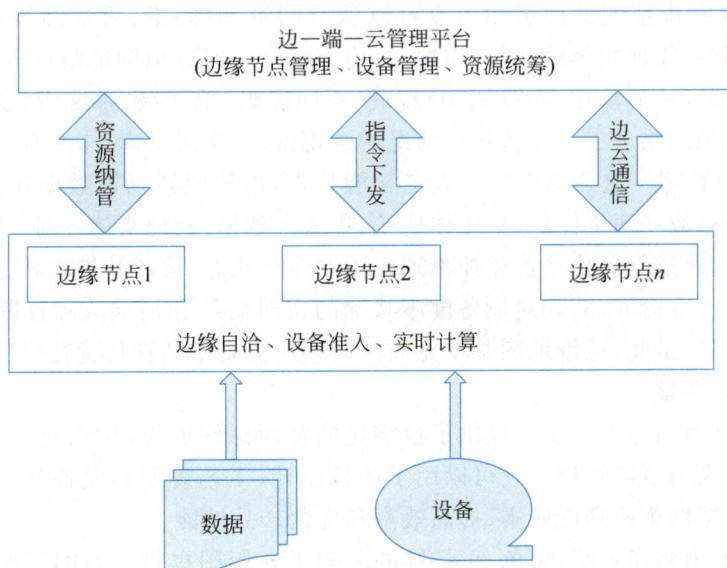

图 9-6　边—端—云一体化控制

2. 数字孪生结合人工智能大模型打造管理地图

数字孪生技术是一种前沿技术,它通过创建物理实体或系统的数字副本,实现对实体状态的实时监控、分析和优化。工厂管理是数字孪生技术的重要应用领域。通过构建数字孪生车间、工厂、园区,可以实时监测和分析设备运行状态,优化资源配置,提高工厂管理的智能化水平,帮助智慧工厂高效运行。

数字孪生能够实现对生产各个流程的深入洞察,从物料管理到产线预警等多个层面发挥作用,其关键构建流程如下。

(1) 实时感知与工业互联。数字孪生是以物理实体为原型建立多维虚拟模型,通过安装在物理本体上的传感器实时反馈数据,因此对于实时感知、现场工业数据互联网架构成熟度的要求很高。工业现场的数据传输需要兼顾实时性和安全性,所以要搭建一个高速、低时延的信息传输网络,将各类信息快速、安全地传输到孪生数据库。因此,数字孪生技术对物理传输线路、网络接口、传输协议等要求严格。目前,通信技术的快速发展和 5G 的出现,大幅提高了数字孪生数据实时感知的效率。

(2) 多维、多尺度模型构建。数字孪生以传感器反馈数据和大量历史数据为材料,不断迭代优化模型,实现多空间尺度的模型构建。其主要分为单元级、系统级和复杂系统级。例如,将零部件看作单元级,由零部件组合成发动机控制系统的系统级,再由各系统组成航天器系统为复杂系统级,实现各系统间协作运行,再进行数字化,以建立数字孪生模型。数字孪生的建立来自物理本体的多维虚拟模型。数字孪生在建模方面,主要关注物理实体的物理行为、材料测定、量化误差研究,使模型参数更加准确。数字孪生数据反馈也是多要素的,依赖压力、温度、角度、速度等传感器。

(3) 数据交互管理。数字孪生需要结合以往的历史数据和人工智能技术,最后利用软件分析并呈现,数据实时交互性很强。孪生数据管理包括数据采集、传输、处理、存储、计算一系列步骤,是数字孪生技术的关键部分。孪生数据源于物理对象的全生命周期,收集、存储、处理其从诞生开始到废弃结束的全部数据,来加强物理实体和虚拟模型之间的交互及迭代优化。

(4) 运动仿真和虚拟调试。运动仿真可以从空间维、时间维、质量维等多个维度进行考量。数据应当能刻画物理实体的几何、属性、行为等特征。而虚拟调试则负责从不同空间尺度来数字化演练物理实体的动作,涵盖从 3D 空间、不同层级(单元级、系统级、复杂系统级)来模拟设备运行,从而刻画物理工业设备运行情况的复现推演、实时动态、未来预测过程。

(5) 设备健康管理。数字孪生利用人工智能技术,以传感器反馈数据和大量历史数据为材料,在为设备建立数字孪生体后,孪生体连接、集成大数据,物理实体一对一映射到数字空间的动态虚拟模型。通过信息化平台监控物理实体的运行状态、诊断其健康状态、模拟其变化过程、预测其剩余使用寿命等,实现对设备健康状况的实时监控和精准故障诊断,从而提高产品的质量和生产效率。至此,运维地图基本完成。后续还需要不断迭代优化模型,以实现多空间尺度的模型自优化调整。

数字孪生运维地图为工厂安全提供了数字化的危险感知能力,可以有效识别危险事件发生,将事后预防升级为事前管理。它可以用于产品设计、工艺规划和设备维护,通过在虚拟环境中模拟和分析,帮助企业降低成本、提高效率和优化产品性能。

数字孪生技术为构建智慧、绿色、可持续的未来工业版图提供了新的可能性,展现出了巨大的潜力和价值。这项技术在智能制造领域要达成更为广泛的应用,需要结合自身实践,聚焦重复、海量、复杂的场景,识别企业中人工智能的应用场景并进行规模推广,完成企业数字化转型。随着技术的不断进步和实践的深入,数字孪生有望在更多领域发挥关键作用,重塑我们对空间智能生态的认知和构建方式。在实际应用过程中,数字孪生仍面临一些挑战,如数据安全和隐私保护问题、技术标准统一等。为应对这些挑战,需要加强跨领域合作、人才培养,并研发相应的数据加密技术同时建立健全的标准体系。

9.3.2　智慧工厂的典型案例

1. 智能料箱搬运监控平台

该项目是使用人工智能技术进行工厂物流优化的典型案例。通过借助人工智能技术,建立了无人驾驶机器人(AGV)及机器人集群管理系统,升级了物料搬运解决方案,以实现转运和存储的精细化管理。料箱搬运解决方案如图 9-7 所示。

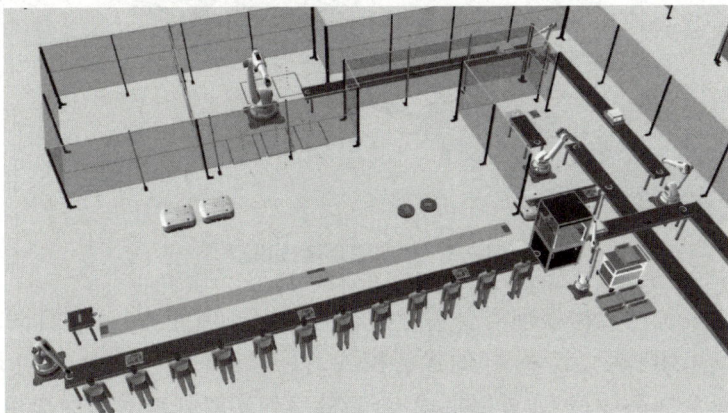

图 9-7　料箱搬运解决方案

该项目针对物流的几个突出问题进行建设:①电子生产制造过程复杂坪效低的场景硬伤;②企业订单逐年增加,人效、机效及车效严重依赖订单结构;③人工操作物品损坏率高。

该项目建成后,取得了显著成果。

(1)提高了运输成功率。在生产制造业中,实现了货架到产线的对接搬运,减少了人员操作的失误率,提高了智能仓的拣选效率。

(2)减少了运输人力。通过高效率、高存储、高稳定性的智能料箱机器人替代传统人工,减少了纸质记录、数据录入、盘点、拣货等对人工的需求,从而节省了人力成本。

(3)节省了库存成本。无纸化作业节约了资源,提升了仓库整体效率;整合仓库资源,合理分配员工岗位和工作,客户仓库坪效显著增加,实现了降本增效。

(4)精益了仓储管理。升级仓库管理模式,全程计算机操作,数据实时更新,避免了人工采集的错误出现,从而提高了业务处理的准确性,满足了企业精益化的要求。

2. 数字孪生运维管控平台

该项目是数字孪生与工业互联综合用于智能制造运维场景的典型代表。项目采集主要通过关键零件上的各种传感器,将实时工况数据连接历史维修记录数据库。基于高逼真度的孪生仿真模型,把关键设备在上位操作画面进行了 3D 建模,利用 Unity3D 搭建虚拟场景建立并观察 3D 模型,实现了对工业设备的可视化实时监控,再现了真实的内部工业环境,使在岗工人可以更加直观地掌握状态,针对参数变化进行操作,并使操作更加安全便捷。经验证,该系统具备较好的实时性、交互性和可行性,并且可以嵌入工效计算、故障分析等功能,为装配、运输管控向"智能化"方向发展奠定了基础。

该项目构建了由物理车间、虚拟车间和车间生产管理系统三者协同工作的孪生模型,同时实现了装配过程质量数据的采集、分析、反馈及预测。同时,通过搭建质量管控平台,完成了设备健康状态检测和关键零件剩余寿命预测,解决了复杂流程生产的时效性、预测性差等问题,并以实例验证了其准确性。数字孪生运维模型如图 9-8 所示。

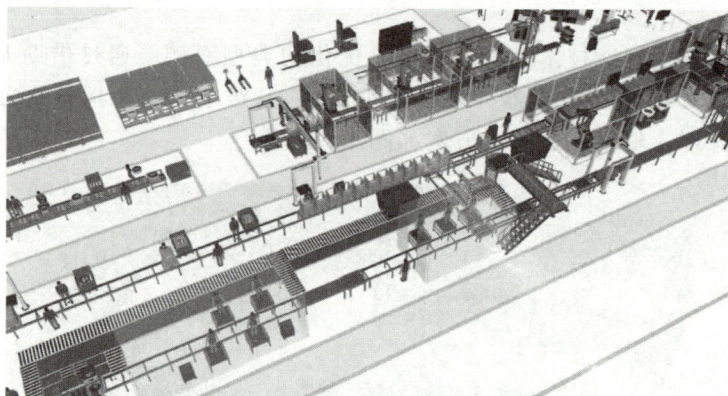

图 9-8　数字孪生运维模型

由于数字孪生系统的数据处理需要实时可靠的强大处理能力,该项目同时构建了私有云服务数据中心。其采用基于"云—端"的运行模式,以云计算平台为中心,并增加边缘计算能力,具有低时延、安全性高等特点,可以低成本、高效率地实时处理对应的孪生数据。

3. 基于"1＋1＋N"架构的智慧低碳型垃圾焚烧发电厂

"1＋1＋N"即 1 个数据平台、1 个管控中心、N 个智慧化应用。该项目针对垃圾焚烧过程中存在的多变量、强耦合、大滞后等特性导致的全自动控制实施难度大的问题,充分发挥了大数据＋人工智能控制技术的优势,在传统 DCS 自动化控制的基础上,采用数字化、智能化技术,对全流程、全要素进行寻优控制。通过智能垃圾收储与给料系统、智能焚烧系统及冷端优化发电等各工艺环节智慧工业软件应用,使垃圾焚烧发电厂各工艺过程的效率提高、安全水平提升、运营成本下降、人工操作减少,最终实现了低碳智慧运行的新一代垃圾发电厂。其具有如下主要特点。

(1) 系统智能寻优运行。应用智能化工业软件,实时对系统、设备、指标等大数据进行分析,优化垃圾发酵系统、焚烧系统、汽机热力系统、烟气净化系统等关键工艺流程,使设备、系统均自动在最佳工况运行。

(2) 全厂低碳运行。燃料是电厂节能和提高效率的基础,垃圾发电厂中的垃圾在垃圾池发酵、混合是全厂低碳运行的核心,垃圾智能储运与给料系统会自动感知与优化垃圾发酵过程,将合格的成品垃圾送入焚烧炉,实现了全厂低碳运行。

(3) 人工操作减少。通过自动给料、智能运行、智能巡检、机器人、无人机等设备和软件,全厂人工操作大量减少,某些工艺环节基本实现了"黑灯工厂"运行。

（4）设备可靠性高。设备检测与故障预诊断系统会对设备各性能参数实时监控,对设备进行健康评估及故障预测,并做好预防性维护,将设备的可靠性掌握在控制系统之内。

（5）安全性提升。通过应用 5G、人脸识别、电子围栏、人员定位、AR 等最新技术,全厂的安全水平得到极大的提高。

（6）精细化管理。桌面云、移动 App、实时能耗分析及三维可视化等技术不仅可以提升管理经营效率,更重要的是为管理者提供了精细化管理的手段,可以让工厂的每一项消耗都做到清晰可查。

本项目集成了智能运维与工业互联的精髓,构建了智慧数字平台该平台采用 ENFI 工业互联网平台作为 PaaS 层基础平台,以全厂 BIM 模型为基础,集成了属性数据、物联网数据、生产运营数据,具有设备接入、数据采集、数据分析、智能算法组件、全流程数据库、三维可视化、定位信息等功能,为智慧工业软件的应用提供了基础。

该项目还创造性地建立了一体化管控中心,采用智能驾驶舱型管控设计,实现了管理模式统一化、集约化、扁平化、信息化、专业化,拓展了数字化应用的场景和展现模式。其功能应用涵盖安全应急、生产管理、设备管理、能耗管理、环境管理系统智能优化等,实现了全厂管控的可视、可知、可控。

9.4　本章小结

人工智能技术在智能制造领域的应用展现出巨大的潜力,它通过自动化和智能化的手段,极大地提升了工业生产的效率和准确性。人工智能技术在故障预测、自动化处理和安全监控等方面的应用,使工作模式发生了革命性的变化。在自动化处理方面,人工智能展现出巨大潜力。自动化工具与人工智能相结合后,能够自动执行日常的运维任务,减少意外停机时间,减轻人员的负担,并提高执行任务的速度和一致性,确保业务的连续性。

然而,人工智能在智能制造中的应用也面临诸多挑战。首先是数据质量、安全性和技能缺口问题,人工智能系统的决策过程往往是黑箱操作,缺乏透明度,这可能导致信任问题。其中,人工智能技术的部署和维护需要专业的知识和技能,操作团队需要接受新技能的培训,以管理和优化人工智能系统。此外,数据隐私问题也是一个挑战,人工智能系统的训练和运行依赖大量数据,可能涉及工业现场众多敏感信息的处理,因此必须确保遵守数据保护法规,采取适当的数据加密和匿名化措施。通过不断学习和适应,开发团队可以充分利用人工智能的潜力,提升工厂运作效率,同时保障系统的稳定和安全。制造企业需要建立严格的数据管理流程,加强运维人员的人工智能培训,设计合理的人机交互界面,以克服这些挑战。

课后习题

1. 人工智能在智能制造领域发挥作用,有哪些关键的技术支撑?
2. 在工业机器人控制中,人工智能展示了哪些显著的作用?

3. 神经网络和深度学习是怎样应用于工业机器人控制的？

4. 工业互联的基本平台架构包含哪些部分？它和人工智能的关联是什么？

5. 具有人工智能＋能力的智能运维基础底座典型功能模块有哪些？

6. 请阐述数字孪生的概念，以及其用于智能制造的意义。

7. 人工智能技术如何利用机器学习（ML）和数据分析来服务于智慧工厂的建设？

8. 生产机制分布化有什么特点，它和集中化相比有什么优势？

9. 构建低碳供应链体系的意义是什么？智慧工厂是如何达成这一目标的？

10. 你认为人工智能在智能制造领域未来可能会呈现哪些新的发展趋势？

第 10 章　人工智能在智慧交通领域的应用

📋 **教学导引**

（1）了解智能感知的基本概述与典型案例。

（2）掌握智能规划与决策的基本概述与典型案例。

（3）了解数字孪生在交通领域的应用。

（4）理解交通大模型的概述与应用。

📋 **内容脉络**

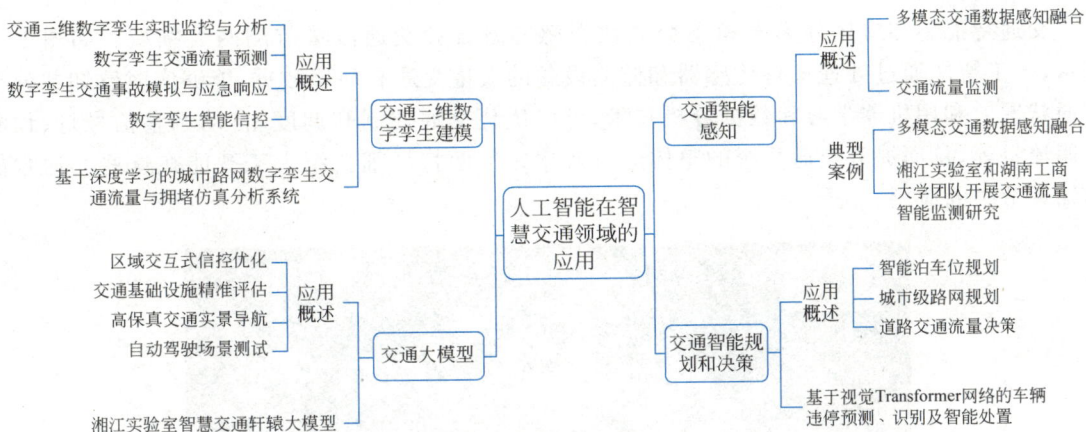

📋 **内容概要**

随着物联网技术的飞速发展，人工智能在智慧交通领域的应用逐渐崭露头角，其旨在提升交通管理的效率、安全性和可持续性。传统的交通管理方式正面临着转型升级的挑战，而人工智能技术的引入为这一变革提供了重要支持。通过人工智能技术，交通流量监控与预测变得更加精准，能够实时分析和预测交通状况，动态优化交通信号控制，从而缓解了交通拥堵，并缩短了等待时间。在本章中，我们将深入探讨人工智能在智慧交通领域的多方面的应用，包括交通智能感知、交通智能规划与决策、交通三维数字孪生建模，以及交通大模型。

10.1　人工智能与交通智能感知

　　交通智能感知是智慧交通的基础构件之一,依托于人工智能技术的迅猛发展,它正在从单一数据源的静态分析向多源数据的动态感知和智能处理转变。通过综合利用视觉计算、深度学习及物联网技术,交通智能感知系统可以实时获取并处理复杂的交通环境数据,如车辆状态、道路条件和突发事件。其应用已从简单的交通流量统计扩展到精准识别异常交通行为、优化交通资源分配等多个维度,为智慧城市的高效运行提供了强大助力。

　　人工智能技术的引入为交通智能感知注入了新的活力。通过深度学习、计算机视觉和多模态数据融合技术,交通智能感知系统能够以更高的精度和效率实时获取和分析道路、车辆及环境数据。这些智能化系统不仅可以监测交通流量、分析道路拥堵状况,还可以预测潜在的交通风险,为驾驶员和交通管理部门提供优化方案。

10.1.1　人工智能在交通智能感知中的应用概述

　　交通智能感知应用分为多模态交通数据感知融合和交通流量监测两大领域。如图 10-1 所示,人工智能通过处理来自传感器和监测设备的大量交通和环境数据,能够实时感知并分析交通状况。利用机器学习和数据分析技术,可以优化交通控制和调度,自动调整信号灯、预测交通流量等,从而提升交通系统的整体运行效率。下面将详细介绍人工智能在这些交通智能感知环节中的应用。

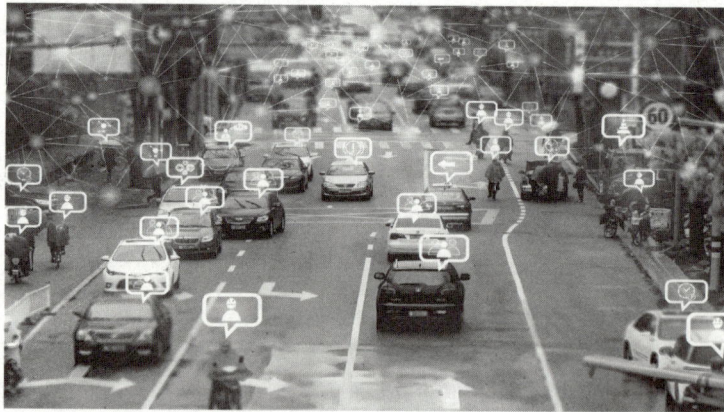

图 10-1　交通智能感知的应用场景

1. 人工智能在多模态交通数据感知融合中的应用

　　在多模态交通数据感知融合中,人工智能扮演着关键角色。多模态交通数据包括来自不同传感器和来源的信息,如视频监控、交通流量传感器、GPS 数据等,需要综合利用这些数据来实现更智能的交通管理和决策。典型的多模态交通数据感知融合方案一般包含多个阶段,每个阶段都需要精细的数据监测、融合和分析。传统的方法往往依赖人工处理和分析这些数据,存在着效率低下、容易出错,以及无法处理大规模数据等问题。尽管自动化设备和云存储技术在交通数据感知中发挥出色,但研究人员仍需通过人工分析图像和数据,并依靠经验做出决策。基于人工智能技术,可以通过机器学习、深度学习等方法,对多模态交通数据进行自动化处理和分析,发现数据之间的隐含关联和规律,从而实现数据的智能感知和融合。

　　基于人工智能的多模态交通数据感知融合系统,利用机器学习、多模态对比学习和数据挖掘等技术,能够根据传感器数据和图像信息等多模态数据源远程触发决策。这种智能化决策方式使交通数据感知系统能够根据实时情况调整交通流量控制、路况监测等工作,提高交通运行的效率。多模态交通数据感知融合系统还可以根据交通流量和拥堵情况等因素调整交通管理策略,包括信号灯控制和道路分配等,以确保交通系统的高效运行和稳定性(见图 10-2)。

图 10-2　多模态交通数据感知融合

　　借助人工智能算法,科研人员还可以发现交通系统的运行规律、交通数据之间的关联性,以及交通事件对整体交通流的影响。通过对交通数据的深入分析和预测,人工智能可以优化交通信号控制、路线规划和交通流量管理,从而有效提升交通系统的运行效率和交通参与者的出行体验。

2. 人工智能在交通流量监测中的应用

　　交通流量监测是智慧交通高效管理过程中至关重要的步骤。传统技术在交通流监测中存在着依赖人工操作、局限性、数据处理效率低、准确性不高、缺乏智能化分析,以及无法应对复杂场景等不足之处。通过应用人工智能技术,特别是深度学习算法,可以对交通流的形态、密度和速度等特征进行高效准确的分析。这使大量交通流数据的自动识别和分类变得更加迅速和精准,能够有效区分不同类型的交通流。与传统的图像识别算法不同,人工智能在交通流监测中的应用主要依赖卷积神经网络等技术,利用其自动提取特征的能力,可以快速学习和识别交通流中的模式和规律,进而实现高效的交通流监测和分析。

　　人工智能技术能够自动识别交通流中的特定目标,取代了传统的人工监测方法,实现了交通流的智能化监测和分析。这种智能化方法不仅提高了监测的准确性,还显著提升了监测速度和效率,为交通管理和规划提供了强大的支持和工具。通过图像识别和深度学习算法,人工智能可以自动识别交通流中的不同车辆类型和交通事件,然后通过智能监测系统进行精确监测和分析。这种智能化监测方法不仅提高了监测的效率和准确性,还降低了监测操作的复杂性和人为误差,有助于提升交通管理的准确性和决策效果。通过人工智能在交通流监测中的应用,可以实现交通数据的智能化处理和实时监测,从而提高交通系统的运行效率和安全性。

此外,基于多智能体强化学习的城市交通拥堵疏解方法,综合利用车辆识别、视觉识别、强化学习等方法,以对城市路网交通流量数据补全、关联与权重分析,实现主动疏解。同时,基于交通流量智能预测的城市交通拥堵预警模型,对交通数据信息进行分析研判,动态设计交通智能诱导方案,实现交通拥堵的准确预警,从而提高了交通拥堵疏导效率。通过结合人工智能技术和先进的监测设备,交通管理部门可以实现对交通流的智能监测、实时分析和智能化决策,确保交通系统的效率和安全性。基于人工智能的交通流预测系统如图 10-3 所示。

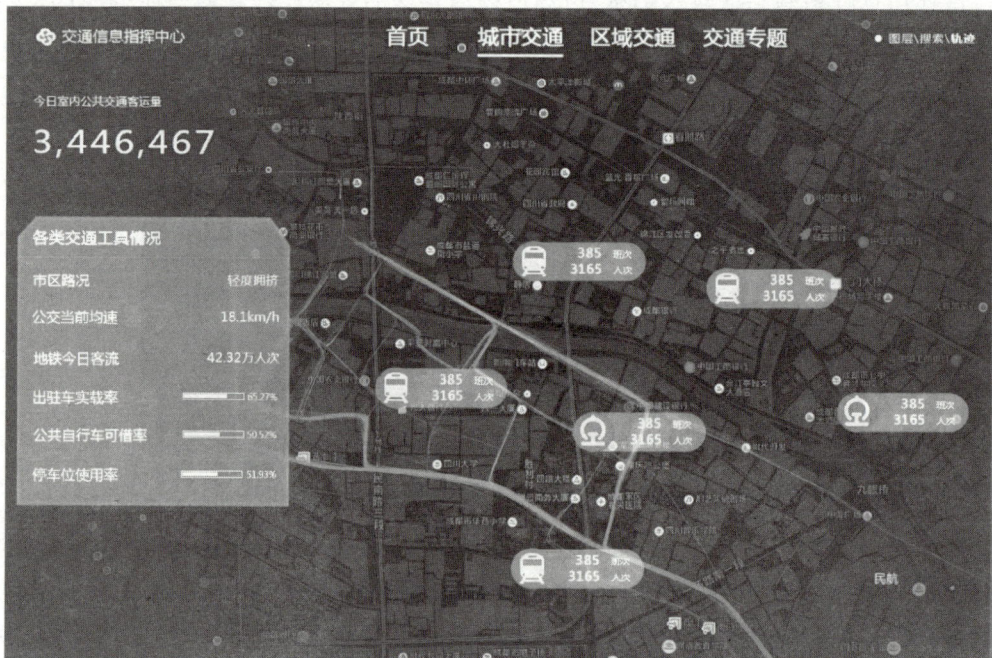

图 10-3 基于人工智能的交通流预测系统

综上所述,人工智能在交通智能感知领域的应用与未来发展将为交通管理和规划带来新的可能性,促进交通系统向智能化、高效率和可持续发展方向迈进。随着人工智能技术的不断成熟和应用,人工智能在交通智能感知领域将扮演越来越重要的角色,帮助交通系统实现智能感知,通过对交通数据的智能化处理和分析,提升交通流的监测、预测和管理能力,推动交通领域的创新与发展。人工智能在交通智能感知中的融合应用与意义如表 10-1 所示。

表 10-1 人工智能在交通智能感知中的融合应用与意义

交通智能感知	融合应用与意义
多模态交通数据感知融合	利用多模态学习技术对来自不同传感器的数据源,如视频监控、雷达、激光雷达和GPS等,进行统一分析和处理,实现对交通流量、车辆行为和道路状况的全方位感知和实时监测。通过融合多模态数据,能够提供更加精确和全面的交通信息,为交通管理和智能交通系统提供支持。此外,结合物联网自动化控制技术,可以实现对交通基础设施的远程监控和智能调控,确保交通系统的稳定性和高效运行

续表

交通智能感知	融合应用与意义
交通流监测	通过强化学习和图像处理等人工智能技术，可以对交通流进行精确监测和动态分析。例如，利用生成对抗网络（generative adversarial networks，GANs）处理道路摄像头数据，识别和预测车辆和行人的运动轨迹，精准分析交通流量及其变化趋势。此外，结合时空大数据分析技术，能够实时优化交通信号配时和道路资源分配，有效缓解交通拥堵，提高道路通行效率和交通管理的智能化水平

10.1.2　交通智能感知的典型案例

本小节以"多模态交通数据感知融合"和"交通流智能监测"为例，说明人工智能技术在交通智能感知中的应用，下面将对这两个案例进行详细介绍。

1. 多模态交通数据感知融合

多模态交通数据融合通过整合来自不同传感器的数据（如视频监控、雷达、激光雷达和GPS 等），为智能交通系统提供了全面的环境感知能力。这种数据融合技术在交通流量预测、车辆跟踪、行人检测等领域具有重要应用，极大地提高了交通管理的精准度和实时性。然而，由于各类传感器数据的异构性和数据处理算法的复杂性，如何实现高效的数据融合和一致性处理仍是当前智能交通系统面临的挑战。因此，研究者们利用多模态数据融合和人工智能技术，实现了交通信息的深度挖掘与分析，能够实时优化交通信号控制，预测道路拥堵和事故发生，从而提升交通系统的整体运行效率与安全性。如图 10-4 所示。

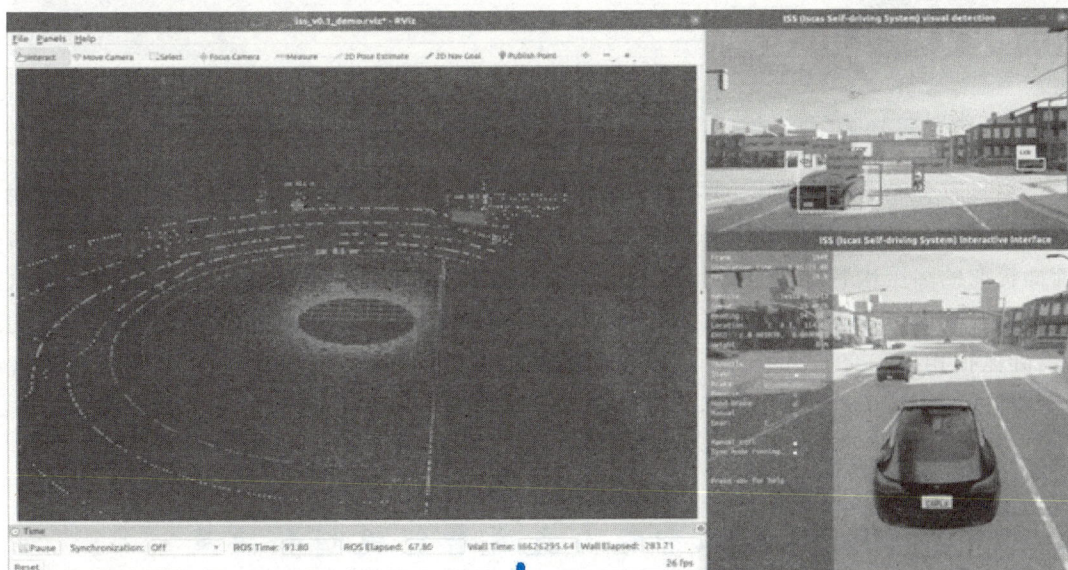

图 10-4　基于深度学习的多模态交通数据智能感知融合

以多模态交通数据智能感知为例，利用深度学习与图像识别方法，能够实现以下方面。①采用先进的传感器技术来实时检测和分析三维障碍物。即使在动态和具有挑战性的场景中，这种功能也使自动驾驶车辆能够实现 3D 障碍物检测，提供最优的决策并确保安全导航。

②基于深度学习识别技术,识别车辆周围环境中的物体,并利用尖端算法来识别和分类各种对象,如行人、车辆和标牌,有助于增强态势感知,实现 2D 物体检测。③采用深度学习语义分割技术,将场景划分为有意义的部分,使车辆能够理解道路布局并更好地响应复杂的城市景观。④基于传感器的 BEV 地图生成方法,使用传感器数据生成鸟瞰图(BEV)地图,提供车辆周围环境的整体视图。该地图是路径规划和决策的宝贵工具,可增强车辆高效、安全导航的能力。

基于人工智能的多模态交通数据智能感知技术,可以用于精准分析和预测交通流量、车辆行为及道路安全状况,有效优化和改进交通管理体系。这些技术突破有望为提升智能交通系统的决策能力和响应速度提供坚实的技术基础,从而推动交通管理的智能化与高效化,改善城市交通的整体运行质量和安全性。

2. 交通流量智能监测

在基于道路车流量监控的交通拥堵预测方面,交管部门一般是利用监控视频进行车流量统计,通过实时、准确地采集车流量信息,可以合理分配交通资源、提高道路通行效率,有效预防和应对城市交通拥堵问题。然而,随着城市规模的不断扩大,交通道路呈现多种复杂形态,传统的背景差、帧差和目标检测等车流量统计算法在面对道路交通复杂场景时,效果不佳。为了在大量拥堵复杂场景监控视频中进行精准车流量监控,并且实现低延迟的实时监控效果,湘江实验室和湖南工商大学团队提出基于深度神经网络的目标检测模型,实现了对道路车流量的监控,并根据车流量情况对交通拥堵进行预测,如图 10-5 所示。

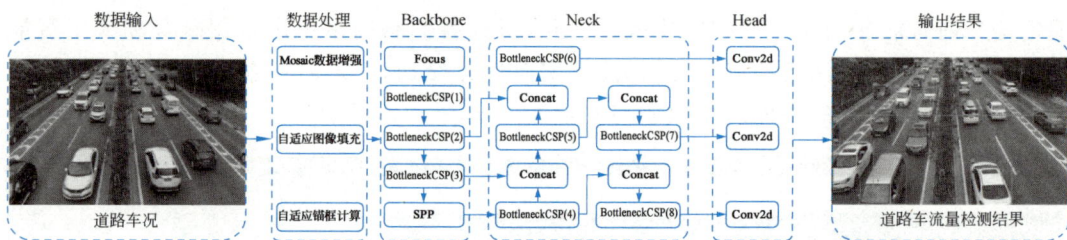

图 10-5　湘江实验室和湖南工商大学联合研发的智能交通感知技术架构

该项目首先结合深度卷积网络和空间金字塔池化网络,实现对道路车流量图像中不同层次的特征提取。其次,使用结合了特征金字塔结构(FPN)和路径聚合结构(PAN)的深度网络对前面提取的多层次特征进行多尺度的信息融合,以提高模型检测能力。最后,该模型输出道路上的实时车流量数据。训练好的基于深度卷积网络的目标检测模型可以部署在边缘端的设备上,如抓拍相机和交通摄像头等。该模型可以在离线的环境下对拥堵复杂的场景监控视频进行精准的车流量监控,并根据车流量信息对于交通拥堵风险进行评估,及时发出预警。

10.2　人工智能与交通智能规划和决策

随着智能交通技术的不断发展和应用,交通规划与决策在城市管理中变得越来越重要。然而,传统的交通规划与决策往往依赖人工经验和历史数据分析,存在决策效率低、响应速度慢等问题。人工智能技术的兴起为这一领域带来了新的契机,其在交通智能规划与决策中的应用,正在彻底改变交通管理的方式,使规划过程更加精准高效,决策更加智能灵活,从而为城市交通的可持续发展奠定了坚实的基础。

10.2.1　人工智能在交通智能规划和决策中的应用概述

智能泊车位规划、城市级路网规划和道路交通流量决策是智慧交通的核心应用领域,其中,规划与决策的流程:从左侧的感知和数据输入开始,经过模型安全和数据安全双重防护,结合人工智能标准/法规进行规则校验,再由安全大脑协调车路云协同计算,最终输出到右侧的控制模块,如图 10-6 所示。这些交通规划和决策过程各自面临不同的挑战,而人工智能技术的引入可以显著提升规划的精度和效率。下面将详细介绍人工智能技术在这些交通智能规划与决策中的具体应用。

图 10-6　交通智能规划与决策应用场景

1. 人工智能在智能泊车位规划中的应用

智能泊车位规划是智慧交通的重要应用之一,广泛用于提高城市停车资源的利用率,减少交通拥堵,如图 10-7 所示。传统的泊车位规划通常依赖人工数据收集和历史经验,效率较低,且难以应对实时变化的停车需求。人工智能技术的引入极大地改变了这一状况。

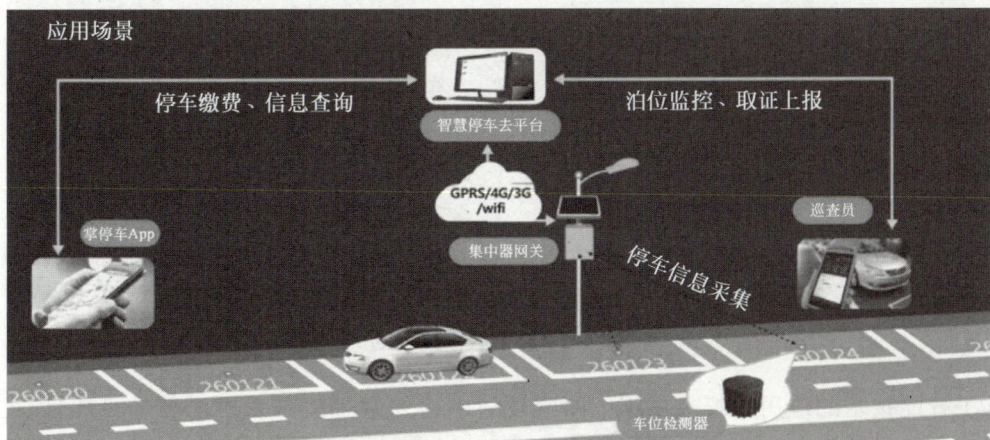

图 10-7　智能泊车位规划

美国斯坦福大学与当地一家智能交通公司合作,开发了一款基于人工智能的智能泊车系统。该系统利用深度学习算法实时分析城市摄像头数据,精确识别和预测各区域的停车需求,并自动推荐最优的泊车方案。实验结果表明,智能泊车系统能够准确预测80%以上的停车需求,有效缩短了驾驶员寻找车位的时间,并提高了整体停车资源的利用率。研究者认为,未来通过进一步优化人工智能算法和扩大数据收集范围,智能泊车系统可以大幅度减少城市交通拥堵,提高城市的整体交通管理效率。

人工智能技术,尤其是深度学习,已经在智能泊车位规划中展现出显著的优势。通过对大量城市交通数据、停车习惯及环境特征的深度学习,人工智能算法能够预测不同时段、不同区域的停车需求。这使停车管理系统能够更加智能地分配泊车位,减少车辆在寻找停车位过程中的时间消耗,从而缓解交通压力。

在智能泊车系统中,人工智能技术不仅用于实时识别和分配空闲停车位,还能够通过分析历史数据和实时信息,优化整个停车网络的布局。这种能力使人工智能可以为未来的城市发展提供支持,通过模拟和预测停车需求,帮助城市规划者更合理地设计和调整停车场的分布和容量,提升城市的交通管理水平。然而,人工智能在智能泊车位规划中的应用也面临一些挑战。例如,数据的准确性和实时性对人工智能算法的有效性至关重要。此外,如何确保系统在高峰期仍能保持高效运行也是一大考验。尽管如此,随着技术的不断进步,人工智能在智能泊车位规划中的应用将继续推动城市交通管理的革新,提高资源的利用效率,并为城市居民提供更加便利的出行体验。

2. 人工智能在城市级路网规划中的应用

人工智能作为一种先进的技术手段,在城市级路网规划中发挥着重要作用,特别是在优化交通流量、减轻交通拥堵、提升道路安全性等方面具有独特优势。它通过对大量的交通数据、车辆流动模式及环境因素的深度学习,能够生成高精度的路网优化方案,有助于城市规划者进行更科学合理的道路设计和交通管理,如图10-8所示。然而,传统的路网规划方法面临多个挑战,包括规划方案的主观性和误差、规划时间长,以及方案难以适应动态变化的交通需求等,这些因素影响了规划的有效性。

图 10-8　城市级路网规划

人工智能技术的应用为解决城市级路网规划中的复杂挑战带来了全新的可能性,尤其是在优化交通流量和提升交通系统整体效率方面,其重要性日益凸显。人工智能技术可以深度整合多种数据源,如实时交通数据、环境变量及历史交通模式,发掘潜在的交通流动规律。此外,人工智能还能有效过滤数据中的噪声,增强对交通趋势的预测能力,从而提高路网规划的精度。

人工智能技术能够高效、准确地识别并优化城市交通网络中的关键节点和潜在瓶颈。通过对海量交通数据的分析,人工智能能够学习并预测在不同条件下的交通模式,这些预测可以为城市规划者提供数据驱动的决策支持。人工智能技术大幅提升了路网规划的效率和准确性,为优化城市交通系统、减少交通拥堵及提高出行安全性提供了强有力的工具。

3. 人工智能在道路交通流量决策中的应用

道路交通流量决策利用多种传感器和数据采集技术获取实时的交通流量信息,通过监控摄像头、交通传感器和车辆导航系统收集不同地点的数据,再由交通管理系统处理生成详细的流量图像。交通流量决策在缓解拥堵、优化交通信号和提高道路安全性方面发挥了重要作用。

人工智能的引入为交通流量决策带来了新的视角。人工智能算法能从大量交通数据中学习和识别流量模式,辅助交通管理者更快速、更准确地做出决策。人工智能系统通过自动化数据分析,在短时间内处理和分析大量的交通信息,显著提高了决策效率。人工智能在预测拥堵和优化交通信号配置方面的能力,也有助于提升交通管理的准确性。例如,在城市交通高峰期,人工智能交通流量优化系统能够快速识别拥堵路段、调整信号灯时长,并提供进一步的交通管理建议。这种人工智能辅助决策有助于交通管理者做出更合适的应对措施,确保道路交通的顺畅。此外,人工智能还能在长期交通规划中发挥作用,通过分析历史交通数据提供关于未来流量趋势的预测,帮助制定更加科学的交通发展计划。

然而,人工智能在道路交通流量决策中仍面临多个挑战,包括算法的适应性、交通数据的实时性和复杂性、交通管理系统的整合难度、数据隐私和安全性问题,以及交通管理人员对人工智能技术的理解和信任等问题。这些挑战可能影响人工智能在交通流量优化和决策中的广泛应用,并需要进一步的技术进步和制度保障来克服这些障碍。

综上所述,人工智能在交通智能规划和决策领域的应用为现代交通系统提供了前所未有的机遇和挑战,彻底革新了交通流量管理、路径优化、信号控制和资源配置的方式。随着人工智能技术的不断进步,其在交通规划中的影响将越来越重要,对优化城市交通管理、提升通行效率和安全性作出更大的贡献。表 10-2 详细展示了人工智能在交通智能规划和决策中的融合应用与意义。

表 10-2　人工智能在交通智能规划和决策中的融合应用与意义

交通智能规划和决策	融合应用与意义
智能泊车位规划	通过使用卷积神经网络和支持向量机等人工智能算法,分析城市交通流量和停车行为,对大量的停车数据进行整合和处理,预测未来的停车需求趋势,并推荐最佳的泊车位分配方案。这些算法能够从数据中挖掘出潜在的停车模式和优化规律,为城市管理者提供更精确的数据支持和洞察力,助力更高效的智能泊车位规划
城市级路网规划	利用复杂的深度学习算法,如强化学习和图神经网络(GNN),从城市交通数据中学习,并优化路网结构,辅助城市规划者制订更合理的道路布局方案。这些算法已在城市交通流量管理、拥堵预测及道路安全评估的路网规划中得到应用

续表

交通智能规划和决策	融合应用与意义
道路交通流量决策	人工智能算法能够自动识别道路交通中的重要节点,如瓶颈路段和潜在事故多发区,并对其进行分析和优化。这些算法还可以应用于交通流量数据的管理和深度分析,通过构建智能交通数据库和分析平台,揭示隐藏的交通趋势和流量规律,为交通管理决策提供更加精准的支持

10.2.2 交通智能规划和决策的典型案例

本节以"基于视觉 Transformer 网络的车辆违停预测、识别及智能处置"为例,说明人工智能技术在交通智能规划和决策中的应用,下面将对这个案例进行详细介绍。

在对泊车行为的违停预测、识别及智能处置方面,一是根据交通流量数据,在高峰时间段,对目标区域内有靠边、减速等行为的车辆进行预停靠分析,并进行违停行为预测。二是对车辆是否处于泊车状态进行判断,然后再进行车辆违停识别。然而,要识别车辆的停车行为,就需要对车辆驶入驶出停车位的这一连续动作进行精准识别(视频识别)。传统的检测系统在进行识别时往往是采用人工方式或者传统的传感器检测方式。例如,采用电磁线圈设备对路过车辆行为进行检测,而且是基于像素阈值进行判断的,导致该系统只能处理有限的车辆行为,且准确率难以得到保证。为此,研究团队基于深度神经网络的视频识别模型、图像识别模型及 OCR 识别模型实现对泊车行为的车辆违停识别及智能处置的应用。

首先,采用 3D 卷积网络对车辆的监控视频中的关键帧、关键场景进行提取,获得对车辆驶入驶出行为的识别能力,从而判断车辆是否处于泊车状态。其次,使用视觉 Transformer 网络对驶入目标区域的车辆进行违停行为预测分析,同时对静态的泊车图像进行处理。该网络通过自注意力机制对图像中车辆和车辆周围的环境进行一个全局的特征信息提取,判断车辆是否有违停行为。最后,对于违停的车辆,使用深度 OCR 网络对违停车辆进行车牌识别,如图 10-9 所示。该网络利用长短期记忆机制和文本构造算法对车牌字符进行快速定位、分割和识别,最终输出违停车辆的车牌号码,并通过构建的道路泊车智能识别与违规停放智能处置系统快速找到车主进行处理,以此预防交通拥堵情况的发生。

图 10-9　基于视觉 Transformer 网络的车辆违停预测、识别及智能处置

尽管人工智能在交通智能规划和决策中已经展现了巨大的潜力,但仍面临一些挑战和未来的发展方向。首先,如何进一步提升算法的预测精度和适应性是一个重要的研究领域。其次,随着人工智能和数据分析技术的不断进步,自动化的交通流量分析和实时决策支持也成为未来的重要研究方向。

10.3　人工智能与交通三维数字孪生建模

交通三维数字孪生建模在城市交通管理中扮演着越来越重要的角色,它通过集成道路基础设施、实时交通流量和环境数据,结合高精度的数字建模和智能分析技术,生成全面的交通管理和优化方案。这些方案能够显著提高交通管理的效率,并支持对未来交通状况的精确预测。传统的交通规划方式往往依赖静态数据和经验,存在一定的局限性。通过引入人工智能技术,可以更深入地分析复杂的交通数据,运用机器学习算法和动态模拟,提供个性化、智能化的交通解决方案,推动城市交通向更加高效和智能的方向发展。

10.3.1　人工智能在交通三维数字孪生建模中的应用概述

随着城市化进程的加速和交通需求的日益增加,全球各大城市的交通流量持续上升,导致交通拥堵问题越发严重。尽管已有的交通管理措施有所改善,但仍难以完全应对日益复杂的交通状况,造成路口内大量车辆拥堵的情况,如图 10-10 所示。人工智能与三维数字孪生建模的结合,不仅显著提升了交通管理的效率,还能够根据实时交通数据和历史趋势,提供定制化的优化方案,从而改善整体交通流动性,提升市民的出行体验。接下来将详细介绍人工智能在交通三维数字孪生建模中的具体应用。

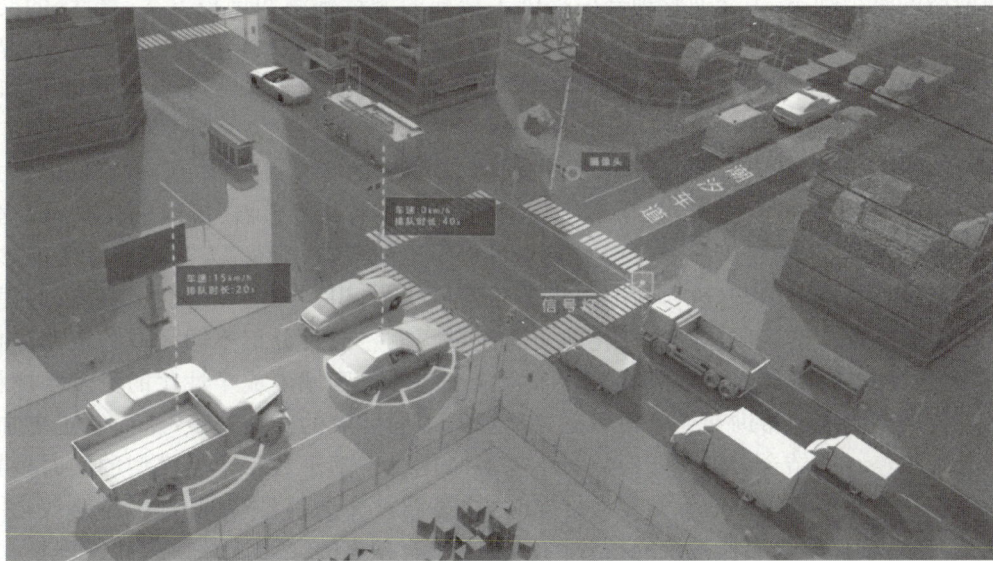

图 10-10　交通三维数字孪生建模场景

1. 人工智能在交通三维数字孪生实时监控与分析中的应用

人工智能在交通三维数字孪生实时监控与分析中起着关键作用,能够帮助交通管理者全面了解交通网络的实时状况,从而做出更明智的管理决策。传统的交通监控和分析主要依赖静态摄像头和定期收集的交通数据,存在反应滞后和局限性。而引入人工智能技术后,可以通过智能分析多维交通数据,如实时车辆流量、道路状况和环境因素,从而更精确地监控和分析交通动态。

人工智能算法能够处理和分析大量实时交通数据,识别可能导致交通拥堵或事故的关键因素,为交通管理者提供强有力的决策支持。此外,人工智能还可以结合特定路段和时间段的个性化数据,实现针对性的交通流量优化,进一步提升道路的通行效率和安全性。因此,人工智能在交通三维数字孪生实时监控与分析中的应用为交通管理者提供了更准确、全面和动态化的工具,有助于提高交通管理的效率和出行者的体验。

例如,最近在伦敦市的一项应用研究,利用深度学习开发了基于三维数字孪生模型的交通实时监控与分析系统。该系统结合了卷积神经网络(CNN)、长短期记忆网络(LSTM)、随机森林、支持向量机(SVM)等多种算法,分析了伦敦市 2010—2020 年的交通流量数据、道路使用情况及环境条件。研究结果显示,基于人工智能的三维数字孪生监控系统相较于传统的交通监控方法,能够更有效、更准确地预测交通拥堵,识别高事故风险的路段,并实时调整交通信号灯设置以优化交通流量。此外,该系统还成功地应用于伦敦市中心的特定路段,通过实时监控和数据分析,显著减少了高峰时段的交通拥堵,并提高了通行效率。这种技术的应用展示了人工智能在提升城市交通管理效率、降低交通事故发生率和改善市民出行体验方面的巨大潜力和实际价值。

2. 人工智能在数字孪生交通流量预测中的应用

数字孪生交通流量预测在现代城市交通管理中发挥着关键作用,通过实时分析和模拟城市交通网络的复杂动态,为交通管理部门提供了精准的流量预测和调控方案。传统的交通流量预测依赖静态的历史数据和经验,往往难以应对快速变化的交通环境。引入人工智能技术,特别是深度学习与数字孪生技术的结合,为交通流量预测带来了全新的智能化和动态化能力。

在数字孪生交通流量预测的应用中,人工智能技术的优势主要体现在以下几个方面。①多源数据的实时整合与处理。数字孪生技术通过整合来自传感器、摄像头、GPS 数据等多维度的实时交通信息,构建出一个与现实交通系统同步的虚拟模型。人工智能算法能够对这些实时数据进行深度学习和分析,精准预测交通流量变化,识别出潜在的拥堵节点,并提前预警可能的交通问题。②区域化和个性化的交通流量预测。通过分析不同区域的道路结构、车辆类型、出行模式等特征,人工智能算法可以为城市的各个区域生成个性化的流量预测模型。这种精细化的预测能够帮助交通管理者更好地理解不同区域的交通特点,从而制定更加有效的交通管理策略。③结合人工智能的数字孪生实时优化。基于数字孪生模型的实时模拟,人工智能能够在发生突发事件或异常交通情况时,快速调整交通信号灯配时、引导路线,并优化交通流量分布,确保整个交通系统的高效运行。这种动态化的交通流量预测和管理极大提升了城市交通的响应能力和管理效率,如图 10-11 所示。

在数字孪生交通流预测中,人工智能驱动的系统通过高效的数据处理和实时模拟技术来精确预测交通流量的变化和分布。这些系统可以分析复杂的交通数据,识别出潜在的交通瓶颈和拥堵点,并进行细微的调整,以优化交通管理的精确度。数字孪生技术与人工智能结合后,能够处理来自数百万个传感器和数据源的实时信息,从中提取出关键的交通模式和优化方案。这种智能化功能显著提高了交通预测的准确性和管理的效率。例如,Urban Traffic

图 10-11　数字孪生交通流量预测图

Digital Twin 开发的人工智能交通预测系统，能够为城市交通管理者提供实时的交通流量分析和预测，并通过不断学习和优化，提升交通管理的响应速度。另一个典型案例是 Siemens 的 MindSphere 数字孪生平台，它结合人工智能技术，通过分析城市的实时交通数据，预测未来的交通趋势，并提供优化建议。这种方式极大地提高了城市交通系统的效率，减少了拥堵，并改善了整体的出行体验，同时增强了城市的交通管理能力和智能化水平。

人工智能的应用显著增强了数字孪生交通流预测的精度和实时响应能力。在这一领域，诸如长短期记忆网络(LSTM)和贝叶斯网络等先进算法被广泛用于预测城市交通流量和识别潜在的交通瓶颈。与传统的预测方法不同，这些人工智能驱动的数字孪生模型能够深度分析大量的交通数据，包括实时的车辆流量、天气条件和特殊事件等多维信息，从而提供更加精确和动态的流量预测。通过人工智能的支持，数字孪生系统不仅能预测未来的交通流量，还能模拟突发事件的影响，并提出优化方案，从而实现对交通信号和路网资源的智能化调整。

随着人工智能技术的不断演进，数字孪生交通流预测变得更加精细化和具有前瞻性。人工智能不仅能够预测常规交通流量，还能够为交通管理者提供实时决策支持，特别是在突发状况下，通过迅速调整交通控制策略，保障交通系统的高效运行。这一技术进步为城市交通管理带来了前所未有的优势，使交通规划和应急响应更加智能和高效，显著提升了城市的交通运行质量和居民的出行体验。

3. 人工智能在数字孪生交通事故模拟与应急响应中的应用

数字孪生交通事故模拟与应急响应是提升城市交通安全与应急管理能力的关键技术，能够在事故发生前提供精准的虚拟模拟，并在事故发生时提供实时的应急响应方案。借助三维数字孪生技术，结合人工智能算法，系统可以创建高度逼真的交通场景，模拟各种可能的事故情境。交通管理者可以在虚拟环境中测试和优化不同的应急响应策略，通过人工智能生成的反馈和改进建议，提高应对突发事件的准备程度，从而有效减少实际事故中的损失和响应时间。

人工智能技术还能够实时跟踪和分析事故现场的动态变化，将实时交通数据与数字孪生模型结合，快速识别事故影响范围和发展趋势，并提供精确的应急调度建议。通过人工智能驱动的模拟系统,交通管理者可以实时调整应急方案,优化救援车辆的路径和资源分配,确保快速有效的应急响应。特别是在复杂和重大交通事故中,人工智能的实时分析和优化功能显示出了极大的优势,帮助管理者迅速做出关键决策,最大限度地降低事故对交通流量的影响,并保障公众的安全。

例如,人工智能在数字孪生交通事故模拟与应急响应中的应用极大地提升了交通管理的精确度和应急处理的反应速度。首先,人工智能通过与数字孪生技术相结合,构建出高度逼真的城市交通虚拟模型,这些模型能够实时模拟各种交通事故的发生场景。通过这些模拟,交通管理者可以预先识别交通网络中的潜在风险区域,并提前部署预防措施,从而有效减少事故的发生和影响。其次,人工智能系统利用实时数据流,如道路传感器和监控摄像头的反馈,能够迅速检测和分析事故的严重程度,模拟事故后的交通流变化,并实时调整交通信号和应急车辆的调度路径。最后,人工智能不仅帮助减少了二次事故的风险,还确保应急资源能够以最优路径快速到达事故现场,从而提高了救援效率。

除了这些主要应用,人工智能在数字孪生交通管理中的创新性应用同样值得关注。首先,人工智能可以利用分布式计算技术,将事故模拟和应急响应策略的数据传输至云端,支持跨部门的协同操作和远程决策。其次,人工智能通过融合虚拟环境技术,可以将模拟的事故场景与实际交通状况叠加,为应急指挥人员提供更加直观的操作指导和应对方案。最后,人工智能与自我优化技术的结合,使数字孪生系统能够从历史数据和最新事故事件中不断学习,持续改进事故模拟模型和应急响应策略,进一步提升系统的预测准确性和响应效率。

4. 人工智能在数字孪生智能信控中的应用

人工智能在数字孪生智能信控中的应用显著提升了城市交通管理的智能化水平,能够根据实时交通数据和历史趋势,动态调整交通信号灯的配时策略,从而优化整体交通流量,减少拥堵现象。通过引入先进的人工智能技术,数字孪生智能信控系统能够为交通管理者提供数据驱动的科学依据,最大限度地提升道路网络的通行效率。

人工智能在这一领域的应用有几个显著的优势。首先,人工智能能够实时处理和分析大量的交通数据,并利用动态优化算法精确调整信号灯的配时策略,以应对不同路段和时段的交通流变化。这种实时调整能力使得信控系统更加智能化和灵活,能够有效缓解高峰期的交通压力。其次,人工智能能够通过预测性分析,提前识别出交通高峰和特殊事件的影响,从而优化信号灯的配时方案,减少车辆的等待时间和道路拥堵。最后,人工智能驱动的信控系统还具备自适应学习能力,可以根据交通模式的变化持续优化信号控制策略。面对突发事件或道路施工等特殊情况,人工智能能够自动调整信号配时,确保道路的通畅运行。这种智能化调整不仅提高了交通网络的流动性,还减少了车辆的停滞时间和碳排放,进一步改善了城市的环境质量。

例如,先进的数字孪生智能信控系统通过整合强化学习(RL)、深度神经网络(DNN)和贝叶斯优化等人工智能技术,实时监控并优化城市交通流量。这些系统能够动态调整交通信号灯的配时策略,以应对不断变化的交通状况,有效缓解城市中的拥堵问题。通过强化学习,系统可以从实时交通数据中不断学习,优化信号配时决策,使交通管理更加智能化。数字孪生技术通过深度神经网络创建虚拟交通模型,这些模型能够准确反映和预测实际交通状况。贝叶斯优化则用于在高峰时段自动调整信号灯时序,确保交通流的顺畅分布,减少车辆的等待时间和排放。此外,这些智能信控系统具备自学习能力,能够从历史数据中持续改进和优化决策算法,进而提升整体交通管理的效率和应急响应能力。

　　总之,人工智能在交通三维数字孪生中的应用,主要依赖强化学习、卷积神经网络(CNN)和大数据技术等相关技术,从海量的交通数据中提取关键特征信息,实现对交通流量的精准模拟和预测,帮助交通管理者优化信号控制和资源配置。此外,大数据技术可以帮助人工智能系统实现对大量交通数据的存储、管理和分析,为三维数字孪生模型的构建和优化提供更可靠的支持。表 10-3 详细介绍了人工智能在交通三维数字孪生中的融合应用与意义。

表 10-3　人工智能在交通三维数字孪生中的融合应用与意义

交通数字孪生	融合应用与意义
交通三维数字孪生实时监控与分析	利用交通数据仓库中的庞大数据集,如实时交通流量信息、车辆路径记录、道路环境数据等,通过高级数据分析和模式识别技术,发现潜在的交通瓶颈和相关性,为优化交通管理和提升道路安全提供科学依据
数字孪生交通流量预测	通过强化学习、时序数据分析等技术,在交通流预测中通过分析城市特定的道路结构和交通模式,预测未来的交通流量趋势,优化交通信号和路线规划,以最大化交通效率并最小化拥堵和延误
数字孪生交通事故模拟与应急响应	利用实时交通数据,如监控视频、传感器输入等,快速生成城市交通的三维数字孪生模型,并进行虚拟交通事故模拟。基于机器学习算法和实时数据处理技术,提供个性化的应急响应建议与辅助决策
数字孪生智能信控	利用数字孪生模型中丰富的交通数据,包括实时交通流量、历史道路使用情况及环境变化等信息,为智能信控系统提供强大的数据支持。通过分析和挖掘这些数据中的潜在规律与关联性,人工智能可以不断优化和调整数字孪生模型,从而建立更加精准的智能信控系统

10.3.2　交通三维数字孪生建模的典型案例

　　本节以"基于深度学习的城市路网数字孪生交通流量与拥堵仿真分析系统"为例,说明人工智能技术在交通三维数字孪生建模中的应用,下面将对这个案例进行详细介绍。

　　在构建混合交通场景数字孪生系统原型的过程中,人工智能技术扮演了至关重要的角色。通过从交通环境构建、路面建模与动态演化、混合交通环境中的车辆行为建模,以及多人同场景感知等多个方面展开。基于深度学习技术,确保动态演化模拟的精准性和实时性。采用人工智能分析物联网在线数据的变化对"人、车、路、环境"四要素的影响,通过深度学习与强化学习等算法,实现对这些数据的持续在线融合与优化。在这一过程中,人工智能驱动的模型不断自我学习和迭代,增强了联动响应的智能化程度。通过这种智能化的持续迭代,仿真分析系统更加精确和可靠。

　　研究者开发了一个基于深度学习的城市路网数字孪生交通流量与拥堵仿真分析系统,该系统使用一种改进的卷积神经网络(CNN)架构,特别是应用了一种定制的深度学习算法来同时预测交通流量并检测潜在的拥堵区域。整个深度学习模型基于 TensorFlow 框架构建,优化过程采用 Adam 优化器,初始学习率设置为 0.001,动量因子为 0.9,权重衰减为 0.00001,批处理大小为 32。在数据输入网络之前,所有交通数据集都进行了标准化处理。这个系统可以自动识别交通网络中的关键拥堵点,同时进行不同城市区域的交通流量建模与分割。深度学习模型的性能通过均方误差和平均绝对百分比误差进行评估,以确保流量预测的精确性和可靠性。实验结果显示,该系统在准确预测城市交通流动和提前预警拥堵风险方面具有显著优势,为城市规划者和交通管理者提供了强有力的数据支持和决策参考工具。基于深度学习的城市路网数字孪生交通流量与拥堵仿真分析系统如图 10-12 所示。

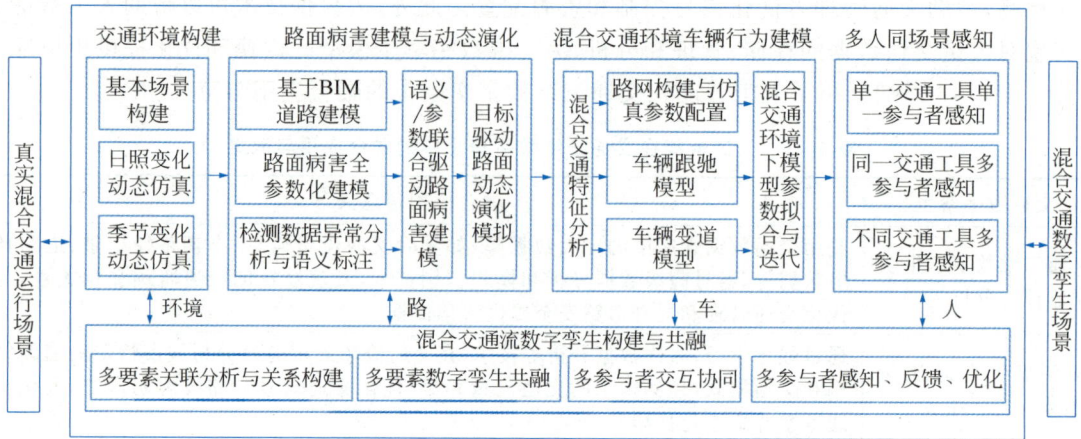

图 10-12 基于深度学习的城市路网数字孪生交通流量与拥堵仿真分析系统

总之,人工智能与交通三维数字孪生建模的结合,使智能化、精准化和实时化的交通管理成为可能,有效弥补了传统交通管理方式的不足,提升了交通流量的优化效果,减少了拥堵情况,提高了道路安全性,并增强了市民的出行体验。

10.4 人工智能与交通大模型

交通管理核心在于构建和应用交通大模型,通过融合大量实时数据,如交通流量、道路状况、行车行为和突发事件,进行全方位的监测、分析和预测,帮助交通管理从传统的被动应对模式转向主动优化。借助人工智能技术,交通大模型能够精准捕捉和分析交通系统中的复杂动态,预测潜在的交通问题,并实时提供优化方案。

10.4.1 人工智能在交通大模型中的应用概述

交通大模型应用可分为区域交互式信控优化、交通基础设施精准评估、高保真交通实景导航和自动驾驶场景测试四大领域。人工智能在交通大模型中的应用场景如图 10-13 所示,人工智能技术在这些领域的广泛应用,显著提高了城市交通管理的效率和精准度,推动了交通系统的智能化升级。

1. 人工智能在区域交互式信控优化中的应用

人工智能在交通大模型中的区域交互式信控优化,通过整合区域内多个路口的实时数据,实现交通信号控制的精细化和交互式管理。交通大模型依托强大的计算能力和深度学习算法,能够实时分析和预测区域内各路段的交通流量和车流动态,从而针对每个路口和整个区域

图 10-13　人工智能在交通大模型中的应用场景

制定最优的信控策略。区域交互式信控优化还能够充分利用交通大模型的全局视角,协调多个相邻区域的信号控制,以适应不同时段和不同交通模式下的流量变化。

不仅在交通信号控制领域,在城市交通管理、拥堵预测和应急响应等方面,交通大模型与人工智能的结合也展现了巨大潜力。通过实时监测和分析区域内的交通数据,系统能够对不同路段的交通状况进行实时监控,并提供个性化的信控方案,帮助减少交通拥堵和提升通行效率。在应急响应方面,系统可以迅速识别突发事件(如交通事故或临时路障),并实时调整信控策略,以最小化对整体交通流的影响。

2. 人工智能在交通基础设施精准评估中的应用

交通基础设施是现代社会发展的重要组成部分,其质量和效率直接关系到经济增长和社会福祉。精准的交通基础设施评估对于提高公共投资效率、降低运营成本、改善用户体验具有重要意义。随着城市化的推进和交通需求的增加,传统交通基础设施评估方法已经难以满足日益复杂的交通环境对精准评估的需求。

常见的人工智能应用包括使用计算机视觉技术识别道路裂缝和损坏,采用机器学习算法预测交通事故发生的概率,以及通过智能调度系统优化物流运输效率等。人工智能能够帮助规划和评估交通基础设施项目的长期影响,优化资源分配并减少环境影响。通过整合传感器数据、卫星影像、无人机监测等多种数据来源,人工智能能够实时分析交通流量、道路状况和基础设施的使用效率,提供可解释的解决方案,支持城市规划和交通管理的决策过程。此外,人工智能还能优化交通信号系统、提升公共交通服务的效率,通过分析历史交通数据和实时监控信息,为个体和社会提供更加智能的交通管理方案。

3. 人工智能在高保真交通实景导航中的应用

根据 Allied Market Research 发布的数据,全球高保真交通实景导航市场在 2021 年的规模约为 90 亿美元,预计到 2030 年将增长至 210 亿美元,年均复合增长率达 10.5%。这一增长趋势主要受到城市交通日益复杂、自动驾驶技术的进步，以及消费者对高精度导航需求的推动。

交通大模型利用来自多源传感器的数据，包括车辆摄像头、激光雷达、GPS 及道路传感器，结合深度学习和计算机视觉技术，生成高精度的实时交通实景图。这些模型不仅能够识别和分析道路标志、交通信号、行人和其他动态障碍物，还能够预测道路上可能出现的交通拥堵或其他问题，为驾驶员提供最佳路线建议。

人工智能在高保真交通实景导航中的应用不仅提供了精准的路径规划和实时反馈，还通过预测交通流量和智能推荐最优路线，帮助驾驶员避免潜在的交通问题，从而提升驾驶效率和行车安全。从实时数据处理、图像识别和深度学习到交通大模型和自动驾驶，高保真交通实景导航的技术正在不断进步，以满足用户对更智能化、更精准的导航需求。例如，在 2024 年 3 月举办的全球智能交通大会上，百度 Apollo 联手高德地图、华为、智谱 AI 等科技巨头，发布了以人工智能驱动的高保真交通实景导航平台，为智能交通领域的创新发展揭开了新的篇章。

4. 人工智能在自动驾驶场景测试中的应用

人工智能大模型在自动驾驶场景测试中的应用越发重要。随着自动驾驶技术的迅速发展，场景测试成为验证和提升自动驾驶系统安全性与可靠性的关键环节。人工智能大模型通过整合海量的真实路况数据、模拟环境和多维度传感器信息，能够为这些复杂场景提供高度精细化和定制化的测试方案，确保自动驾驶系统在各种条件下的稳定表现。

不同类型的驾驶场景基于道路条件、交通环境和天气状况的差异，对自动驾驶系统提出了各自特定的测试需求。人工智能在自动驾驶场景测试中的应用涵盖了多个关键领域，包括环境感知、场景预测、路径规划和系统优化等，为自动驾驶系统提供了精准的测试和优化方案。这种个性化的测试模式从根本上提升了自动驾驶系统的安全性和可靠性。例如，Waymo 通过其人工智能大模型，根据不同驾驶场景的特性，自动生成测试用例，并实时调整测试策略，以确保系统能够在各种复杂驾驶条件下高效运行，如图 10-14 所示。

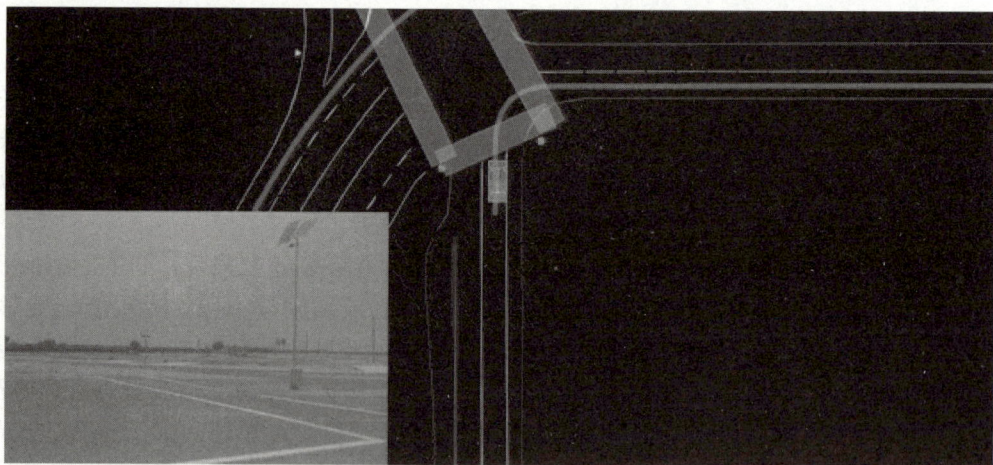

图 10-14　Waymo 的自动驾驶人工智能大模型模拟场景

人工智能在交通大模型中的应用已经取得了显著的进展，并且持续推动着智能交通系统的变革与发展。展望未来，随着人工智能技术的日益成熟和交通大模型的不断完善，预期将带来更多的创新成果，进一步提升交通系统的效率、安全性和智能化水平。表 10-4 介绍了人工智能在交通大模型中的融合应用与意义。

表 10-4　人工智能在交通大模型中的融合应用与意义

交通大模型	融合应用与意义
区域交互式信控优化	通过实时采集交通流量、车速和车辆排放等关键数据,运用人工智能算法来预测交通拥堵和事故的发生,并动态调整信号灯配时策略,为城市交通管理者和驾驶员提供优化的交通控制方案,有效提升道路通行效率,降低城市交通拥堵的可能性
交通基础设施精准评估	通过整合道路状况、交通流量及环境因素等多维数据,运用深度学习算法对交通基础设施的健康状况进行精细化评估,提升交通基础设施的可靠性和使用寿命,为规划者和管理者提供了更精准的决策支持,从而优化资源分配,确保交通网络的高效和安全运行
高保真交通实景导航	通过卷积神经网络(CNN)分析道路图像数据、道路状况和交通流量,使用循环神经网络(RNN)处理实时交通信息和用户的驾驶习惯,创建高保真的交通实景导航,提供个性化的行驶路线,并实时更新导航路径,以应对突发的交通变化
自动驾驶场景测试	采用深度学习技术,通过对自动驾驶车辆的传感器数据、驾驶行为和环境条件进行综合分析,能够为自动驾驶系统提供个性化的场景测试方案,提高了自动驾驶系统的安全性和可靠性

10.4.2　交通大模型的典型案例

本节以"湘江实验室智慧交通轩辕大模型"为例,说明人工智能技术在交通大模型中的应用。

湘江实验室基于历史交通数据、实时监控等多源异构数据,利用人工智能大模型、语音识别等人工智能技术,实现交通复杂场景生成、交通推演、语音交互等核心功能,并应用了五大关键技术:区域交互式信控优化、交通流量精准预测、交通设施科学规划、高保真实景导航、自动驾驶数字孪生测试。

智慧交通轩辕大模型面向智慧交通的高保真交通三维场景实时建模技术,实现了照片级静态城市交通场景和动态交通参与者的建模技术。相较于现有的通用多模态大模型,其具有交互方式人性化、建模效率高、场景逼真、实时响应等优势。该大模型采用文生代码大模型的模型架构,训练参数量为 150 亿。实现的高保真交通三维场景建模方法比人工建模效率高20 倍以上,代码生成正确率达 99.8%,实现秒级的交通区域信控优化与流量预测。该产品拟在长沙湘江新区进行应用示范,如图 10-15 所示。

图 10-15　湘江实验室智慧交通轩辕大模型

10.5　本章小结

　　人工智能在智慧交通领域的应用已经取得了显著的进展,对于提升交通管理效率、改善出行体验具有重要意义。本章总结了人工智能在智慧交通领域的多个方面的应用,包括交通智能感知、交通智能规划和决策、交通三维数字孪生建模及交通大模型管理。随着深度学习技术的持续发展和应用的广泛推广,人工智能将在智慧交通领域发挥愈加关键的作用,为构建更加智能化、高效化和安全化的交通系统注入新的动能。

课后习题

　　1. 人工智能如何在交通流量管理领域发挥作用?举例说明其在交通拥堵预测和道路优化等方面的应用。

　　2. 在自动驾驶技术中,人工智能的主要作用是什么?它如何提高车辆的安全性和驾驶效率?

　　3. 请解释人工智能在交通事故预防中的角色,并说明其如何减少事故发生率和提高交通安全。

　　4. 人工智能在公共交通优化中的应用有哪些方面?它如何帮助提升公共交通系统的效率和服务质量?

　　5. 请解释人工智能在交通事故预防中的作用,并分析它如何通过危险监测和预警系统减少交通事故的发生。

　　6. 如何确保人工智能在智慧交通领域的应用安全和可靠性?

　　7. 请举例说明人工智能在智慧交通领域成功应用的案例。

　　8. 人工智能在智慧交通领域的应用对我国交通管理的发展有何重要意义?请分析其对城市规划和可持续交通发展的影响。

　　9. 除了已经讨论的应用领域,你还能想到人工智能在智慧交通领域的其他应用吗?请简要说明其潜在价值。

　　10. 你认为未来人工智能在智慧交通领域的发展方向是什么?它可能会如何改变交通行业?

第11章 人工智能在医疗健康领域的应用

教学导引

（1）了解人工智能与细胞制备。
（2）掌握人工智能与影像诊断。
（3）理解人工智能与手术规划。
（4）了解人工智能与健康管理。

内容脉络

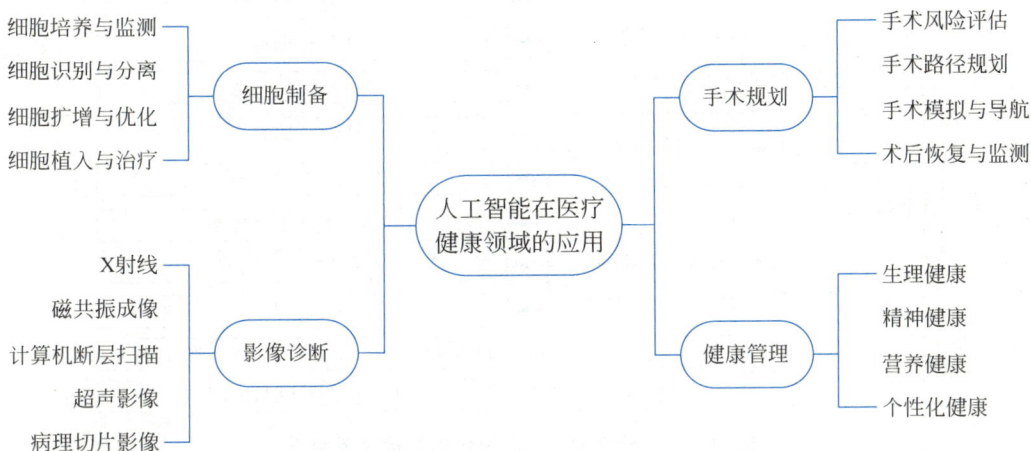

内容概要

随着科技的迅猛发展，人工智能已经成为医疗健康领域中一股不可或缺的力量。传统的医疗模式正迎来一场革命性的变革，而数字经济的发展为医疗健康行业提供了前所未有的技术支持和资源。数字经济主要依赖大数据、云计算、物联网、区块链等先进技术的应用与整合，推动着医疗数据的快速积累、处理、共享和应用，并为人工智能模型提供了丰富的数据和计算能力。在本章中，我们将深入探讨人工智能在医疗健康领域的多个方面的应用，包括细胞制备、影像诊断、手术规划及健康管理。

11.1　人工智能与细胞制备

在医疗健康领域,细胞制备是一项至关重要的技术,广泛应用于医学、生物学和药理学等领域。该技术涉及细胞培养、细胞分离、细胞改造、细胞扩增和植入等多个关键过程。随着人工智能技术的发展,越来越多的自动化和智能化方法被引入细胞制备,极大地提高了效率和精度,为医疗健康领域带来了革命性的变革。

11.1.1　人工智能在细胞制备中的应用概述

如图 11-1 所示,细胞体外 3D 规模化的智能培养体系包含种子细胞、培养方式、生物反应器系统、培养过程实时在线监控等步骤,主要涉及细胞培养与监测、细胞识别与分离、细胞扩增与优化、细胞植入与治疗等环节。下面将详细介绍人工智能技术在这些细胞制备环节中的应用。

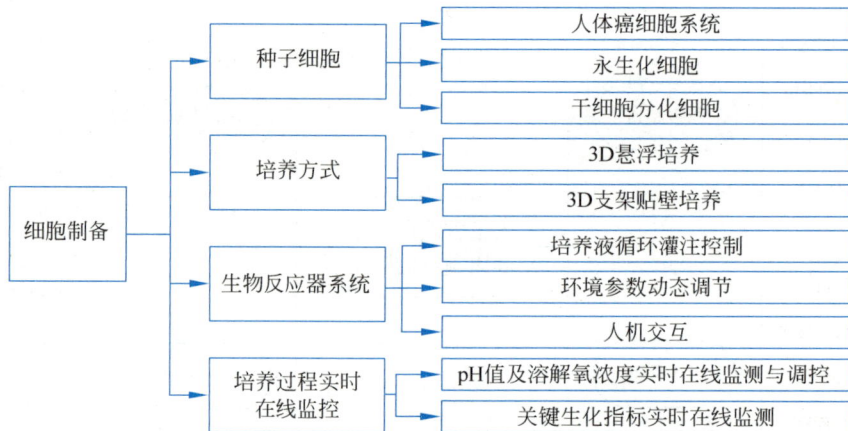

图 11-1　细胞体外 3D 规模化的智能培养体系

1. 人工智能在细胞培养与监测中的应用

细胞培养在细胞制备过程中扮演着关键角色。在这一过程中,实时监测细胞状态并调节培养环境对提高培养效果至关重要。人类 HT29 细胞培养流程如图 11-2 所示,尽管自动化设备可以完成某些阶段的工作,但研究人员仍需人工分析图像和数据,并凭经验作出下一步的决策。

基于人工智能的自动化细胞培养系统利用视觉识别、智能控制和数据分析等技术,能够全程监控和自动化控制细胞培养过程。这种自动化系统能够根据科学家设定的参数和条件远程触发决策。这种智能化的决策方式使得细胞培养任务(如换液和传代培养等工作)更加自主化,它可以根据细胞的生长状态和需求,精确调节培养条件,包括温度、湿度和培养基成分,从而确保细胞的生长和稳定性。

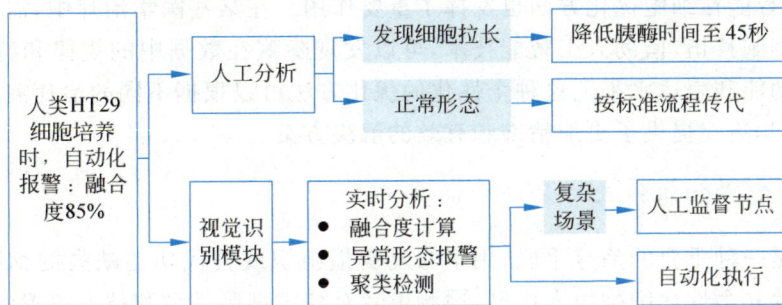

图 11-2　人类 HT29 细胞培养流程

2. 人工智能在细胞识别与分离中的应用

细胞识别与分离是细胞制备过程中至关重要的步骤。人工智能辅助的单细胞分选系统能够自动分析细胞的形态、大小和结构等特征,快速准确地对大量细胞图像进行自动识别和分类,有效区分不同类型的细胞。这种自动化识别方法不仅提高了识别的准确性,还显著提升了识别的速度和效率,为细胞学研究提供了强大的支持。

在利用人工智能技术自动识别和定位目标细胞后,利用微操作系统或细胞分选装置进行细胞的自动化精确分离,如图 11-3 所示。这种自动化分离方法提高了分离的效率和精度,有助于提升医学诊断的准确性和治疗效果。此外,基于荧光的细胞分选可以结合荧光原位杂交(fluorescence in situ hybridization,FISH)等标记方法进行下游基因组分析,以获取微生物分类学和功能信息。另外,细胞识别与分离算法有望与拉曼光谱仪结合用于单细胞分选,这将为进一步的细胞识别与分离提供强大的工具支持。

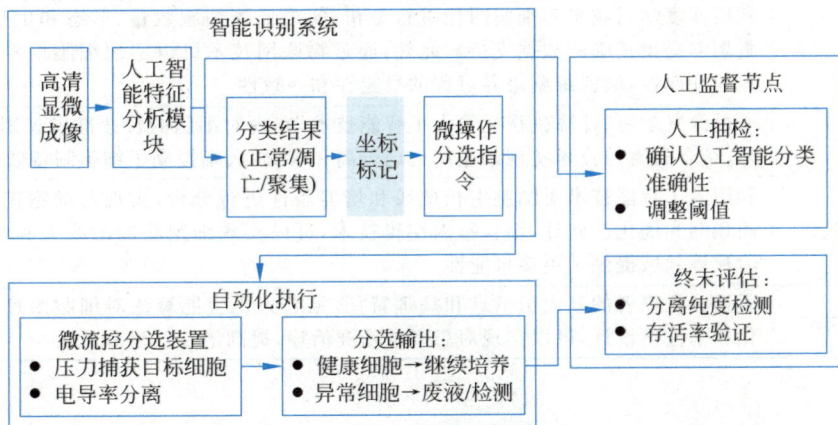

图 11-3　细胞分类和计数流程

3. 人工智能在细胞扩增与优化中的应用

细胞扩增是生物医学研究和临床治疗的基础。人工智能可以自动识别和量化细胞的形态特征,分析细胞运动及细胞内分子的相互作用等,为细胞生物学研究提供了更多信息和洞察力。借助人工智能技术,可以建立细胞生长预测模型,快速准确地确定最佳的培养条件和扩增策略,从而提高细胞扩增的效率和产量。

此外,人工智能在细胞优化方面也发挥了重要作用。在某些医学治疗中,需要利用细胞进行组织工程或细胞移植,借助人工智能技术,可以发现隐藏在数据中的规律和特征,快速准确地优化细胞的功能和表达水平。这种个性化的优化方法可以根据不同的治疗需求和患者特征进行定制,为医学治疗提供了更加精准和有效的解决方案。

4. 人工智能在细胞植入与治疗中的应用

细胞植入是一种重要的治疗手段,用于修复受损组织或替代功能缺失的细胞。借助人工智能技术可以建立个性化细胞植入模型,预测患者对特定细胞类型和植入位置的适应性,从而实现定制化的治疗方案。这种个性化的植入方法能够根据患者的特征和需求进行调整,显著提高了治疗的效果和成功率。

细胞治疗是一种新兴的治疗手段,可用于治疗癌症、自身免疫性疾病等。利用人工智能技术,可以分析大规模的患者数据和治疗结果,快速准确地优化治疗方案,提高治疗的效果和安全性。在细胞治疗框架下,通过人工智能驱动的治疗过程控制,可以帮助感知或预测处理过程中的异常,将当前表现与过去经验联系起来,并确定可以纠正偏差参数的措施。这种智能化的控制方法能够显著提高细胞治疗的效率和治疗结果的一致性。

综上所述,人工智能技术的不断发展和应用为细胞制备领域带来了巨大的机遇和挑战。未来,随着人工智能技术的进一步成熟和应用,相信人工智能将会在细胞制备领域发挥越来越重要的作用,为医疗健康领域带来更多的创新和突破。表 11-1 介绍了人工智能在细胞制备中的融合应用与意义。

表 11-1　人工智能在细胞制备中的融合应用与意义

细胞制备	融合应用与意义
细胞培养与监测	利用深度学习技术对细胞图像进行分析,实时监测细胞数量、形态和生长状态,为细胞培养提供精确的数据支持。此外,通过物联网技术可以实现细胞培养环境的远程监控和调控,确保细胞培养过程的稳定性和一致性
细胞识别与分离	通过深度学习、计算机视觉等人工智能技术,实现对细胞的快速准确识别和分类。此外,结合微流控技术实现细胞的自动分离和收集,大幅提高了细胞制备效率
细胞扩增与优化	利用人工智能技术对细胞生长曲线和培养条件进行分析,实现对细胞扩增过程的精确预测和优化。此外,结合基因编辑技术,可以实现细胞功能的改造和优化,为细胞治疗等领域提供了更多可能性
细胞植入与治疗	通过分析患者的基因组信息和病理特征,结合人工智能算法对细胞治疗方案进行优化和个性化设计,可以实现对患者的精准治疗,提高治疗效果和预后

11.1.2　细胞制备的典型案例

本小节以"多能干细胞分化预测"和"干细胞生物智造"为例,说明人工智能技术在细胞制备中的应用。

1. 多能干细胞向心肌细胞分化

多能干细胞可分化为多种类型的功能性细胞,这些功能性细胞为再生医学、发育和疾病体外建模及药物筛选评估提供了无限的细胞来源,推动着再生医学的临床应用发展。学者利用活细胞成像和人工智能技术实现干细胞分化过程的实时质控和监控,进而对多能干细胞的分化时间、诱导因子、分化轨迹等进行全自动化的动态调整,如图 11-4 所示。

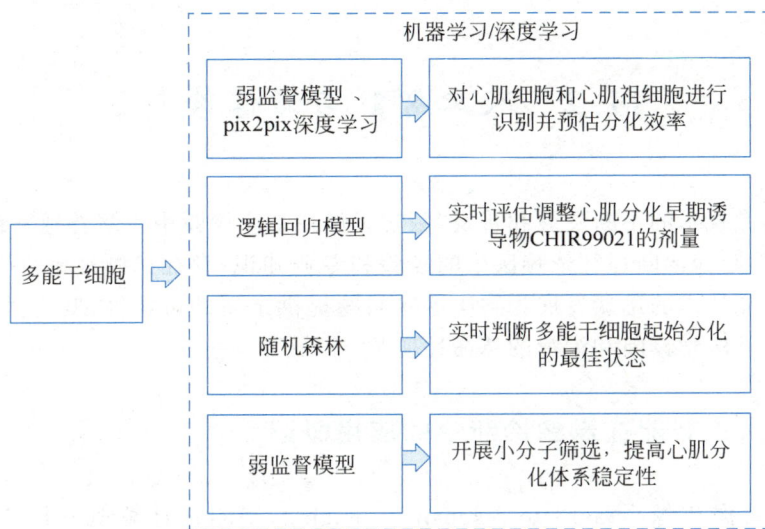

图 11-4　基于机器学习的多能干细胞分化预测

以多能干细胞向心肌细胞分化为例,采用弱监督模型识别明场图像中的心脏祖细胞,其预测分化效率与真实分化效率相关性达 93%,在 3000 多个小分子中成功筛选出 BI-1347 这一化合物,对细胞分化的"抗扰能力"进行有效优化。这些发现有望为促进高质量多能干细胞产品在再生医学领域里的临床研究及规模化生产提供重要技术基础。

2. 干细胞生物智造

项目基于先进人工智能技术,以大规模人源间充质干细胞(human bone marrow mesenchymal stem cells,hMSCs)连续扩增生产制备过程为研究对象,以全流程非侵入式检测数据和生物检测数据为基础,在干细胞智造领域开展国际领先、国内领跑的研究工作,为未来生物医药领域需要的各类型干细胞产品提供智能制造解决方案,如图 11-5 所示。

图 11-5　干细胞生物智造

项目基于先进的人工智能技术,优化了干细胞的生产工艺,提高了生产的效率和质量,建设了干细胞制备、质检、存储一体化的自动化和智能化设备,能够快速检测干细胞产品的有效性和安全性,从而缩短了干细胞药物研发周期,提高药物研发成功率。

11.2　人工智能与影像诊断

随着医学影像技术的不断发展和普及,医学影像在临床诊断中扮演着越来越重要的角色。然而,传统的医学影像诊断往往依赖医生的经验和专业知识,存在诊断准确性不高、效率低下等问题。人工智能技术的迅猛发展为解决这些问题提供了新的可能性,其在医学影像诊断领域的应用正在引领医学诊断和治疗的革命性变革。

11.2.1　人工智能在影像诊断中的应用概述

X射线、磁共振成像(magnetic resonance imaging,MRI)、计算机断层扫描(computed tomography,CT)、超声影像和病理切片影像是常见的诊断工具,如图11-6所示。这些医学影像各有优缺点,利用人工智能技术可以大大提高诊断效率,下面将详细介绍人工智能技术在这些医学影像诊断中的应用。

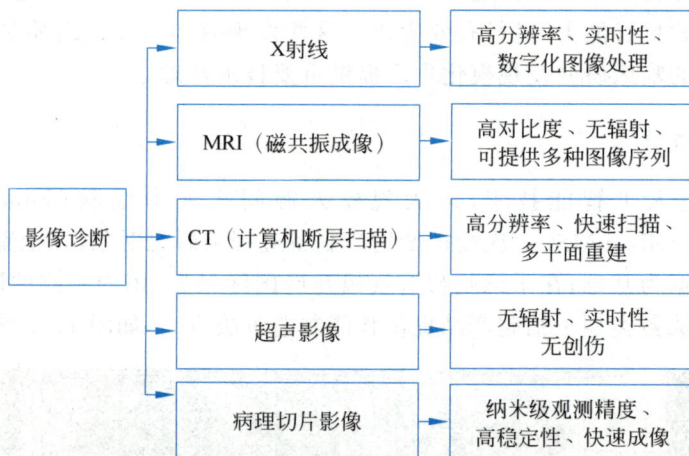

图 11-6　常见的影像诊断工具及其优势

1. 人工智能在X射线影像诊断中的应用

X射线是最早用于医疗诊断的影像技术之一,它广泛应用于与心脏、肺等部位有关的疾病检查。X射线能够穿透人体组织,根据不同密度的组织产生不同强度的影像,帮助医生观察内部结构,如图11-7所示。然而,要解读X射线影像,医生需要具备丰富的经验和专业知识。

人工智能技术已经在X射线影像诊断中发挥了重要作用。丹麦哥本哈根大学和当地几家医院进行了一项对比实验,利用一款已经上市商用的人工智能工具和3名放射科医生一起分析了1529名患者的胸片,并将其读片结果进行比对。结果显示,放射科医生确定的1100份有异常结果的胸片中,人工智能工具识别出了1090份,其识别异常的灵敏度已经超过了99%。

```
┌─────────────────────────────────────────┐
│   患者进入X射线检查室并按要求摆好体位        │
└─────────────────────────────────────────┘
                    ↓
┌─────────────────────────────────────────┐
│   X射线机开启，发射X射线穿透患者身体组织      │
└─────────────────────────────────────────┘
                    ↓
┌─────────────────────────────────────────┐
│  X射线穿过不同密度的人体组织（如骨骼、肌肉、内 │
│  脏等），不同密度的组织对X射线的吸收程度不同    │
└─────────────────────────────────────────┘
                    ↓
┌─────────────────────────────────────────┐
│  剩余的射线到达探测器（如胶片、数字探测器等），│
│  探测器将接收到的X射线转化为影像信息          │
└─────────────────────────────────────────┘
                    ↓
┌─────────────────────────────────────────┐
│  医生查看影像，分析不同组织的影像表现，判断是否 │
│  存在病变或其他异常情况                      │
└─────────────────────────────────────────┘
```

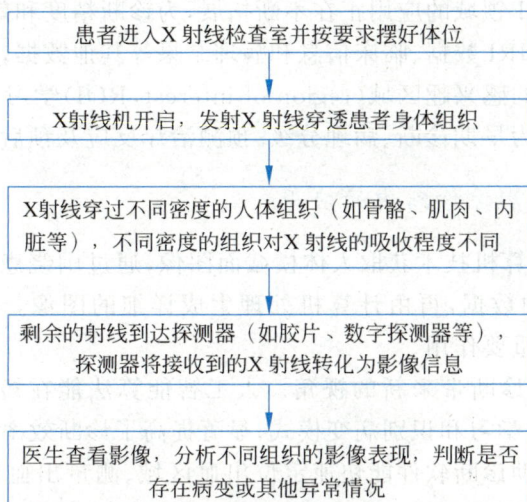

图 11-7　X 射线影像诊断流程

　　人工智能算法通过学习大量的 X 射线影像数据，能够自动识别 X 射线影像中的异常区域，如肿瘤、骨折等，提高诊断的敏感性，从而辅助医生进行更快速和准确的诊断。人工智能在病例分析中的应用不仅限于识别 X 射线影像中的异常，还包括对患者临床信息和 X 射线影像数据的全面分析，这种综合分析有助于医生制订更个性化的治疗方案。

2. 人工智能在 MRI 影像诊断中的应用

　　MRI 作为一种非侵入性的医学影像技术，在临床诊断中发挥着重要作用，特别是在诊断脑部疾病、脊髓问题、肌肉骨骼损伤及多种癌症方面具有独特优势。它提供高分辨率的软组织图像，有助于医生进行更准确的诊断和治疗规划，如图 11-8 所示。

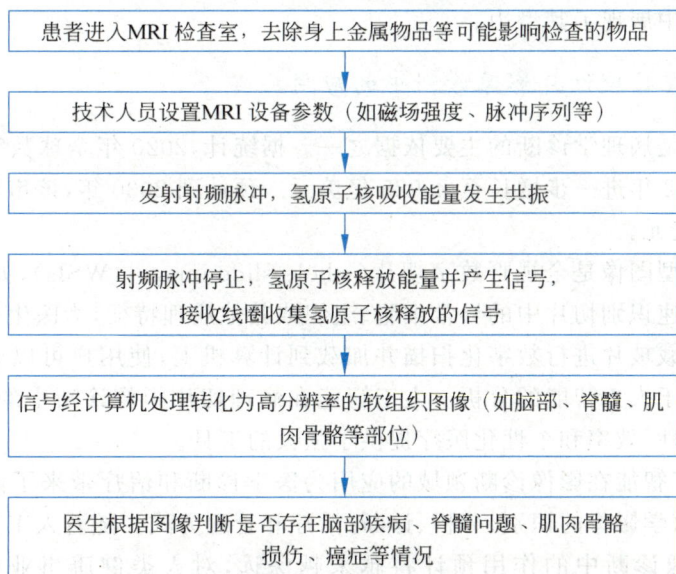

```
┌─────────────────────────────────────────┐
│ 患者进入MRI检查室，去除身上金属物品等可能影响检查的物品 │
└─────────────────────────────────────────┘
                    ↓
┌─────────────────────────────────────────┐
│ 技术人员设置MRI设备参数（如磁场强度、脉冲序列等）  │
└─────────────────────────────────────────┘
                    ↓
┌─────────────────────────────────────────┐
│ 发射射频脉冲，氢原子核吸收能量发生共振           │
└─────────────────────────────────────────┘
                    ↓
┌─────────────────────────────────────────┐
│ 射频脉冲停止，氢原子核释放能量并产生信号，        │
│ 接收线圈收集氢原子核释放的信号                 │
└─────────────────────────────────────────┘
                    ↓
┌─────────────────────────────────────────┐
│ 信号经计算机处理转化为高分辨率的软组织图像（如脑部、脊髓、肌 │
│ 肉骨骼等部位）                              │
└─────────────────────────────────────────┘
                    ↓
┌─────────────────────────────────────────┐
│ 医生根据图像判断是否存在脑部疾病、脊髓问题、肌肉骨骼 │
│ 损伤、癌症等情况                            │
└─────────────────────────────────────────┘
```

图 11-8　MRI 影像诊断流程

人工智能技术在 MRI 领域的应用正在不断拓展，为诊断精度和效率带来显著提升。人工智能技术能够深度整合 MRI 数据、临床信息和病理结果等其他数据，探索更细微的细节，通过识别和分割 MRI 影像中的感兴趣区域（region of interest，ROI）学习疾病的特征，并用于辅助诊断和预测疾病的发展，为早期诊断、病理分级、预测治疗反应及预后提供了重要信息。

3. 人工智能在 CT 影像诊断中的应用

CT 利用 X 射线和计算机技术获取人体横截面图像，通过围绕患者旋转的 X 射线发射器和探测器收集不同角度的数据，再由计算机处理生成详细的图像。CT 扫描在诊断癌症、骨折、脑部损伤等方面发挥重要作用。

人工智能为 CT 影像诊断带来新的视角。人工智能算法能在短时间内处理和分析大量 CT 图像，并从 CT 图像中学习和识别病变模式，显著提高了诊断效率。例如，在急诊脑出血患者中，人工智能脑卒中辅助诊断软件能快速定位出血区域、测量出血体积，这种人工智能辅助诊断有助于急诊医生作出更合适的治疗决策，确保患者得到正确的治疗。此外，人工智能还能在治疗规划中通过分析 CT 图像提供关于疾病进展和治疗效果的预测，帮助医生制定个性化的治疗方案。

4. 人工智能在超声影像诊断中的应用

超声影像是一种利用高频声波在人体内部反射产生图像的无创性医学检查技术，广泛应用于产科、心脏科、泌尿科等领域。超声影像以其实时性、无辐射和成本效益高等特点，在医疗诊断中占据重要地位。欧洲超声心动图学会建议，初学者应至少完成 350 次经胸超声心动图检查才能达到标准质量水平，这要求进行长期的重复训练。

人工智能技术的应用为超声影像诊断带来了革命性变化。它通过深度学习算法学习分析大量超声图像，辅助医生进行复杂操作，如图像分割、量化分析和三维重建，能够准确地提取关键特征，帮助医生更精准地识别病变。在实际应用中，人工智能已在心脏、肝脏、乳腺等多种疾病的超声影像诊断中展现了其潜力。

5. 人工智能在病理切片影像诊断中的应用

病理切片影像是病理学诊断的主要依据之一。据统计，2020 年全球数字病理市场规模为 7.3575 亿美元，2022 年进一步增长至 8.925 亿美元。预计到 2030 年，该市场复合年增长率将增长至 17.913 亿美元。

数字病理学典型图像是全视野数字切片（whole slide images，WSIs），如图 11-9 所示。人工智能技术能够快速识别切片中的异常细胞、组织或其他病理特征，为医生提供可靠的诊断依据。通过对显微镜载玻片进行数字化扫描并加载到计算机上，使用户可以应用数字转换和图像增强技术进行基于人工智能的分析。人工智能在病理切片影像诊断中的应用正迅速发展，为提高诊断的准确性、效率和个性化医疗提供了强大的工具。

综上所述，人工智能在影像诊断领域的应用为医学诊断和治疗带来了前所未有的机遇和挑战，彻底改变了医学影像的识别、分析、诊断、治疗和管理方式。随着人工智能技术的不断进步和完善，其在影像诊断中的作用预计将越来越深远，对人类健康事业作出更大的贡献。表 11-2 介绍了人工智能在影像诊断中的融合应用与意义。

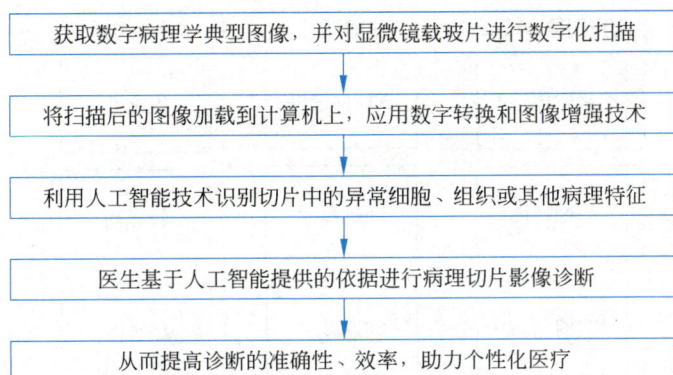

图 11-9　病理切片影像诊断流程

表 11-2　人工智能在影像诊断中的融合应用与意义

影像诊断	融合应用与意义
X 射线影像诊断	分析患者的 X 射线影像和临床数据,预测病情发展趋势并推荐最佳的治疗方案,从中挖掘出潜在的病理特征和诊断规律,为医生提供更深入的数据支持和洞察
MRI 影像诊断	利用人工智能技术从 MRI 影像中学习并检测出微妙的病理变化,辅助放射科医师制订更合适的治疗方案。这些算法已在脑部疾病、脊髓损伤及肌肉骨骼疾病的 MRI 诊断中得到应用
CT 影像诊断	人工智能算法自动识别 CT 图像中的病变区域,并对其进行分类和量化评估,通过建立 CT 影像数据库和智能化分析平台,挖掘出潜在的病例特征和诊断规律
超声影像诊断	人工智能算法能够快速、准确地识别和分割超声影像中的感兴趣区域,为医生提供更为精确的诊断依据
病理切片影像诊断	识别和分析病理切片图像中的复杂模式,通过训练学习区分正常细胞和病变细胞的特征,自动化实现许多病理诊断任务,辅助病理学家进行诊断

11.2.2　影像诊断的典型案例

本节以“基于机器学习的早期肝肿瘤超声造影诊断”为例说明人工智能技术在影像诊断中的应用。

超声造影是一种基于声学原理的影像学方法,通过注入造影剂实时动态地显示病灶及血流灌注情况,具有高空间分辨力、操作简便、可重复性好等优势,已成为诊断肝细胞癌的重要影像学方法。超声造影对于肿瘤的鉴别诊断、微小病灶的早期发现、移植器官血供状态的评估等方面都非常有用。

学者建立联合分析患者超声造影特征、慢性肝病和肿瘤标志物的机器学习模型。采用病例—对照研究设计方案,将 490 例患者共 520 个肿瘤纳入研究,并将病例资料划分为训练集($n=400$)和测试集($n=90$)。如图 11-10 所示,采用支持向量机、随机森林、邻近算法和 Logistic 四种模型分析患者常规超声、超声造影特征、慢性肝病史和肿瘤标志物。模型评价指标采用准确性、特异性、敏感性和受试者工作曲线下面积(area under the curve,AUC)。其中,随机森林模型性能最优,其准确性、敏感性、特异性和 AUC 分别为 0.97、0.83、0.71、0.987,以期实现肝肿瘤良恶性的鉴别诊断。

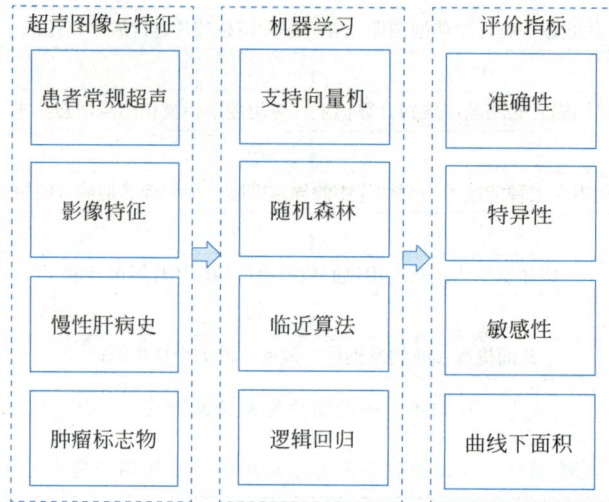

图 11-10 基于机器学习的早期肝肿瘤超声造影诊断

11.3 人工智能与手术规划

手术规划在外科手术中至关重要,它通过获取患者病灶部位影像及其他相关数据,结合模拟模块和智能硬件的使用,最终制订包含手术方法、流程、术式、路径和器械选择等信息的智能规划方案,这些方案直接影响手术的成功率和患者的安全性。

11.3.1 人工智能在手术规划中的应用概述

随着经济发展水平提升和人民群众对医疗卫生健康需求的增长,近几年,全国手术量增幅一直保持在 8%~10%。例如,我国屈光手术量逐年增长,预计 2030 年达到 1.19%。全球主要国家及地区屈光手术渗透率对比如图 11-11 所示。人工智能不仅能够提高手术的准确性和效率,还能够根据患者的具体情况进行定制化治疗方案,为患者带来更好的治疗体验和治疗结果。下面将详细介绍人工智能技术在手术规划环节中的应用。

1. 人工智能在手术风险评估中的应用

手术风险评估在手术规划中扮演着重要角色,它有助于医生和患者全面了解手术可能面临的风险和并发症,从而作出明智的治疗决策。传统的手术风险评估主要依赖医生的临床经验、患者的病史、体检结果和实验室检测数据,这种评估方式受医生经验水平的影响较大,且难以全面整合多种复杂因素。

人工智能技术可以通过智能分析多维数据,如患者病史、影像学资料和生理指标,结合患者的个体差异,实现个性化的风险评估,进一步提高手术的安全性和成功率。基于人工智能的风险评估系统相较于传统的风险分层方法,能够更有效、更准确地评估手术相关风险。这种技术的应用展示了人工智能在提升手术安全性和患者治疗效果方面的潜力和价值。

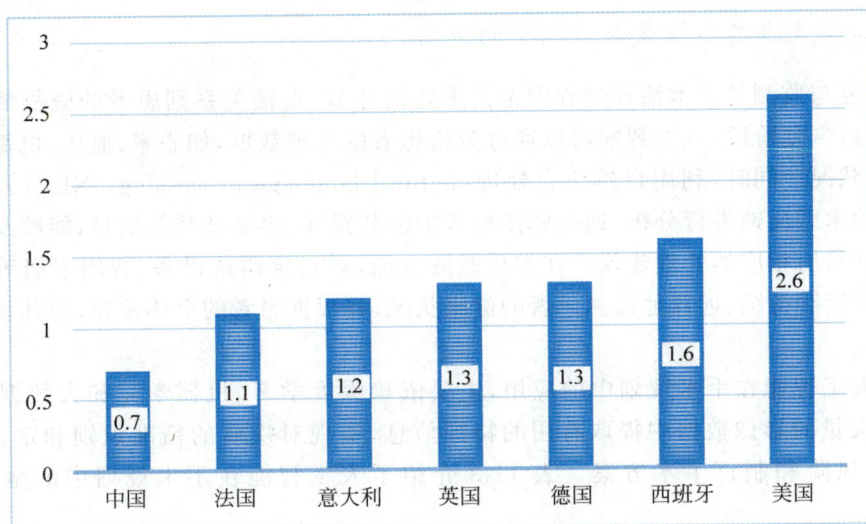

图 11-11　全球主要国家及地区屈光手术渗透率对比

2. 人工智能在手术路径规划中的应用

手术路径规划通过分析患者的病历和影像数据,帮助外科医生制定最优的手术策略和方案。传统的手术路径规划依赖医生的经验和术前影像资料,医生通过这些影像资料对解剖结构进行评估,并根据对患者生理特征的了解手动规划手术路径。传统方式在复杂手术中容易受到影像分辨率、解剖结构复杂性及医生经验的影响,难以精确预测手术中的突发情况或快速调整手术路径。

在手术路径规划方面,人工智能技术能够高效处理和分析大量的术前影像学数据,自动识别和分割出影像中的肿瘤、血管、神经等关键结构。这种自动化的分析能力使医生能够更准确了解患者病情,为手术路径的制定提供了科学依据。在实际手术过程中,患者的解剖结构可能会因个体差异或术中情况的变化而需要调整,人工智能技术可以结合术中实时数据,动态优化手术路径。

3. 人工智能在手术模拟与导航中的应用

手术模拟与导航是提高手术精度和成功率的重要手段,能够帮助医生在手术前进行虚拟模拟,并在手术中提供实时的导航和辅助。手术模拟利用虚拟现实或增强现实技术,结合人工智能算法,创建出高度仿真的手术环境。医生在模拟环境中进行手术操作,通过人工智能提供的反馈和指导,提高了手术技能和应对复杂情况的能力,减少了实际手术中的错误和风险。

人工智能技术还可以实现对手术过程的实时导航,通过将患者影像学数据与术中实际情况相结合,能够识别和追踪手术工具和患者解剖结构的实时变化,实时提供精确的手术位置和路径信息,辅助医生进行精确的切口和操作,尤其在微创手术和复杂手术中显示出巨大的优势。机器人可以与人工智能技术相结合,通过自主学习和持续优化,不断提高医疗影像诊断和手术导航的准确性和效率。

4. 人工智能在术后恢复与监测中的应用

术后恢复与监测是手术治疗过程中至关重要的环节,直接关系到患者的康复情况和治疗效果。在术后恢复阶段,人工智能可以通过分析患者的生理数据,如心率、血压、血糖等来评估患者的恢复状况。同时,利用自然语言处理(natural language processing,NLP)人工智能技术,对患者的术后反馈进行分析,通过解读患者的症状描述、疼痛感受等信息,能够及时发现潜在的问题,并给出相应的处理建议。在术后监测方面,通过穿戴式设备、智能家居等物联网技术,人工智能能够持续、远程地监测患者的健康状况,并根据患者的个体差异,为其量身定制术后康复计划。

总之,人工智能在手术规划中的应用,主要依赖深度学习、机器学习和大数据技术等相关技术,从大量的影像数据中提取有用的特征信息,实现对疾病的精准识别和定位,帮助医生评估手术风险和制订手术方案。表 11-3 介绍了人工智能在手术规划中的融合应用与意义。

表 11-3　人工智能在手术规划中的融合应用与意义

手术规划	融合应用与意义
手术风险评估	利用临床数据库中的海量数据,如患者的病史、检查结果、手术记录等,通过数据分析和挖掘,发现潜在的风险因素和相关性,为手术风险评估提供科学依据
手术路径规划	在手术前通过分析患者特定的解剖结构和病变情况,设计出最佳的手术进入路径,以最小化手术风险和创伤
手术模拟与导航	利用医学影像数据快速生成患者的三维解剖模型,并进行虚拟手术模拟。基于机器学习算法和实时影像处理技术,实现个性化的手术导航与辅助
术后恢复与监测	处理和分析术后患者的生理数据,如心率、血压、呼吸频率等,为医生提供及时的反馈和决策支持,从而提高患者的生存质量和治疗效果

11.3.2　手术规划的典型案例

本节以"基于机器学习的骨盆手术规划预测"为例,说明人工智能技术在手术规划中的应用。

骨盆全髋关节置换术是一种将人工髋关节假体植入人体,以替代病变的髋关节,从而矫正畸形、缓解关节疼痛、改善关节功能并提升患者生活质量的成熟可靠治疗手段。在骨盆全髋关节置换术的规划过程中,医学图像配准发挥了基础作用。对于骨盆手术规划而言,将二维 X 射线图像与三维 CT 数据进行配准是非常必要的。

学者采用统一的 U-Net 深度学习算法,该算法能够同时实现图像的分割和标志点检测,并将预测的标志点与分割结果共同应用于术中配准规划。深度学习算法使用 PyTorch 框架实现,其优化训练采用随机梯度下降法(stochastic gradient descent,SGD),初始学习率设为 0.1,Nesterov 动量为 0.9,权重衰减为 0.0001,批处理大小为 5。在图像输入网络之前,对每幅图像都进行了归一化处理。算法需自动实现标志点检测和骨组织分割,如图 11-12 所示。骨科手术与人工智能的结合,有效弥补了传统骨科手术的不足,进而提高了手术成功率、减少了手术创伤、降低了并发症发生率,并提升了患者满意度。

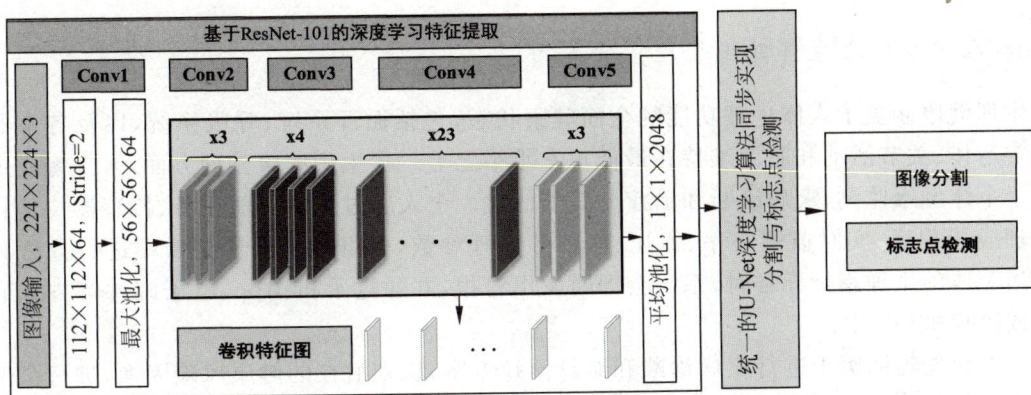

图 11-12　基于机器学习的骨盆手术规划预测

11.4　人工智能与健康管理

健康管理是通过科学方法对个人或群体健康进行全面监测、分析、评估、干预和跟踪的循环过程,旨在由被动的疾病治疗转变为主动的自我健康监控。通过融合人工智能技术,实现用户全生命周期数据的全面采集、监测和综合智能分析,服务于用户的健康管理,提升健康干预与管理的能力。

11.4.1　人工智能在健康管理中的应用概述

健康管理可分为生理健康、精神健康、营养健康和个性化健康四大领域,如图 11-13 所示。人工智能技术在健康管理领域的快速发展,为人们的健康带来了巨大便利。本小节将深入探讨人工智能在健康管理中的这四个方面——生理健康、精神健康、营养健康和个性化健康,介绍其应用现状和未来发展趋势。

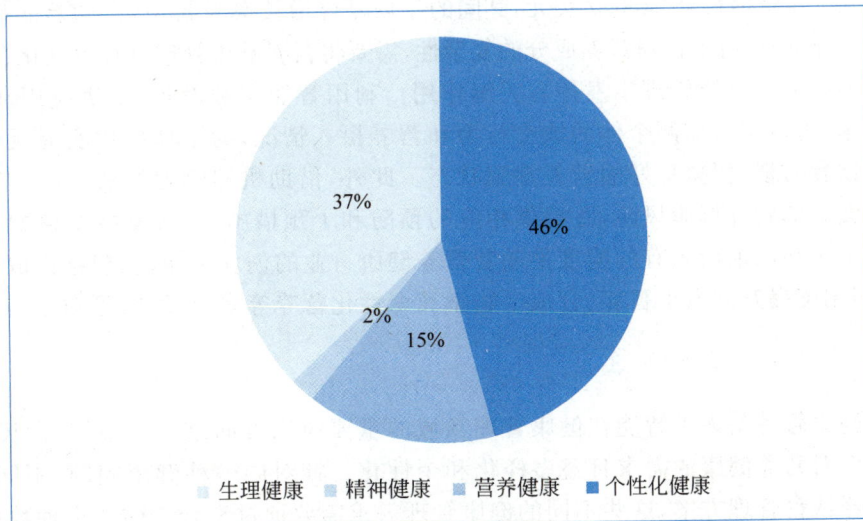

图 11-13　健康管理产业四大类服务机构占比

1. 人工智能在生理健康管理中的应用

生理健康涵盖了人体生理功能的全面健康状态,包括循环系统、呼吸系统,以及各个器官的正常运作、关节活动和肌力维持在最低正常水平之上。在生理健康管理方面,人工智能主要应用于个体健康监测、疾病诊断和治疗方案的优化。个人通过智能穿戴设备、传感器技术和健康管理应用程序,实时监测心率、血压、血糖等生理参数,并将数据上传至云端进行分析和管理。当个体的生理指标异常时,系统会即时发出警报,并通过手机 App、电子邮件等方式通知用户或医疗机构。

人工智能辅助医生进行疾病诊断和制订治疗方案,识别潜在的健康风险因素,进行个性化的健康评估和预测,提升医疗决策的准确性和效率。不仅在医疗领域,还在健康管理、运动监测和情感识别等领域,生理信号与人工智能的结合也展现了巨大潜力。

2. 人工智能在精神健康管理中的应用

精神健康问题在全球范围内广泛存在,它们直接影响个体的生活质量,对医疗保健系统和社会造成了沉重的负担。随着生活节奏的加快和人口老龄化的加剧,这些问题变得日益突出,包括焦虑、抑郁、失眠等典型症状。

人工智能技术在精准精神病学中的应用日益重要。例如,结合神经成像技术、自然语言处理、情感分析等人工智能技术,对个体的语言、行为、表情等进行深度分析,从而评估个体的心理健康状况。这种评估有助于及时发现潜在的心理问题,促使个体寻求专业的心理咨询和治疗。此外,人工智能还能为个体提供智能心理干预服务。例如,通过虚拟现实技术提供沉浸式的心理治疗体验,有助于缓解压力和减轻焦虑等负面情绪。在精神药物治疗方面,人工智能分析个体的基因信息和药物反应特征,为个体量身定制药物治疗方案,以提高治疗效果并减少药物副作用的发生,为患者的心理健康提供更加精准和有效的支持。

3. 人工智能在营养健康管理中的应用

Grand View Research 发布的数据显示,2020 年全球膳食补充剂市场规模约为 1400 亿美元,预计到 2027 年将增长至 2460 亿美元,其间的年均复合增长率为 8.6%。营养的科学摄入对个体的健康十分重要,由于食物营养成分的复杂性,需要将营养健康管理过程可视化、直观化。

人工智能在营养健康管理中发挥着关键作用。利用智能穿戴设备、手机应用和健康监测传感器等技术,可以实时监测个体的饮食行为和营养摄入情况,为个体提供实时反馈和建议,帮助其调整饮食习惯,保持良好的营养健康状态。此外,借助机器学习算法,人工智能能够预测个体可能面临的营养健康风险,并提供相应的预防和干预措施,有效支持个体的健康管理。人工智能技术正在以前所未有的速度推动着营养健康行业的创新和颠覆,包括提取技术、发酵技术、生物利用度提升到人工智能、合成生物学及个性化营养等多个领域(见图 11-14)。

4. 人工智能在个性化健康管理中的应用

个性化健康管理是人工智能在健康管理领域的重要应用方向之一。根据《国民健康新趋势报告》,人们对营养健康的需求日益多样化和个性化。针对同一种健康问题,不同的个体需要不同的营养饮食管理方案,这些不同的健康管理需求需要通过整合个体的生理数据、基因信息、生活习惯等多维度数据来满足。

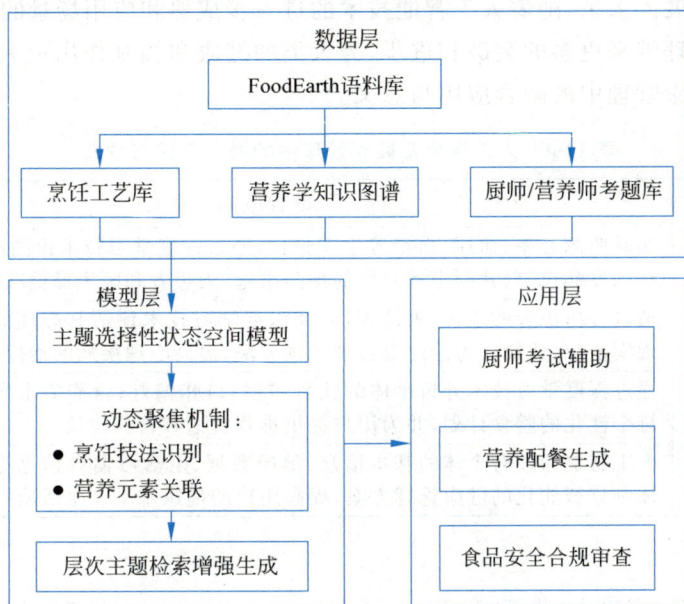

图 11-14　FoodSky 食品大模型的核心架构图解

人工智能在个性化健康管理中的应用涵盖了多个方面,包括健康评估、预防措施、诊断治疗和健康监测等,可以为个体提供精准的健康评估和个性化的健康管理方案。个性化的营养需求更符合营养学的理念,而互联网、大数据、人工智能等新兴技术都在帮助实现个性化健康管理模式,推动科学营养的健康生活方式,满足人群多样化的健康需求。例如,科大讯飞基于讯飞星火大模型,根据患者健康画像自动分析,平台可为患者智能生成个性化康复计划,并督促患者按计划执行,如图 11-15 所示。

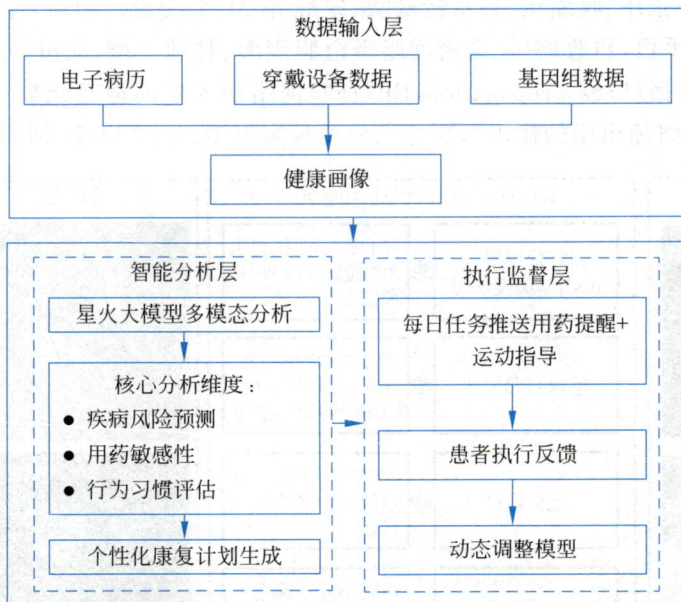

图 11-15　讯飞星火医疗大模型架构

总之,人工智能在健康管理领域的应用已经取得了一系列重要进展,并且正在不断推动健康管理的创新和发展。未来,随着人工智能技术的进一步成熟和应用场景的不断拓展,人工智能预计将为健康管理带来更多的突破和进步,为人类的健康和福祉作出更大贡献。表 11-4 介绍了人工智能在健康管理中的融合应用与意义。

表 11-4　人工智能在健康管理中的融合应用与意义

健康管理	融合应用与意义
生理健康	实时监测心率、血压、血糖等生理指标,通过深度学习技术预测慢性病、遗传病等疾病的发病风险,并制定针对性的预防措施,为患者和医生提供准确的健康信息
精神健康	通过分析患者的语言、表情等,以及深度学习技术评估其心理健康状况,应用虚拟现实治疗、认知行为治疗等心理干预方法,提高心理疾病的治疗效果
营养健康	通过深度学习技术分析个体的饮食习惯、口味偏好、营养需求等信息,系统可以制订个性化的膳食计划,并为用户提供推荐食谱和营养建议
个性化健康	人工智能通过对个体的基本信息、健康数据、生活习惯等信息进行综合分析,为个体制订智能化的健康管理方案,提高用户的健康水平和生活质量

11.4.2　健康管理的典型案例

本小节以"基于生命体征参数的心血管疾病预测模型"为例,说明人工智能技术在健康管理中的应用。

心血管疾病是全球范围内导致死亡的主要原因之一,它的疾病预测通常涉及多种因素,包括年龄、性别、家族病史、生活方式、生物标志物等。随着人工智能和机器学习技术的发展,心血管疾病的预测模型变得更加精准和高效,有助于实现更广泛的健康促进和疾病预防。

学者收集了体检数据,这些数据主要包括年龄、性别、家族心血管疾病史、吸烟史、身高、体重、饮酒史、脉搏、舒张压、收缩压、谷草转氨酶、尿酸等 21 个变量。随后,他们通过数据清洗、相关性分析等处理手段,将收缩压、高密度脂蛋白胆固醇、甘油三酯、肌酐、年龄共 5 个特征作为自变量[即反向传播(back propagation,BP)神经网络输入层的神经元数],以是否患病为因变量(即 BP 神经网络输出层的输出),训练二分类预测模型,如图 11-16 所示。实验结果表明,

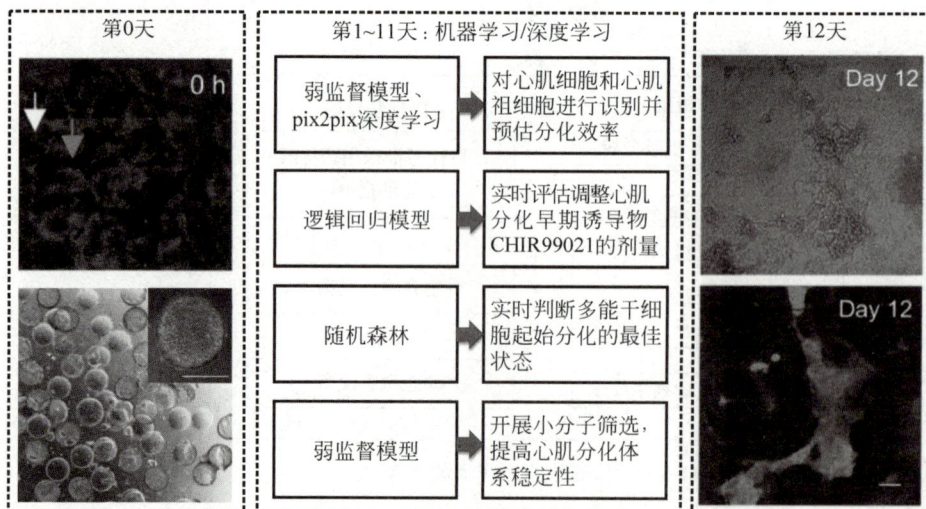

图 11-16　基于生命体征参数的心血管疾病预测模型

180

BP 神经网络分类模型的准确率达到了 0.8321,说明训练的 BP 神经网络分类效果良好。这些发现有望为促进心血管疾病预测提供重要的技术基础。

11.5　本章小结

　　人工智能在医疗健康领域的应用已经取得了显著的进展,对于改善医疗服务质量、提高患者治疗效果具有重要的意义。本章总结了人工智能在医疗健康领域的多个方面的应用,包括细胞制备、影像诊断、手术规划及健康管理。随着技术的不断进步和应用的不断拓展,相信人工智能将在医疗健康领域发挥越来越重要的作用,为人类健康事业带来更多的福祉。

课后习题

　　1. 人工智能如何在细胞制备领域发挥作用? 举例说明其在细胞培养等方面的应用。

　　2. 在医学影像诊断中,人工智能的主要作用是什么? 它如何提高了医疗诊断的准确性和效率?

　　3. 请解释人工智能在手术规划中的角色,并说明其如何减少手术风险和提高手术效果。

　　4. 人工智能在健康管理中的应用有哪些方面? 它如何帮助人们更好地管理自己的健康?

　　5. 在药物研发中,人工智能如何加速药物筛选和设计过程? 这对新药研发有何影响?

　　6. 如何确保人工智能在医疗健康领域的应用安全和可靠性?

　　7. 请举例说明人工智能在医疗健康领域成功应用的案例。

　　8. 人工智能在医疗健康领域的应用对我国医疗事业的发展有何重要意义?

　　9. 你认为未来人工智能在医疗健康领域的发展方向是什么? 它可能如何改变医疗行业?

　　10. 除了已经讨论的应用领域,你还能想到人工智能在医疗健康领域的其他应用吗? 请简要说明其潜在价值。

第12章　人工智能在人文艺术领域的实践

教学导引

（1）理解人工智能技术在文学创作领域中的应用。

（2）掌握人工智能技术在视觉创意传达领域中的应用。

（3）了解电子音乐的发展与人工智能技术合成音乐。

（4）掌握人工智能技术在文化遗产保护领域中的应用。

内容脉络

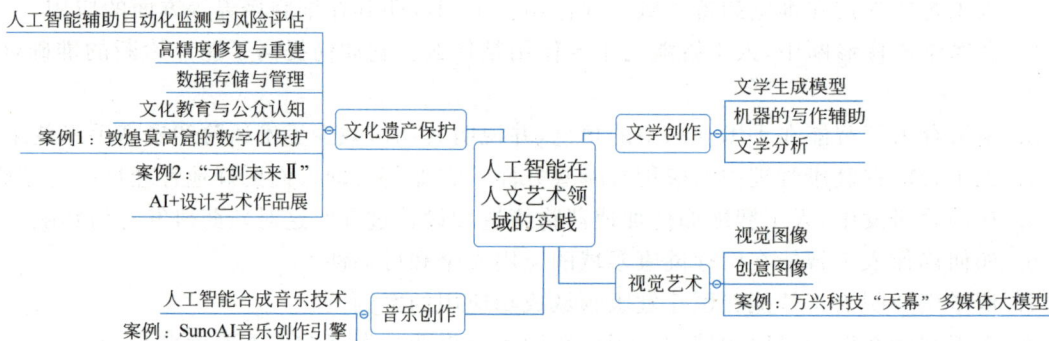

内容概要

　　近年来,人工智能技术发展迅猛,已渗透至人文艺术领域并带来变革。它不仅是技术工具,更是全新创作媒介与思维方式,重新定义了艺术创作的诸多方面。其应用涵盖音乐、视觉艺术、文学创作及文化遗产保护等,体现了技术与人文深度融合,既能创作作品、提供灵感,又引发了诸多层面讨论。本章节旨在探讨其在人文艺术领域的多元实践,解析具体应用案例及其折射出的变迁,期望揭示其潜力,并引发读者对技术与艺术关系的思考,开拓并发展新的视野。

12.1　人工智能与文学创作

12.1.1　人工智能在文学创作中的应用概述

　　在过去的几十年里,人工智能的发展日新月异,它正在逐步渗透到人们的日常生活中。机器能不能学会文学创作,像为孩子写故事那样具有创造性,是作家和科学家一直在探索的课题。

1953 年,罗尔德·达尔(Roald Dahl,1916—1990 年)在短篇故事集《出人意料的故事》(*Tales of the Unexpected*)中,首次讲述了一个"伟大的自动语法师"的故事,如图 12-1 所示。主人公阿道夫·克尼普是一个计算机天才,但他一直渴望成为一名作家。然而,他的努力毫无成效。后来,他有了一个灵感:语言遵循语法规则,而在原则上基本是数学规则。有了这样的认识,他着手创造一个巨大的机器——伟大的自动语法分析器,这个机器能够在 15 分钟内根据在世作家的作品写出有获奖潜质的小说。有了这台机器,克尼普大获成功,并成立了一家出版公司,作为这种新的大规模生产文学作品的合法机构。他统治出版业的最后一步是收购真正的作者,并付钱让他们不再写作。在故事的结尾处,叙述者透露,"在用英语出版的所有小说和故事中,有一半以上是由阿道夫·克尼普在大型自动语法分析器上创作的"。

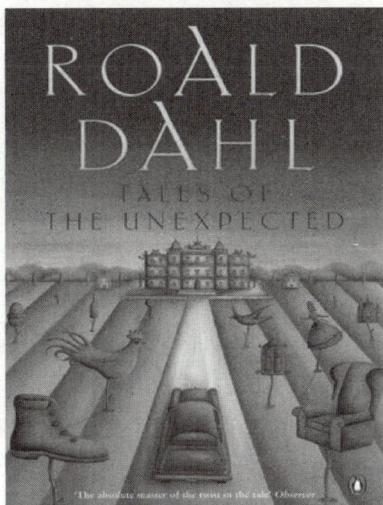

图 12-1　罗尔德·达尔创作的《出人意料的故事》

用算法生成文学作品并不新鲜。最早为计算机编写的程序之一就是为了写情书而开发的。在布莱切利公园破解了英格玛密码后,计算机科学先驱阿兰·图灵前往曼彻斯特大学,将他的想法付诸实践,制造出多用途计算机的物理版本。在他的指导下,英国皇家学会计算实验室很快就研发出了世界上第一台商业化的通用电子计算机——费兰蒂·马克 1 号。这台计算机具有浪漫的一面,只要随机输入单词,它就能生成情书。随着技术的不断进步,计算机辅助文学创作已从最初第一代科学家以逻辑范式驱动文本组织,自上而下地编写固定编程模式的方式,演变到人工智能在文学创作领域自由而广泛的应用。从机器按照指令规则生成格式化的文本,到只需要少量限制性的提示词就能使人工智能与人类作家合作诗歌、文章,人工智能为文学创作带来了前所未有的变革。

12.1.2　人工智能在文学创作中的应用

1. 文学生成模型:机器的文学创作

文学生成模型是人工智能在文学创作中的一种重要应用。通过机器学习算法和自然语言处理技术,人工智能可以模拟出文学作品的风格和内容,自动生成诗歌、小说等文本。这种技术为文学创作带来了全新的可能性,使机器也能参与到文学创作中。以当下非常流行的 ChatGPT 与 Google Bard 两个人工智能预训练大语言模型为例,通过以"故事"主题为驱动的生成结果进行专业判断与分析。在积极方面,生成式人工智能大模型以全面的视角进行叙述,其创作的故事与当前时事有关。在消极方面,它缺乏人类的情感和创造力,倾向于对标准主题进行可预测的虚构。虽然人工智能可以创作故事,但考虑到其"虚构"的缺陷,当前阶段更适合作为写作辅助工具来协助作家。不过,在可预见的将来,随着人工智能算法的发展,它们有能力在未来创作出更多成功的故事。

2. 机器的写作辅助：人工智能与人类作家的合作

除了自动生成文本，人工智能还可以与人类作家进行合作，共同完成文学作品。这种合作方式不仅可以提高创作的效率，还可以为作品带来新的视角和创意。例如，有的作家使用人工智能工具进行内容生成和润色，然后根据人类的审美标准和文学经验进行修改和完善。这样，人工智能和人类作家可以互相补充，共同创造出更具深度和广度的文学作品。

3. 人工智能在文学分析中的应用

除了直接参与文学创作，人工智能在文学批评中也发挥了重要作用。通过对大量文学作品进行深度分析和挖掘，人工智能可以帮助理解作品的内在结构和主题。例如，由美国西北大学基于自然语言处理技术所设计的 WordHoard，是一款文学语言分析软件，它的开发者将他们的行为称为"解锁语言的宝藏"。的确，通过高度标记化的语料数据，以及对这些数据分布规律的发掘，可以获得观察这些虚构文学文本的全新视角。WordHoard 主要通过关键词提取和互相呈现的方法，对文学文本进行分析研究，如图 12-2 所示。在 WordHoard 的官方示例中，它展示了一些有趣的案例。例如，love 一词的研究，它在乔叟、莎士比亚等人的作品中呈现不同的拼写特点，在不同的历史时期有着不同的分布规律。通过对 love 进行统计，研究者得出了很有趣的结论：在各类叙事文本中，爱被男性说出的次数多于女性；在喜剧类文本中，被女性说出的次数则是男性的 3 倍。这一结果揭示了 love 的文本秘密——爱要怎么说出口？这非常值得文学史家的重视和进一步分析。

Homer	Chaucer	Spenser	Shakespeare
man	man	knight	lord
ship	thing	man	man
god	god	hand	sir
spirit	heart	lady	love
hand	love	day	king
son	day	way	heart
horse	folk	life	eye
father	time	heart	time
word	word	place	hand
companion	manner	sight	father

图 12-2　WordHoard 分析的荷马、莎士比亚等作者作品中出现频率最高的词汇

人工智能在文学创作中的应用，不仅改变了人们对于写作的认知，也影响了文学的发展方向。人工智能的出现提高了创作的效率，使更多的人能够参与到文学创作中。人工智能的应用为文学带来了新的可能性，如通过数据分析和挖掘找到新的创作灵感。人工智能的"涌现"力不仅使文学创作更加多元化和包容性，也使各种声音和观点都能得到充分的表达。

然而，人工智能工具在文学创作中的应用也存在一些挑战和争议。例如，机器生成的文本是否具有真正的艺术价值？人工智能是否会取代人类作家的角色？这些问题需要读者在实践中不断探索和思考。

12.2　人工智能与视觉艺术

12.2.1　人工智能在视觉艺术中的应用概述

人工智能在视觉艺术领域的应用已经成为近年来艺术与技术交融的重要体现。凭借强大的计算能力和深度学习技术,人工智能能够分析、生成和重塑视觉艺术作品,为艺术创作注入全新可能性。通过深度学习算法(如生成对抗网络),人工智能可以模仿艺术大师的风格创作新的绘画,甚至生成从未存在过的独特艺术作品;通过人工智能辅助工具,可以实现从草图生成到色彩搭配,从而帮助艺术家优化创作过程,提升设计效率并激发创意;通过实时分析图像与观众行为,人工智能能够动态生成与观众互动的艺术效果。艺术展览通过人工智能识别观众的表情和动作,生成个性化的视觉内容,将极大地增强观展体验的沉浸感与参与度。人工智能正在推动视觉艺术迈向前所未有的高度,既为艺术创作带来新工具与新形式,也促使人们重新定义艺术的边界与意义。

12.2.2　人工智能在视觉艺术中的应用

1. 人工智能带来创意视觉图像生产力场景变革

创意图像生产力场景是指通过创意内容的生产、传播获取收益并带来消费转化的场景。全球创意软件领导者 Adobe 将创意市场按照用户特征分为专业设计师、影像传播者和大众用户三大类。在此基础上,根据创意内容的用途,可以进一步将其分为生产力场景和生活场景。

(1)生产力场景包括专业设计师和影像传播者两类人群,其中,专业设计师提供高创意性的生产内容,以高门槛的创意设计和艺术效果变现;而影像传播者则是以创意设计带来的传播效果为核心诉求,通过内容传播观点并变现。这两者的共性在于均以创意内容作为生产力,核心诉求是以创意内容生产、传播为基础的变现,因此被归为生产力场景。

(2)生活场景主要包括大众用户,其以创意内容作为个性表达和展示的主要方式,核心诉求为社交表达,且并不依赖创意图像作为变现的工具,创意内容的使用更多具有消费属性,因此归为生活场景。

生产力场景的用户具备更高的用户黏性和更强的付费意愿,是创意软件的发展核心。根据 Adobe 的测算,2022 年全球专业设计师约 6800 万人,影像传播者约 9 亿人,大众用户约 40 亿人。虽然生产力场景不如生活场景有庞大的用户群体,但由于存在生产力工具的核心属性,其对于创意软件的需求更加刚性,因此生产力场景相对生活场景有更强的用户黏性和更高的付费意愿。根据 Adobe 的全球市场空间估算,2022 年生产力场景全球市场合计约 3998 亿元,生活场景全球市场合计约 500 亿元,因此生产力场景是创意软件的发展核心。

2. 人工智能图像大模型带来创意图像领域的底层变革

Diffusion Model(扩散模型)应用成熟,带来人工智能图像生成的底层变革。2020 年 6 月,加州大学伯克利分校提出 DDPM 模型（去噪扩散概率模型），首次将"去噪"扩散概率模型应用到图像生成任务中，奠定了扩散模型在图像生成领域应用的基础。扩散模型的底层原理来自物理学中气体分子从高浓度区域扩散到低浓度区域的特征，这与由于噪声的干扰而导致的信息丢失是相似的。所以通过引入噪声，学习由于噪声引起的信息衰减，然后使用学习到的模式来生成图像，在一段时间内通过多次迭代，模型便可以实现在给定噪声输入的情况下学习生成新图像。随着扩散模型的应用和发展，GAI 逐渐实现可控的图像生成。

以扩散模型为基础的人工智能图像生成软件应用百花齐放。2022 年上半年，OpenAI 的 DALLE-2 模型问世，它以扩散模型为基础并利用海量数据，其人工智能绘图呈现出了较强的理解和创造能力。随后，Stable Diffusion 模型开源发布，引起了人工智能创意图像生成的热潮。商业化产品 Midjourney 的问世则显著降低了大众用户的使用门槛，进一步提高了人工智能的普及率。全球创意软件领导者 Adobe 也在 2023 年 9 月将旗下的人工智能应用 Adobe Firefly 全面开放并整合到创意软件矩阵中。人工智能生成正在对传统创意图像生成领域带来显著的变革。

在传统创意图像领域中，自由度和使用门槛往往难以兼得。在传统的创意内容领域中，对于创意内容编辑的自由度（以下简称自由度）和软件工具的使用门槛（以下简称使用门槛）之间存在着强相关性，高自由度和低使用门槛之间存在天然约束，高自由度的背后是更强的设计性，可以最大限度地发挥创意，但同时伴随的是使用难度和学习门槛的提升。而低自由度的背后是大量预设好的模板，通过牺牲自定义空间极大地降低了使用门槛。从大众用户到影像传播者再到设计师，其设计性不断增强，使用门槛也逐层提高，对于创意应用的需求也发生变化，因此诞生了互联网 C 端平台、工具类平台和专业软件开发平台等不同的应用。根据前文的划分，图像创意在不同用户群内分别存在着不同的工作生产模式。

（1）对于专业设计师而言，其主要依托高设计性、高使用门槛的软件开发类平台，应用本身的工具属性较强，其核心是通过高自由度带来"创意实现"，典型应用有 Photoshop、Illustrator 等专业软件，专业设计师通过软件类平台"卖创意"，定位于偏定制化和个性化的高端付费对象。

（2）对于影像传播者而言，其主要依托使用门槛较低、以提供模板为主的工具类平台，通过聚焦某个特定的使用场景，以简单的交互方式获取可供传播的创意内容，其创作流程相较专业设计师显著缩短，核心在于更快的传播变现，将内容定位于下游的大众消费者，典型应用有 Canva 等。

GAI 通过自然语言交互和人工智能生成实现了内容创意生产领域低门槛和高设计性的统一。首先，LLM（大语言模型）的迅速发展使以自然语言为基础的交互方式成为主流，这极大降低了用户的使用门槛。例如，对于文生图等应用，用户只需要输入 prompt（由自然语言表达的描述性文字），就可迅速实现由想法到图像的创意转化。其次，随着当前底层图像大模型的迅速发展，GAI 生成的图片质量正在迅速提升。以 Midjourney 为例，其对高清细节和摄影感的处理已经接近真实照片。因此，原先在使用门槛和自由度之间的取舍制约正在被打破，在全新的 GAI 生态下，正努力推进低门槛和高设计性同步实现。

设计软件正在从"工具"变为"生产力"本身，商业模式上对应收费逻辑也从订阅变为购买人工智能算力。传统的图像编辑软件以订阅收费为核心的变现方式，辅以小部分模板等服务的单购，本质上是用户为"工具"属性付费。在 GAI 下，用户从购买软件的功能和设计师模板变为购买人工智能生成产品服务，这一转变提升了软件的付费率和变现空间的天花板，实现了从"工具"到"生产力"本身的变革。因此,在收费逻辑上,当前的 GAI 应用普遍在订阅之外提供购买人工智能算力的额外增值服务。例如,Midjourney 推出 4 美元/小时的方式购买 fast time,以实现快速生成;Adobe 的 Firefly 也针对每一次的人工智能功能使用按照学分收取积分费用,按照 4.99 美元/月的付费用户可获得 100 积分换算,每次人工智能操作的价格约 0.35 元/积分。

　　GAI 对于创意图像领域设计性和门槛的突破,具体体现在对工作流的渗透。工作流代表的是生产力内容从创意到实现产品的全流程,包括从最初的创意构思到草稿再到设计的修改和迭代,以及最后的需求感知和用户反馈(见图 12-3)。工作流对于生产力场景有重要意义,其根源在于生产力场景的最终目标是通过创意内容获取收益,而工作流的效率从本质上决定了投入和产出比,工作流的优化一方面可以提升内容的质量,另一方面可以提高效率,用更低的成本获得更多的产出。GAI 对于创意图像生产力领域的影响本质是通过渗透工作流的环节进行的。

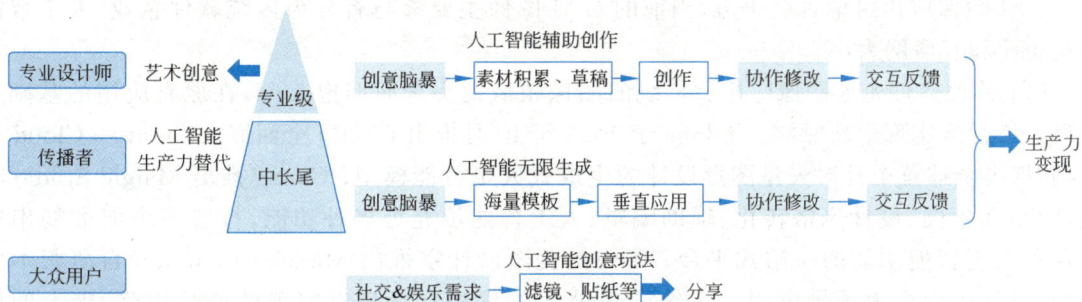

图 12-3　GAI 赋能创意视觉生成工作流示意

　　对于专业设计领域而言,其从创意头脑风暴到最终形成实现的工作流程较长。GAI 功能主要体现在前期的辅助创作环节,包括快速生成草稿、搜集素材等,并对创作过程中的某些环节,如智能填充等,也有显著影响。而对于传播者而言,GAI 主要渗透的环节是人工智能海量模板的自动生成。对于定位影像传播者的工具类平台而言,其核心资产由雇用大量设计师生产模板转变为以训练人工智能为基础的无限次生成。这对于平台而言,从单纯的工具类中介平台变成生产力本身。用户的使用模式从原先的套模板,变成自定义 prompt 进行人工智能生成,在自由度大幅提高的同时,也带来了内容生产量的大幅提升。

　　GAI 的技术演变决定了视觉创意工作流的适用边界,当前的应用痛点在于不断加强各个环节的可控生成。GAI 的能力迭代分为从基础生成到具象生成、可控生成再到最终的 AGI(通用人工智能),并将其和对于工作流环节的影响相对应起来。

　　(1) 基础生成阶段,GAI 可以完成批量重复素材的简单叠加从而快速生成项目草图,其对应的工作流在于最初的创意脑暴和草稿绘制环节,重点在于快速帮助设计师形成创意构思,减少重复性工作并提高效率。

　　(2) 具象生成阶段,GAI 可以对于具象描述的 prompt 生成高度符合要求的图像,其特点在于对 prompt 具有很高的要求,高度细节化和具象的描述有利于图片质量的提升。当前大多数的"文生图"符合这一特点,但此阶段的人工智能图像往往细节丰富且艺术性较强,然而缺乏对于结果的可控性。其对应的工作流在于一些基础的创作,满足快速生成精美的模板和图像等需求。

187

（3）可控生成阶段，GAI 的生成具备很高的调整精度及可控性，这一环节的突破意味着 GAI 可以正式地迈入更多实际的生产力应用场景。当前的 GAI 正在努力实现在可控性上的突破。例如，Adobe 的 Firefly 提供了 Photo Settings 功能，允许用户手动调整照片参数如景深、运动模糊和视野，赋予用户类似手动相机控制的体验。当前的挑战在于进一步加强生成的可控性，在保证产品效果的基础上，不断提升可控性、交互协作能力，以期在精确修改工作流阶段的更多环节中实现突破。

（4）抽象生成和 AGI（通用人工智能）阶段，向未来展望，GAI 将增强其抽象内容生成的能力，并减少对于 prompt 的依赖。对于抽象、简单的描述，GAI 能够生成符合预期的内容，并且实现创意和情感方向的表达，最终达到 AGI 阶段，即 GAI 可以实现对于用户的需求感知，并自助执行大部分的设计任务。

3．GAI 时代为竞争带来全新的机遇和挑战

GAI 图像应用可谓百舸争流，当前的 GAI 图像主要参与者分为传统软件企业、人工智能创业企业和互联网大厂。

（1）传统软件企业图像应用。传统的图像领域龙头全面拥抱 GAI，在原有应用的基础上通过人工智能实现全新赋能。Adobe 于 2023 年 10 月推出 Firefly 全面嵌入 Creative Cloud 系列，并推出全球首个针对矢量图形设计的生成式人工智能模型；Canva 推出 Maigic Studio 功能，包括文生图、设计风格转化、辅助编辑、人工智能填充等多种功能，打造一个能顺畅串联起各种人工智能功能的一站式平台；国内的美图设计室推出 MiracleVision 3.0 自研版本大模型，专注于生产力场景应用。传统图像公司的优势在于拥有完善的产品矩阵、庞大的用户基础和对于设计工作流的深入理解，有望更快将 GAI 融入原有产品工作流并落地垂直场景。

（2）人工智能创业企业原生应用。人工智能技术的迅速发展诞生了较多人工智能时代的原生应用，其中，以文生图等生成类场景为主的应用包括 Midjourney、Stability AI；视频类应用包括 Runway、HeyGen 等；3D 场景包括 Luma 等。其特点在于突出的生成效果并在社会上引起广泛的关注和讨论。随着用户数量的增加，它们一方面可以获得"飞轮效应"形成正向循环；另一方面，也正在向拓展更加具体的场景和工作流方向发展，而不限于单点的突破和单张的生成效果。例如，国内专注于出海的 ZMO. AI 推出了 ImgCreator. AI，强化了产品中背景生成、海报生成和数据优化的人工智能能力，并为 B 端用户提供 Marketing Copliot 的增值功能。这类公司有更强的灵活性和适应性，能够迅速找到落地场景并实现商业化变现，因此具有较大的发展潜力。

（3）互联网大厂人工智能产品。国内外互联网大厂凭借深厚的技术积淀，在算力、算法端拥有优势，其以通用大模型为发展核心，将图像模态作为人工智能底层模型能力的一部分。例如，Google 基于 Imagen，其人工智能搜索功能使用户能够直接使用提示生成图像；Microsoft 的 Florence 多模态大模型可以根据图像和文本之间的相似性，改进搜索推荐和广告；国内的百度、阿里等通用大模型也具备图像模态能力。互联网大厂当前在具体的图像落地场景中布局较少，且缺乏对于工作流的理解和渗透，需要在商业化应用中做更多的尝试。但随着综合能力通用大模型的发展，一方面有望作为其他垂直应用拓展的基座，另一方面可以在搜索、客服等非生产力设计功能中嵌入。

当前国内外图像生成式人工智能大模型发展概况如表 12-1 所示。

表 12-1 当前国内外图像生成式人工智能大模型发展概况

公司名称	图像大模型	推出时间	GAI 应用进展
海外公司			
海外传统图像公司：传统的图像领域龙头，有完善的产品矩阵、庞大的用户基础和对于设计工作流的入理解，致力于将 GAI 融入原有产品工作流			
Adobe	Firefly Image 2 Beta	2023 年 10 月	具备生成更高质量与更逼真图像的能力，现可生成最高达 2048×2048（400 万）像素的图像，Firefly 集成进入 Adobe Creative Cloud 全家桶
	Firefly Vector	2023 年 10 月	世界首个针对矢量图形设计的生成式人工智能模型
	Firefly Design	2023 年 10 月	专注于生成可定制的模板
Canva	Magic Studio	2023 年 10 月	包括文生图、设计风格转化、辅助编辑、人工智能填充等多种功能，打造成顺畅串联起各种人工智能功能的一站式平台
Figma	FigJam AI	2023 年 11 月	使用 OpenAI 基础模型，用于其协作白板服务的新生成式人工智能工具套件，减少重复工作内容
Recraft	—	2023 年 10 月	人工智能画板，可帮助用户快速生成各种风格的矢量艺术画、图标、3D 图像和插画
海外互联网大厂：技术积淀深厚，将图像模态作为 AI 底层模型能力的一部分，嵌入搜索、办公等功能			
Google	Imagen	2023 年 10 月	基于 Imagen，其人工智能搜索功能 SGE（Search Generative Experience）用户能够直接在 SGE 中使用提示生成图像
Meta	Parti	2022 年 6 月	语言理解与图像生成
	SAM	2023 年 4 月	SAM（Segment Anything Model）可用于图像处理，包括软件场景、真实场景及复杂场景
	CM3leon	2023 年 7 月	用于文本到图像创建和图像到文本创建的多模态基础模型，自动生成图像标题
	Emu	2023 年 4 月	EMU（Expressive Media Universe）编辑工具名为 Emu Video，它可以根据字幕、图像、文字描述等自动生成四秒长的视频；另一个是 Emu Edit，允许用户通过文本指令更容易地修改成编辑视频
Microsoft	Florence	2023 年 3 月	用户借助 Florence 能够更轻松地将数据数字化，同时从图像和视频内容中获得有价值的见解
	Copilot	2023 年 9 月	从操作系统层级提供了强大的人工智能能力，在下一个 Windows 版本中，原生的画图、照片、剪贴板、记事本等应用程序都将迎来能力升级
Amazon	titan	2023 年 10 月	宣布推出测试版图像生成功能，利用人工智能生成功能，根据产品细节在几秒钟内提供一组以生活方式和品牌为主题的图片
海外 GAI 时代原生公司：GAI 时代脱颖而出的新兴公司，专注于 GAI 内容，在生成效果上表现突出			
Midjourney	Midjourney	2022 年 3 月	2023 年 3 月推出 Version 5，具有高一致性，擅长解释自然语言 Prompt 关键词，分辨率也更高，并且支持高级功能

续表

公司名称	图像大模型	推出时间	GAI 应用进展
Stability AI OpenAI	Niji(Version 5.0)	2023 年 10 月	二次元风格模型,是 Midjoumey 和 Spellbrush 合作的模型版本,主要用于制作动画和插图风格
	Stable Diffusion	2022 年 8 月	2023 年 7 月在 Amazon Bedrock 上发布 Stable Diffusion XL 1.0
	CLIP & DALL-E	2021 年 6 月	2023 年 10 月 DALL-E 3 向 ChatGPT Plus 和企业版客户开放,原生集成至 ChatGPT,用户无须进行复杂的提示词工程
runway	Gen-1	2023 年 2 月	2023 年 6 月,公开了视频编辑工个 Gen-2,用户可以直接使用文本提示生成"逼真的视频内容"并"自动剪辑视频"
HeyGen	Surreal Engine	2022 年 7 月	前身是一款名为"Movio"的人工智能视频翻译平台,让普通人也可以轻松进行高维度、可变互的内容创作
Luma	NeRF	2022 年 10 月	基于 NeRF 生成 3D 场景
国内公司			
国内互联网大厂:通用大模型中涉及图像模态的相关功能			
百度	文心 4.0	2023 年 10 月	自然语言处理、图像影像、跨模与生物计算
阿里	通义千问	2022 年 9 月	前身系阿里达摩院 M6 项目,全球首个 10 万亿参数多模态大模型,并落地应用于天猫虚拟主播屏产 40 多个细分场景
讯飞	星火	2023 年 5 月	2023 年 10 月发布迭代更新的 V3.0 版本,提升多项能力
昆仑万维	天工	2023 年 4 月	人工智能内容生成能力涵盖了图像、音乐、文本及人工智能上大核心内容模态。其中,人工智能绘图模型是全球第一款支持多语言的 Stable Diffusion 分支模型
智谱	ChatGLM3	2023 年 3 月	2023 年 10 月推出第三代,对标 GPT-4V
国内图像公司:在原有应用中嵌入 GAI 功能并进行相应的工作流改善,不断追赶海外领先应用和企业标杆			
美图	MiracleVision	2023 年 6 月	2023 年 10 月推出 MiracleVision 3.0 版,并将全面应用于美国旗下影像与设计产品,并将助力电商、广告、游戏、动漫、影视五大行业,美图设计室专门针对生产力场景
剪映(字节)	—	2019 年 5 月	2023 年 8 月推出人工智能数字人功能
万兴	天幕	2023 年	2023 年 9 月发布天幕,其长期深耕视频创意领域,已推出万兴喵影(Wondershare Filmora)、万兴播爆(Wondershare Virbo)、StoryChic、Beat. ly 等
fotor	—	—	用户可以输入样本图像,它会使用该样本创建全新的原始图像
XMO	ZMO AI	2020 年 12 月	推出了 ImgCreator. AI,强化产品中背景生成、海报生成和数据优化的人工智能能力,并为 B 端用户提供 Marketing Copliot 的增值功能

资料来源:各公司官网,华泰研究。

12.2.3　人工智能在视觉艺术中的典型案例

本小节以万兴科技"天幕"多媒体大模型为例,说明人工智能在视觉艺术中的应用。

万兴科技是中国数字创意软件领域产品覆盖面广、营收体量大、全球化程度高的 A 股上市公司,也是国内 GAI 行业龙头企业,业务覆盖 200 多个国家和地区,全球累计用户超 15 亿,月活近 1 亿,被视为"中国版 Adobe"。作为国内首个通过备案审批的音视频多媒体大模型,万兴科技与湘江实验室合作研发"天幕"多媒体大模型,聚焦数字创意垂类创作场景,基于 15 亿用户行为及百亿本土化高质量音视频数据沉淀,以音视频生成式人工智能技术为基础,打造基于大模型架构的 GAI 应用基础底座,全链路赋能全球创作者,推进大模型进入 2.0 时代。

"天幕"大模型支持文生视频、文生背景音乐、视频配乐、视频风格迁移等近百项音视频原子能力。自 2024 年 2 月正式发布以来,"天幕"大模型全面集成到万兴公司旗下的各矩阵产品中并落地应用。其中,视频生视频功能支持一键视频风格转换,让画面更出彩;文生音乐、文生音效进一步升级了对文本的深度理解,以及基于内容理解生成对应风格音频的多维整合能力,支持输入文本生成拟真声音及倍速音效。

在"天幕"的介绍中,"本土化音视频数据"引人注目。目前,包括 Sora、Midjourney 等在内的大部分视频/图像生成模型,都主要是以海外数据进行训练,对中国元素的生成仍旧不尽如人意。作为国产音视频大模型的先锋者,除视频整体效果外,"天幕"大模型在"中国特色"内容的生成层面表现具有较强的稳定性和准确性。例如,在文生视频功能页,输入描述词"张家界美丽的自然风光,包括其标志性的柱状山脉、茂密的森林和云雾缭绕的景观",推理时间大概 5 分钟后,视频即可生成,长度达到 60 秒,并且在描述词还原度方面,表现得可圈可点——张家界的景色特点鲜明,奇峰耸立、重峦叠嶂、云雾缭绕,且整体画面自然真实,细节上也完成得不错(见图 12-4)。此外,值得注意的是,"天幕"在没有任何动作、情节描写的简短描述词的基础上,进行了不少"自我创作",不仅有远景近景及视角的变幻,还可根据自己的理解,在画面中增加了河流、寺庙、花朵等视觉元素,让 1 分钟时长的视频内容更丰富、变化更多样(见图 12-5)。

图 12-4　"天幕"大模型文生视频《男孩的探险之行》画面截图

图 12-5　万兴"天幕"文生视频页面

12.3　人工智能与音乐创作

12.3.1　人工智能在音乐创作中的应用概述

音乐创作的智能合成是一种利用人工智能技术来生成高质量音乐作品的方法。在过去的几年里,随着深度学习和自然语言处理技术的发展,人工智能在音乐创作领域取得了显著的进展。单纯用计算机合成音乐这件事,其实早在 20 世纪 50 年代就已经出现了。这些模型通过将音乐理论的原则转换成算法指令和概率表,来确定音符和和弦的进行。虽然这些作品在音乐上是合理的,但在创造性上却受到了限制。当时的早期计算机音乐合成系统主要是通过编程来生成音乐。随着计算机技术的发展,音乐合成逐渐向自动化发展。20 世纪 80 年代,乐器数字接口(musical instrument digital interface,MIDI)技术出现,使计算机和音乐设备之间的通信变得更加简单。20 世纪 90 年代,随着音乐信号处理技术的发展,音乐合成开始使用数字信号处理技术,如 FFT(快速傅里叶变换)和 DSP(数字信号处理)。这使音乐合成能够更加准确地模拟真实的音乐效果。21 世纪初,随着机器学习技术的发展,音乐合成开始使用机器学习算法,如神经网络和支持向量机。这使音乐合成能够学习和模拟人类的音乐创作过程。随着深度学习技术的发展,音乐合成开始使用深度神经网络,如卷积神经网络(CNN)和循环神经网络(RNN)。这使音乐合成能够更加高效地学习和生成音乐。

12.3.2　人工智能在音乐创作中的应用

最近十年,在 2015—2017 年的创业浪潮当中,先后涌现了多家人工智能生成音乐相关的项目。面向大众用户的人工智能生成音频产品之间的竞争也日益激烈,Meta 和 Google 等巨头先后推出了能够创作歌曲和声音的人工智能工具。

音乐人工智能市场关键产品发展历程如图 12-6 所示。人工智能合成音乐技术的突变出现在 2023 年 8 月,当时 Meta 发布了 AudioCraft 的源代码,这是一套基于机器学习构建的大型生成式音乐模型。全球的人工智能公司迅速开始使用 Meta 的软件来训练新的音乐生成器,并加入了额外的代码。其中,MusicGen 通过分析约 40 万首录音中的模式,提出了 33 亿个参数,使得算法能够根据提示生成声音,为人工智能创作音乐作品带来了新的可能。

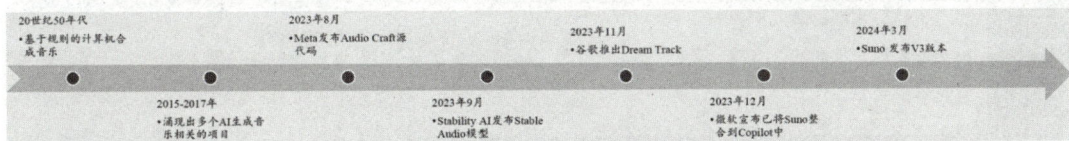

图 12-6　音乐人工智能市场关键产品发展历程
数据来源:至顶头条,founderpark,深思 SenseAI,东吴证券。

2023 年 9 月,Stability AI 发布了 Stable Audio 模型,该模型在大约 80 万首歌曲上进行了训练。用户通过输入文本和音频片段来指导人工智能。这使用户可以轻松上传一段吉他独奏,并将其重新编排成具有爵士钢琴风格的作品,甚至带有黑胶播放的感觉。

谷歌子公司 DeepMind 也与 Youtube 联合推出了人工智能音乐生成模型 Lyra,并先后推出了一系列具有实验性质的人工智能音乐工具。其中,2023 年 11 月推出的 Dream Track 能够按照选定的著名歌手的风格创作原创歌曲。这一工具现阶段可以在 YouTube Shorts 中与其他人工智能音乐工具配合使用,创作者借助这些工具,可依据文本提示和哼唱自动生成一首完整的音乐作品。2023 年 12 月,谷歌又推出人工智能音乐创作工具 MusicFX,用户仅需几句话,即可生成原创的音乐作品。

2023 年 12 月,微软宣布,已将音乐生成工具 Suno 整合到旗下人工智能交互集群 Copilot 中。2024 年 3 月,Suno 发布了 V3 版本。相较于 V2 版本,V3 版本支持更多样化的风格、更准确的 prompt 理解能力和更少的幻觉。

国内方面,盛天网络推出了"给麦",为音乐爱好者群体提供连麦、人工智能声音进化等音乐玩法;昆仑万维基于天工 3.0 大模型打造出国内唯一公开可用的人工智能音乐生成大模型——SkyMusic。

人工智能音乐市场规模高速增长。据 GEMA 测算,全球人工智能生成音乐的市场规模在 2023 年为 3 亿美元;预计到 2028 年,人工智能音乐市场将增长 10 倍以上,年复合增长率约为 60%,音乐人工智能的市场将超过 30 亿美元,这意味着在短短几年内,音乐人工智能市场规模将达到 2022 年全球音乐版权收入的 28%。

12.3.3　人工智能在音乐创作中的典型案例

本小节以 Suno 发布的 V3 版本为例,说明人工智能在音乐创作中的应用。

Suno AI 是一家位于美国马萨诸塞州剑桥的初创公司,专注于人工智能音乐领域创作。Suno 的核心产品是人工智能音乐生成工具,用户可以通过简单的自然语言描述来创作包括旋律、和声和节奏在内的音乐。该工具无须用户具备深入的音乐理论知识或丰富的演奏经验,仅需以简短的文字描述音乐创作理念,人工智能将理解这些创意意图,并将其转化为具体的音乐作品,实现用户无门槛的音乐创作梦想。2024 年 2 月,Suno 的访问量为 810 万,从 2023 年 11 月开始,平均每月增长约 110 万的访问量。Suno 的技术核心是自主研发的两个人工智能大模型：基于 transformer 的 Bark 语音模型和 Chirp 音乐模型，分别负责生成人声和提供音乐旋律与音效，使 Suno 产出的音乐更加智能化和复杂化。2024 年 3 月 22 日，Suno 公司推出了 V3 版本，该版本首次能够生成广播质量的音乐，并新增了更丰富的音乐风格和流派选项，如古典、爵士、嘻哈、电子等（见图 12-7）。

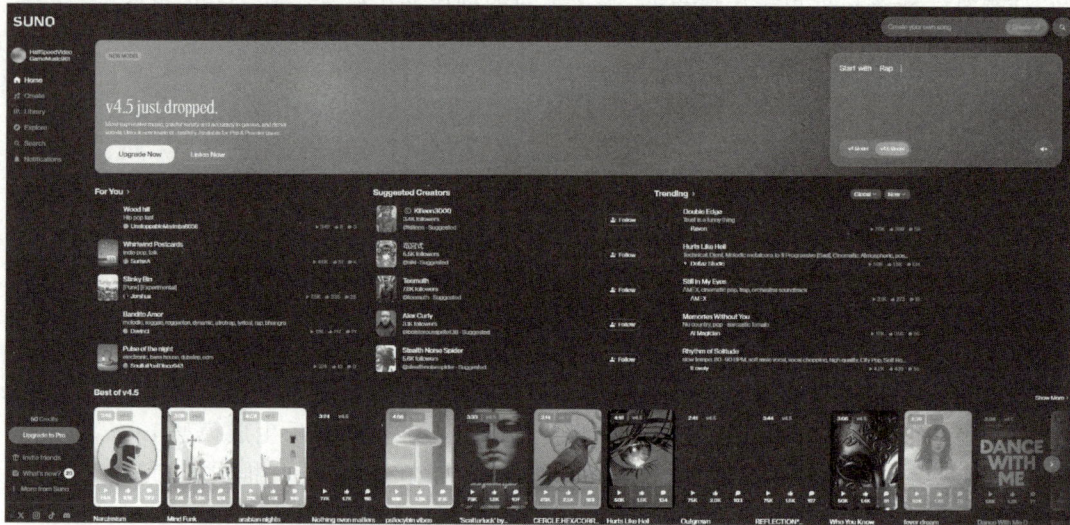

图 12-7　Suno 音乐人工智能生成器页面

Suno V3 能够在几秒内创作出完整的两分钟歌曲。与之前的版本相比，Suno V3 拥有显著的优势：V3 版本的推出使音乐生成的质量更高，且能够制作各种风格和流派的音乐和歌曲；提示词连贯性有了大幅改进，使生成的音乐更加流畅和连贯；V3 版本的歌曲结尾质量也得到了极大的提高，增强了整体音乐体验；通过引入人工智能音乐水印系统，有效地保护用户的创作不被滥用，并防止抄袭行为。

Suno 平台提供两种音乐创作模式：默认模式与自定义模式，以适应不同用户的创作需求和偏好。在默认模式下，用户的创作过程主要依赖人工智能生成的提示词（AI prompt），这一模式要求用户对于人工智能提示词的有效应用具有较高的熟练度，同时也需要用户对音乐领域的专业知识有深入的理解和掌握。

自定义模式则为用户提供了更高的创作自由度。用户可以根据个人的创作意图和风格偏好，自行撰写歌词，或是引用经典古诗词、熟悉的歌曲歌词等文本材料。该模式还支持用户利用 ChatGPT 等 LLM 工具进行歌词的创作。自定义模式的核心价值在于使用户能够充分发挥个人创意，通过自定义文本输入，创作出具有个人特色和情感富含的音乐作品。

Suno 虽然展现出了较强的能力，但仍远非完美，它在时长、语言理解力，以及音乐分轨等方面都存在问题。首先，目前 Suno 生成的曲子都不到两分钟，很多作品经常戛然而止，在音乐创作的起承转合上仍有缺陷，影响了用户实际的听觉效果。其次，虽然 Suno 支持多国语言创作，但其最了解的还是英文，在理解中文歌词及音乐风格上，存在明显偏差。在生成电子、R&B、摇滚等音乐风格时，Suno 能处理得很好，但在华语流行风格上仍有短板。再次，Suno 创作出的作品不支持调整分轨，专业人士没有办法对生成的歌曲进行调整，这也是目前困扰 Suno 商业化的最大难点。虽然目前 Suno 生成的音乐能轻松达到广告配乐、影视配音标准，但如果客户听完后想修改细节，Suno 就办不到了，只能再次随机生成另一首曲子。最后，Suno

生成的音乐音频清晰度不够高,高频和低频损失比较严重,并伴有杂音、噪声等,这也限制了其改编的可能性。因此,目前 Suno 更多的是用来娱乐。想要解决这些问题,需要数据、时间和一定的算法技术突破。

12.4　人工智能与文化遗产保护

12.4.1　人工智能在文化遗产保护领域的应用概述

中国拥有悠久的历史及丰富多样的文化遗产,作为中华民族生产、生活和文化等方面的智慧结晶,文化遗产是中国文化传承的重要载体。对文化遗产的保护与传承,就是对中华民族"文化脉络"的保护与传承,也就是对民族根本的保护与传承。随着人工智能技术在各个领域的广泛应用,人工智能技术与文化遗产保护、传承和发展的结合也越来越紧密,在文化传承和创作方面的作用也越来越明显。人工智能的介入有利于掌握文化表现的态势、传承文化遗产的独特体系、扩大文化遗产受众,有助于解决文化遗产保护和传承存在的问题,实现传统手段所难以达到的目标。

12.4.2　人工智能在文化遗产保护领域的应用

1. 人工智能辅助自动化监测与风险评估

(1) 结构健康监测。人工智能可以分析文化遗产的结构数据,如建筑的应力、振动和位移,以预测潜在的结构问题。例如,通过机器学习算法,可以对桥梁、古建筑等进行实时监测,及时发现裂缝或变形,从而在问题恶化之前进行修复。这样的监测系统能够显著延长文化遗产的寿命,并减少维护成本。例如,欧洲的一些古老教堂和桥梁已经开始采用人工智能技术进行结构健康监测,实时分析传感器数据,确保这些历史建筑的稳定性和安全性。

(2) 环境监测。人工智能系统能够监测文化遗产周围的环境条件,如湿度、温度和污染物,这些因素可能对文化遗产造成损害。通过对这些数据的实时分析,人工智能可以预测可能的环境风险,并提出相应的防护措施。例如,在湿度突然升高时,系统可以自动通知相关人员采取措施,防止木质文物受潮发霉。此外,人工智能还能监测空气质量,预防酸雨等对石质文物的侵蚀。例如,在意大利的庞贝古城,人工智能技术被用于监测气象和环境数据,以保护这座古城免受自然环境的破坏。

2. 高精度修复与重建

(1) 3D 扫描与建模。人工智能辅助的 3D 扫描技术可以创建文化遗产的高精度数字模型。这些模型不仅用于研究,还可以在修复工作中提供精确的参考。例如,利用 3D 模型,可以进行虚拟修复实验,以确定最佳的修复方案。此外,这些数字模型还可以用于教育和展示,使更多人能够以虚拟方式接触和了解珍贵的文化遗产。例如,埃及的图坦卡蒙墓和希腊的帕特农神庙已经利用 3D 扫描技术创建了详细的数字模型,为未来的修复和研究提供了宝贵的资源。

（2）智能修复建议。机器学习可以分析历史修复案例数据,学习专家的修复策略,并为新的修复项目提供建议。例如,人工智能可以通过分析大量的修复记录,找出修复特定类型损坏的最有效方法。这样,在面对类似的修复任务时,人工智能可以提供科学且经过验证的建议,提高修复工作的效率和效果。例如,在中国的敦煌莫高窟,人工智能技术被用于分析和总结过去的修复经验,帮助专家制定更加有效的修复策略,从而更好地保护这些珍贵的壁画。

3. 数据存储与管理

（1）文化遗产数据库。人工智能可以帮助创建和管理大型的文化遗产数据库,记录每个遗产的详细信息,包括历史背景、现状、修复记录等。这样的数据库不仅有助于科学研究,还能为保护工作提供翔实的数据支持。例如,联合国教科文组织正在开发一个全球文化遗产数据库,利用人工智能技术整合和分析各地的文化遗产数据,为全球文化遗产保护提供科学依据。

（2）图像识别与分类。利用人工智能的图像识别技术,可以对文化遗产的照片和视频进行自动分类和标注,快速找到需要关注的部分。例如,人工智能可以自动识别文物表面的裂纹、斑点等损伤,帮助修复人员更迅速地制订修复计划。例如,在意大利的庞贝古城,研究人员利用人工智能技术分析了数千张考古图片,自动识别和分类各种文物的损伤情况,为修复工作提供了重要参考。

4. 文化教育与公众认知

（1）创新文化遗产交互方式。通过结合人工智能与虚拟现实/增强现实（VR/AR）技术,公众可以以互动的方式体验和学习文化遗产。这不仅能提高公众对文化遗产保护的认识,还能激发更多人参与到保护工作中来。例如,使用增强现实（AR）技术,人们可以通过智能手机或平板电脑,看到消失的历史建筑在现实世界中的复原效果,从而增强对历史文化的理解和兴趣。

（2）数字展示与传播。人工智能可以帮助创建丰富的数字内容,让更多人通过互联网接触和了解文化遗产。例如,人工智能生成的虚拟导览可以带领游客在线参观博物馆,了解文物背后的故事和历史。例如,大英博物馆和卢浮宫已经开始使用人工智能技术创建虚拟展览,让全球观众能够在线参观这些世界顶级博物馆,欣赏到平时难以一见的珍贵文物。

12.4.3 人工智能在文化遗产保护中的典型案例

本小节以"敦煌莫高窟的数字化保护"和"'元创未来Ⅱ'AI+设计艺术作品展"为例,说明人工智能在文化遗产保护中的应用。

1. 敦煌莫高窟的数字化保护

敦煌莫高窟的数字化保护是一项综合利用高精度3D扫描、数字存档、虚拟现实（VR）和增强现实（AR）技术、机器学习分析、环境监测、修复与复原、在线展览与教育、国际合作与共享,以及法律与伦理考量的复杂而精细的系统性工程。通过人工智能等前沿技术,不仅可以捕捉到壁画和雕塑的每一个细节,创建高精度的三维模型,还能实现对环境条件的实时监控,预测并采取措施保护艺术品。同时,利用人工智能辅助的修复技术进行精确修复,尽可能地恢复艺术品的原貌。数字化的敦煌莫高窟能够在网上展示,让全世界的人们都能够访问和学习,提高了公众对文化遗产的认识,为教育工作者提供了丰富的教学资源。

(1) 高精度 3D 扫描与数字存档。敦煌莫高窟的数字化保护工作始于高精度 3D 扫描技术的应用。利用激光扫描和摄影测量技术,研究人员能够捕捉到壁画和雕塑的每一个细节,创建高精度的三维模型。这些数字模型不仅为修复工作提供了翔实的参考,还作为重要的数字存档,保存在敦煌研究院的数据库中,确保文化遗产的信息能够长期保存,供未来的研究和保护工作使用。

(2) 虚拟现实(VR)和增强现实(AR)技术。利用虚拟现实(VR)和增强现实(AR)技术,敦煌莫高窟的数字模型得以在虚拟环境中展示。观众可以通过 VR 设备沉浸式地参观莫高窟,仿佛置身于千年古迹。而 AR 技术则可以通过移动设备,叠加虚拟信息在现实环境中,增强观众的参观体验。这些技术不仅为公众提供了全新的文化体验方式,还为无法亲临现场的观众提供了了解敦煌艺术的机会。

(3) 机器学习分析与环境监测。人工智能和机器学习技术在敦煌莫高窟的保护中扮演着重要角色。通过分析大量的历史数据和环境监测数据,人工智能能够预测可能对壁画和雕塑造成损害的环境变化,并提前采取保护措施。例如,由于敦煌地处沙漠地带,风沙的风化作用对莫高窟内的壁画、佛像等都具有一定的破坏效应。通过环境传感器实时监测窟内的温度、湿度、光照和空气质量,人工智能分析这些数据,并识别出潜在的威胁,及时通知保护人员采取应对措施。

(4) 文物修复与复原。由于经年累月的环境侵蚀及人为破坏,窟内文物受损情况较为严重。文物保护者们通过利用人工智能辅助的修复技术,能够精确地修复受损的壁画和雕塑。基于已有的文物高清图片、视频等数据资料,通过人工智能生成的方式,可以部分还原已遭到破坏的文物部分,重现文物完整的风貌。不仅如此,研究者们通过分析历史修复案例和学习文保专家的修复策略,人工智能能够提供科学且经过验证的建议,辅助修复人员制订最佳的修复方案。借助虚拟修复技术,在数字模型上进行修复实验模拟仿真,以确保实际修复过程中的每一步都是最优选择,从而避免盲目操作并尽可能地恢复艺术品的原貌。

近期,敦煌研究院与人工智能头部企业腾讯联合推出"数字藏经洞",向全球用户开放。"数字藏经洞"是敦煌研究院与腾讯为期 5 年的战略合作项目之一(见图 12-8)。腾讯与敦煌研

图 12-8　腾讯与敦煌研究院合作的"数字藏经洞"

究院利用最新游戏技术,打造了这座超时空参与式博物馆,并生动再现了藏经洞和洞内收藏的 6 万多件珍贵文物的历史场景。

腾讯公司运用最新的云游戏引擎和人工智能技术,包括物理渲染和全局动态照明,创造了沉浸式的数字藏经洞,与用户一同踏上超现实的历史之旅。它捕捉遗址中的每一个细节,并将其嵌入沉浸式体验。例如,腾讯将莫高窟 1600 米高耸入云的崖壁原貌数字化,同时利用摄影测量技术以 1∶1 毫米级的精度复刻 3 层楼,以及第 16、17 窟的复杂细节。用户还可以通过沉浸式交互应用穿越到千年前与历史人物互动。

2. "元创未来Ⅱ"AI+设计艺术作品展

2024 年 5 月 31 日上午,湖南工商大学联合湘江实验室共同打造"面向 2035·融创未来"科技文化博览会暨第二届科技节系列活动之"元创未来Ⅱ·我的心略大于整个宇宙"AI+设计艺术作品展。

本次展览以"我的心略大于整个宇宙"为主题,参展作品以设计艺术学院毕业生的毕业设计作品为基础,由湘江实验室元宇宙研究团队利用混合现实、人工智能生成技术、3D 场景重建等前沿科技手段为其科技赋能,构建了一个沉浸式的线上线下互动体验空间,赋予参展作品更加丰富的展现形式和更加蓬勃的生命力,充分体现了文化和科技融合的创新成果和倍增效应。为观众带来了一场前所未有的视觉与思想的盛宴,仿佛引领人们踏入了一个绚烂多姿的数字宇宙中(见图 12-9)。

图 12-9 "元创未来Ⅱ"AI 科技展现场

"元创未来Ⅱ"(见图 12-10)是湖南工商大学和湘江实验室成功于 2023 年举办的"元创未来"展览的全新升级版,由湘江实验室与湖南工商大学六个学院联手打造。师生们以科技为笔、文化为墨,打破了现实与虚拟的界限,创造了引人入胜的数字艺术奇观。其中,"格知空间"智慧文博全息媒体创意服务平台,实现了文化展览的精准化管理;"柳毅传书"沉浸式 VR 让观众感受虚拟空间与虚拟偶像结合的奇妙体验;"梦游创世"让中国神话故事活灵活现、跃然屏端;"草本良方"利用生成式人工智能,训练中医药垂直大模型,驱动 3D 数字人交互,让中医药文化创新呈现,传承和弘扬传统文化。这场展览不仅展现了数字世界的无限可能,也体现了文化与科技的完美融合。

图 12-10　"元创未来Ⅱ"作品介绍

12.5　本章小结

人工智能在文学创作、视觉传达、文化遗产保护、音乐创作等领域的作用日益显著,对于提升创作质量、丰富文化表达、保护历史遗产及创新音乐制作具有重要意义。近年来,大模型、深度学习、强化学习等人工智能前沿技术,更是将具体应用能力推向了新的阶段。本章总结了人工智能在这些领域的多个方面的应用,包括智能写作助手、自动图像生成、文物数字化保护及音乐生成算法。随着技术的不断进步和应用的不断拓展,展望未来,人工智能在艺术领域的潜力仍然广阔。技术的发展将继续为艺术创作提供工具,而艺术家的创造力与人文视角则将赋予技术更多灵魂与温度。人类与人工智能的协作并非取代,而是拓展艺术的疆界,为个体表达和文化共鸣注入新的动力。

课后习题

1. 如何评估人工智能在文学创作中的创意贡献?其作品能否被视为真正的文学作品?

2. 人工智能生成的视觉艺术作品与人类艺术家的作品有何不同?观众能否轻易区分它们?

3. 在文化遗产保护中,人工智能技术如何帮助实现文物的数字化和保护?是否存在技术局限?

4. 人工智能音乐创作算法如何影响传统的音乐创作流程?是否可能完全取代人类作曲家?

5. 在文学创作中,人工智能写作助手的使用对作者的创作风格有何影响?是否会导致风格同质化?

6. 在视觉传达中,人工智能图像生成工具如何影响设计师的工作流程和创造力?

7. 人工智能在文化遗产保护中的应用是如何影响公众对文物的真实感和历史感的?

8. 在音乐创作中,人工智能生成的作品在情感表达和创新性方面如何与人类的创作相比?

9. 你觉得人工智能技术在这些领域的广泛应用是否会导致相关职业的减少?哪些新职业可能会因此产生?

10. 在伦理和版权问题方面,如何界定人工智能创作的作品的所有权和著作权?你觉得可能会出现哪些问题?

第13章 人工智能的隐私与安全

教学导引

（1）了解隐私安全的关键领域和核心问题。

（2）掌握人工智能面临的安全挑战及应对策略。

（3）掌握人工智能法律法规的现状和未来。

（4）理解人工智能监管的难点与未来方向。

内容脉络

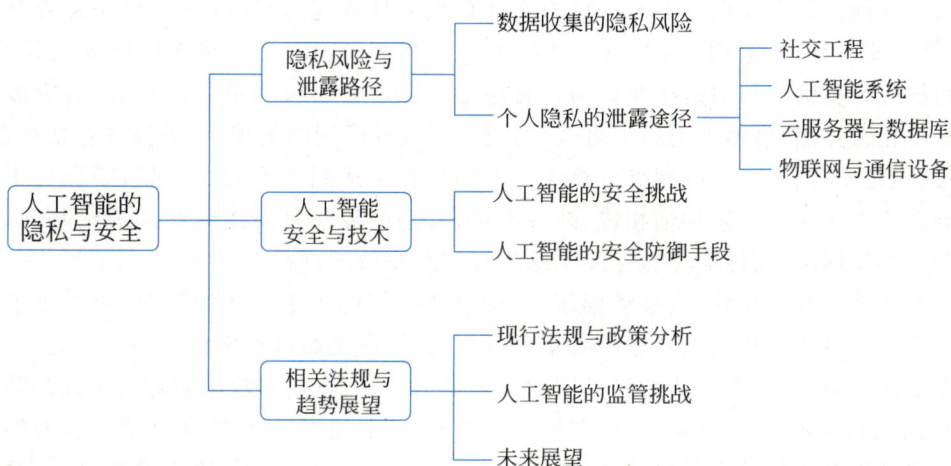

内容概要

对人工智能隐私与安全领域进行阐述，重点剖析各种隐私泄露途径、安全攻击方式及应对的防御技术和监管措施。当前，人工智能在众多行业广泛应用的同时，隐私与安全问题日益凸显，尤其是在数据密集型应用场景中。在安全方面，无论是面向数据的攻击（如数据投毒、隐私攻击等），还是面向模型的攻击（如对抗攻击、模型窃取攻击等），都对人工智能系统的可靠性和用户安全构成严重威胁。相应地，一系列防御技术，如鲁棒训练、差分隐私、对抗训练等，不断发展，同时监管机构也在努力更新完善法律法规、加强跨部门合作等以应对挑战，旨在构建可持续的隐私与安全环境，保障人工智能技术健康、安全、可持续发展。

场景引入：在当今数据价值日益凸显的时代，人工智能的发展如日中天。然而，我们不得不关注到人工智能领域中隐私安全问题的严峻性。2020年2月，Clearview AI被曝出严重的数据隐私泄露事件,这家人工智能初创公司从网络开源数据中大规模收集人脸图像并构建人脸识别系统。在未经用户同意的情况下,通过"爬虫"人工智能在多个知名网站上检索并获取超过 200 亿张人脸图片与相关数据。其行为严重侵犯了用户的隐私权,虽然数据来自公开渠道,但并不意味着可以随意使用而不顾及隐私保护。该公司在数据收集和使用过程中,既未给予用户隐私权应有的重视,也未遵守与第三方平台的相关协议,损害了多方利益。作为数据控制者,它在数据安全和隐私保护方面存在法律责任缺失的问题。这一事件深刻地反映出人工智能在数据收集和使用过程中,保障用户隐私安全已成为当务之急。

13.1　隐私风险与泄露路径

随着人工智能技术的快速发展和广泛应用,我们正步入一个前所未有的数据驱动时代。人工智能的快速发展依赖数据、算力和算法这三个核心要素[①]。数据是训练人工智能的关键资源,用于让算法学习参数与配置,使预测结果更吻合实际,数据需经过标注,获取途径包括开放数据源、数据共享合作、爬取抓取、采购购买及数据生成标注等,其价值体现在训练模型、支持决策洞察和促进创新发现等方面。算力指计算机的处理能力,深度学习算法参数众多计算量大,需高性能计算机,常用的算力有 CPU、GPU、TPU、NPU 及分布式计算和云计算等,提升算力和优化计算资源利用是重要方向。算法是三个要素中极为重要的部分,其突破主要源于深度学习相关算法,借鉴人类思考方式,通过多层次神经网络实现,常见算法包括机器学习、深度学习、强化学习、生成对抗网络等算法。不同的算法适用于不同的场景,新算法不断推动人工智能进步。这三个要素相辅相成,缺一不可,合适的算法是解决问题的理论基础,大量数据用于训练神经网络,高性能算力保障训练过程顺利高效地进行。

人工智能系统在提高效率、推动创新,甚至改变我们的生活方式的同时,也带来了一系列隐私保护方面的挑战。从个人数据的收集和分析,到算法决策过程中的透明度问题,再到社交网络数据的泄露风险,人工智能的隐私问题正在成为公众、企业和政策制定者关注的焦点。本节旨在深入探讨这些隐私问题,分析它们对个人自由、社会公正及技术可持续发展的潜在影响。我们将从数据收集的隐私风险开始,逐步深入到算法偏见、隐私泄露途径,以及这些问题对现代社会的广泛影响。

13.1.1　数据收集的隐私风险

在数字化现代社会,个人数据收集随处可见,随着人工智能技术蓬勃发展,这一趋势加速。人工智能系统依赖海量数据与强大算力训练优化算法来处理复杂任务,但这也带来隐私保护的严峻挑战,例如个人信息泄露、算法歧视、自主权侵犯等问题已敲响人工智能隐私安全警钟,这要求我们在推动人工智能技术进步时,深入探讨保护个体隐私权益、抵御隐私数据被恶意利用的方法。

---

① Ertel W. Introduction to artificial intelligence[M]. Wiesbaden：Springer Nature,2025.

1. 无处不在的数据追踪

现代技术让个人数据收集极易,智能手机、社交媒体、在线购物、智能家居等都在持续产生数据,这些数据被用于多种目的,但营利性数据分析带来数据追踪问题,有隐私泄露的风险。其直接后果是个人信息泄露,如 Facebook 用户隐私数据泄露引发严重问题,类似的案例众多。数据追踪还会导致个人生活透明度太高,几乎无隐私,威胁个人安全感,对社交关系和心理健康有不利影响。想象一下,雇主可能追踪员工的位置数据,以监控他们的行踪;保险公司可能追踪客户的健康状况,以调整保险费率。这种监控行为可能侵犯个人隐私权,并对个人自由造成限制。雇主的监控可能让员工感到时刻被观察,从而增加压力,降低工作满意度和生产力。保险公司的数据追踪则可能导致保险费率的不公平调整,基于健康数据作出偏见性的决策(见图 13-1)。

图 13-1　应用软件对用户进行的数据追踪

因此,尽管数据追踪在优化用户体验和商业决策中扮演着重要角色,但我们必须意识到其潜在的隐私风险。我们需要在享受技术便利的同时,积极采取措施保护个人隐私,确保数据收集和使用的透明度和合法性,从而构建一个更加安全和尊重隐私的数字社会。

2. 数据分析下的隐私隐忧

人工智能技术的关键应用是用户行为预测分析,通过分析个人数据预测行为模式,为企业的商业决策助力。但预测分析若遭恶意利用,会有隐私泄露、侵犯个人自主权等问题,企业可能借此操纵消费者选择,给用户造成困扰,甚至违反消费者保护法律,如 Target 公司案例所示。同时,预测分析可能使个人被贴上不良标签,影响就业、社会地位,对个人名誉和生活有负面影响,甚至会引发社会恐慌。因此,要重视其隐私保护与道德使用问题,企业需采取严谨数据保护措施,确保准确性和透明度,防止数据滥用,保护用户的隐私和权利,构建安全可信的数字社会。

通过对数据收集过程中隐私风险的研究讨论,我们可以通过相关措施来保护数据收集阶段的个人隐私,具体如下:①加强数据的加密和安全措施,防止数据在传输和存储过程中被窃取或篡改;②限制数据的收集和使用范围,只收集必要的数据,并且只用于特定的目的;③提高数据收集的透明度,让用户知道哪些数据被收集,以及这些数据如何被使用;④加强人工智能算法的监管,确保算法的公正性和透明性;⑤加强对数据收集者的法律责任,对侵犯个人隐私的行为进行惩罚。

13.1.2　个人隐私的泄露途径

在数字化时代,个人隐私的保护变得尤为关键。随着科技的迅猛发展,个人隐私泄露的途径也日益增多,给个人安全带来了前所未有的挑战。从社交工程的精心策划到人工智能系统的潜在安全漏洞,再到硬件设备信息传输过程,当中的每一个细节都可能成为个人隐私的薄弱点,威胁着我们的信息安全。因此,了解隐私泄露的主要途径及相应的预防措施显得尤为重要,这能够帮助个体在便捷地利用智能产品的同时,还能有效防止自己的隐私信息被泄露。图 13-2 展示了隐私泄露的主要途径。

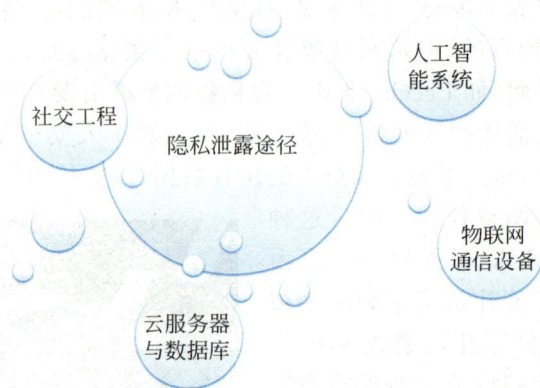

图 13-2　隐私泄露的主要途径

1. 社交工程与数据泄露

社交工程(social engineering)又可译为社会工程,简称"社工",指一种非纯计算机技术类的入侵。它多依赖人类之间的互动和交流,且通常涉及并用到欺骗其他人来破坏正常的安全过程,以达到攻击者的目的,其中可能包括获取到攻击者想要得到的特定信息。

攻击者利用人们的信任、贪婪、恐惧等情感,诱使人们泄露密码、银行账户等私密数据,针对人类非理性行为倾向而非计算机系统缺陷。其策略多样,包括电话诈骗、钓鱼邮件、假冒网站和社交媒体欺诈等。攻击者会伪装成银行、技术支持或政府人员,通过设计好的对话或邮件诱骗受害者提供个人信息,如以银行账户有风险需提供信息保障安全、中奖但要先付税费或手续费等理由。这种攻击对个人隐私威胁巨大,如果个人信息落入不法分子手中,可能导致身份盗窃、金融诈骗、名誉受损等连锁反应。社交工程攻击对企业也很危险,企业员工若缺乏安全意识,则易成为其目标,攻击者获取员工登录凭证后能侵入企业内部系统,窃取商业机密、客户数据等重要信息,给企业带来经济损失和声誉损害。

为了有效防御社交工程攻击,个人和企业都需要采取一系列措施。图 13-3 展示了在社交工程隐私泄露预防措施。对于个人来说,增强安全意识至关重要。定期参加安全培训,通过模拟攻击演练,可以测试和提高个人对真实攻击场景的应对能力。对于企业来说,建立严格的安全策略和程序也是减少社交工程攻击成功率的关键。这包括实施强密码政策、多因素认证、数

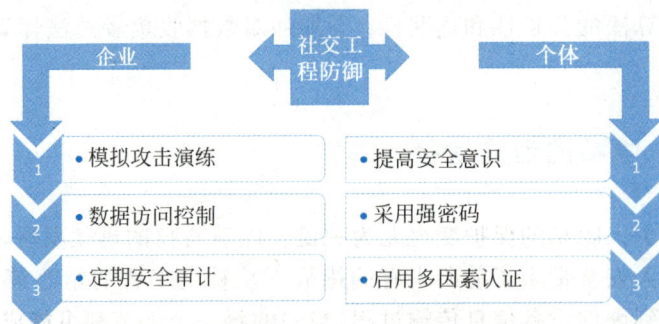

图 13-3　社交工程隐私泄露预防措施

据访问控制和定期的安全审计。通过这些措施,可以为企业的数据和系统提供额外的安全保障,降低因员工疏忽而导致的数据泄露风险。

2. 人工智能系统的隐私泄露

人工智能系统安全漏洞问题日益突出,随着系统复杂性和功能性的提升,安全挑战也相应增加。人工智能系统在医疗、金融、自动驾驶等多领域至关重要,但其算法和数据处理流程有潜在安全漏洞。人工智能模型训练需大量数据,数据在模型结构中反复使用,若攻击者渗入系统破解参数,可复原算法逆向推演出隐私数据用于非法交易。例如,2023 年,ChatGPT 因 Redis 开源库漏洞导致用户信息泄露。这种通过窃取模型参数和结构的攻击是模型窃取攻击,攻击者通过特定查询或设计样本推断内部参数和结构,成功后可复制模型用于非法目的。由于模型复杂和不透明,此类攻击很难被检测和阻止。此外,还有对抗性攻击等,我们将在 13.2.2 小节中深入探讨这些面向模型的攻击方式及其防护措施。

为了提高人工智能系统的安全性,我们需要从多个角度进行防护:①开发鲁棒性更强的系统以抵抗攻击(包括对抗性和模型窃取攻击),需了解系统内部机制、工作原理和攻击者手段策略,关键是加强算法和模型安全研究;②实施严格数据保护措施,对数据加密,保障传输和存储安全;③实施访问控制和数据泄漏检测机制,应对潜在安全威胁;④建立安全评估和认证机制,定期进行安全测试(如对抗样本实验),及时修复安全漏洞。同时,我们还需要制定和执行严格的安全标准和规范,确保人工智能系统的安全性和可靠性。人工智能系统的隐私监管措施如图 13-4 所示。

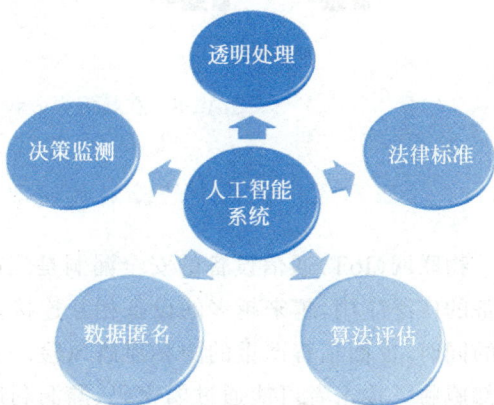

图 13-4　人工智能系统的隐私监管措施

3. 云服务器与数据库的隐私泄露

云服务器与数据库的安全漏洞是信息技术领域突出问题。云计算和大数据广泛应用,企业数据存于云端,但云服务器和数据库有严重的隐私泄露风险,主要包括未授权访问、数据泄露、配置错误和内部威胁。攻击者可通过弱密码、漏洞利用、钓鱼攻击等获取未授权访问,窃取或篡改敏感数据,且云服务配置错误(如公开 S3 存储桶、开放数据库端口)会使数据暴露于互联网。例如,2019 年 Capital One 银行、2020 年 Elasticsearch 数据库因配置错误而导致大量数据泄露。

为了防止云服务器和数据库的隐私泄露,需要采取多层次的安全防护措施。首先,使用复杂的密码,并启用多因素认证(MFA),防止攻击者通过暴力破解或钓鱼手段获取访问权限。其次,定期检查和更新云服务器和数据库的配置,确保不留安全漏洞,并进行定期的安全测试,及时发现和修复潜在的安全问题。再次,实施严格的访问控制策略,限制数据访问权限,仅授权必要的人员和服务访问敏感数据。同时,建立完善的日志记录和监控系统,实时检测异常访问和操作,及时响应潜在的安全威胁。通过数据泄露防护(data leakage prevention,DLP)系统,可以有效地监控和防止数据泄露。最后,定期对员工进行安全意识培训,增强其对安全威胁的识别和应对能力,防范内部威胁。通过以上措施,可以有效降低云服务器和数据库的隐私泄露风险,保护数据的安全和完整性,确保在利用云计算和大数据技术带来的便利和效益的同时,防范数据隐私的安全风险。图 13-5 展示了在数据中心和云存储之间的存储防泄露策略,通过捕获数据、扫描策略和分析结果,确保数据安全。

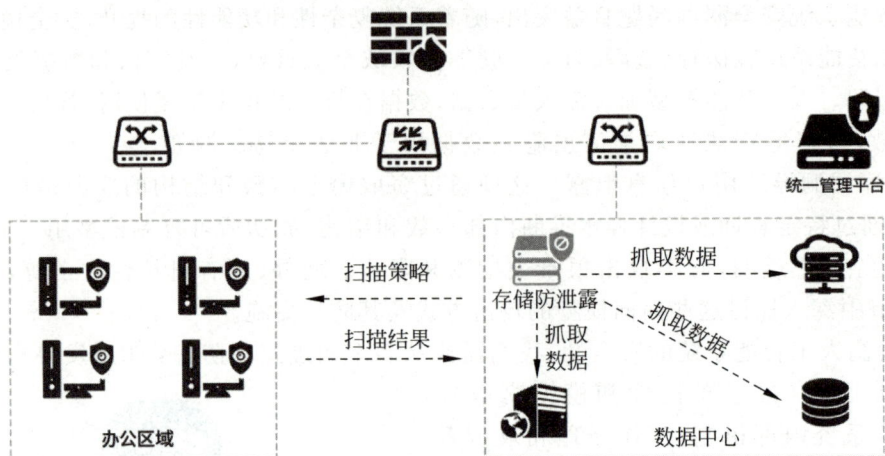

图 13-5　在数据中心和云存储之间的存储防泄露策略

4. 物联网通信设备中的隐私传输泄露

物联网(IoT)通信设备的安全漏洞是当前信息技术领域中的一个突出问题。随着物联网设备的广泛应用,越来越多的设备相互连接,共享和传输数据。这些设备在提供便利和高效服务的同时,也面临着严重的隐私泄露风险。主要风险包括未授权访问、数据泄露、配置错误和内部威胁。攻击者可能通过弱密码、漏洞利用、恶意软件等手段,获得对物联网设备的未授权访问,进而窃取或篡改敏感数据。数据在传输过程中如果未加密或加密强度不够,容易被拦截和解密,导致敏感信息的泄露。此外,物联网设备的配置错误,如未设密码保护、默认配置等,可能导致数据无意中暴露在互联网上。例如,2016 年的 Mirai 攻击事件中,攻击者利用物联网设备的默认密码和漏洞,感染了大量摄像头、路由器等设备,组成了一个庞大的"僵尸网络(Botnet)",导致大规模的 DDoS 攻击。2020 年,某些未加密且未受保护的物联网设备因配置错误被暴露在互联网上,导致大量敏感数据泄露,给受害者带来了巨大的风险。

我们需要采取多阶段防护措施来处理物联网数据泄露风险。设备接入时,采用严格身份认证机制,例如基于 PKI 认证,设备有唯一标识,设置复杂且定期更新的密码。网络传输中,结合对称与非对称加密算法,例如用 AES 加密大量数据、RSA 管理密钥,并用 TLS 等安全协议封装保护数据。数据存储环节,对本地和云端数据依敏感程度分类加密,保证存储设备和系统有强访问控制功能且定期审计。设备管理方面,建立完善系统,实时监控设备状态,及时发现异常,定期更新软件,妥善处理退役设备。人员培训上,对相关人员定期开展包括安全意识教育、正确操作维护内容的培训,使其了解隐私泄露危害和攻击手段,遵守安全规定。从多方面发力,保障隐私安全。

13.2　人工智能安全与技术

随着人工智能技术发展,其应用广泛深入,虽提升了效率、带来了新方法,但人工智能系统的安全性受到密切关注,这关系到技术的稳定可靠性、用户隐私保护、企业数据安全和社会公共安全。本小节探讨人工智能安全与技术核心议题,包括系统漏洞风险、安全威胁和加强安全性的技术创新。本小节从分析潜在安全漏洞入手,理解其利用方式和对个人、组织的风险,再探讨当前和未来保护人工智能系统免受恶意攻击、保障数据完整性和隐私性的安全技术。

13.2.1　人工智能的安全挑战

在人工智能飞速发展的今天,其安全挑战正逐渐浮出水面,成为不容忽视的问题。随着人工智能技术的广泛应用,从智能家居到自动驾驶,从医疗诊断到金融决策,人工智能已经渗透到我们生活的方方面面。然而,与此同时,数据泄露、模型被篡改等安全风险也日益凸显,给人工智能技术的健康发展带来了巨大挑战。因此,深入探讨人工智能技术发展所带来的安全挑战,以及如何应对这些挑战,已成为我们当前面临的重要任务。

1. 面向数据的攻击

在数字化时代,人工智能技术的广泛应用正推动着数据处理和分析的革命性进步。然而,这一进步也伴随着数据安全风险的增加。人工智能领域中数据可能遭受的攻击方式,以及数据安全的重要性,体现在以下方面。

(1)数据投毒攻击。在模型训练阶段引入恶意数据降低模型性能,攻击者可通过向社交媒体上传有毒数据或向数据集提交有害信息,用标签投毒、在线投毒和特征空间攻击等策略细微改变数据以误导模型学习,导致模型输出不准。

(2)隐私攻击。深度学习模型的推理攻击可揭示训练数据中的敏感信息,其中成员推理攻击用于推断样本是否在训练集,而属性推理攻击则从模型输出中提取个体敏感属性,从而威胁个人隐私。

(3)数据窃取攻击。攻击者通过逆向工程从已训练好的人工智能模型中提取原始训练数据,从而危及个人隐私和知识产权,进而损害数据持有者的利益。

(4)篡改与伪造攻击。通过普通篡改和深度伪造技术,可生成误导性或欺骗性内容,如假视频和音频,损害社会秩序和个人名誉。

这些攻击技术间存在紧密关联,主要体现在以下方面。首先,它们的攻击目标高度重叠,都旨在破坏、误导或窃取人工智能系统及其数据。例如,数据投毒和隐私攻击均可能引发模型输出错误,而数据窃取则直接针对训练数据。其次,技术上的相互依赖使得一种攻击的成功可能为另一种攻击铺平道路,如数据投毒可能基于数据窃取,而深度伪造则可能依赖隐私攻击。再次,不同攻击技术的组合使用可能导致更加严重的后果,如数据投毒与深度伪造的结合可能使人工智能系统完全失控。最后,针对这些攻击的防御策略也需相互关联,如加强数据监控以抵御投毒，加强加密和访问控制以防范隐私泄露和窃取，以及提升伪造内容识别能力，共同构建一个全面、坚固的防御体系。人工智能数据攻击策略关系网如图 13-6 所示。

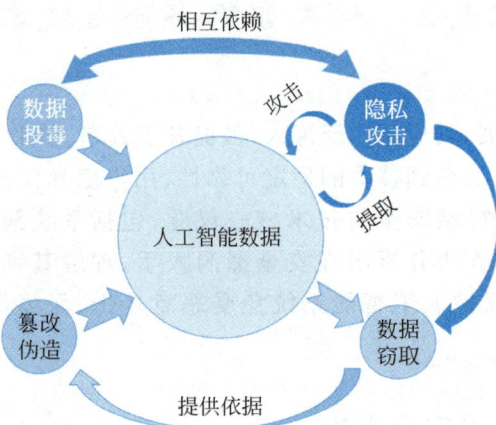

图 13-6 人工智能数据攻击策略关系网

面对这些攻击方式，采取有效的数据安全措施显得尤为关键。从技术防护到法规制定，从数据加密到访问控制，每一个环节都需加强，以确保数据的完整性、机密性和可用性。

2. 面向模型的攻击

人工智能模型安全正面临着前所未有的挑战。攻击者运用精心设计的策略，威胁着模型的完整性和可靠性，例如对抗攻击、模型窃取攻击、后门攻击、物理攻击、模型替换攻击和分布式后门攻击等。

（1）对抗攻击。在数据中引入难察觉扰动，输入看似正常却能让人工智能系统输出错误结果，隐蔽且有效，如在图像识别领域可骗人工智能系统误识图像，威胁自动驾驶、安全监控等依赖人工智能决策的领域。

（2）模型窃取攻击。借与模型交互查询重建其决策边界以窃取关键信息，威胁模型知识产权，如在 NLP 领域可据此重建模型内部结构与参数。

（3）后门攻击。在模型植入后门，特定条件下输出预设结果，危害极大，威胁模型的可靠性与用户安全，如在自动驾驶系统中植入后门可致其遇特定图案时作出错误决策。

（4）物理攻击。利用现实世界物理手段攻击人工智能系统，如打印并拍摄对抗图像欺骗基于摄像头的识别系统。

（5）模型替换攻击和分布式后门攻击。针对联邦学习等分布式机器学习场景，通过上传恶意模型或分散后门样式污染全局模型，使系统处理任务时表现异常。

这些模型攻击技术之间存在紧密的相互关系。它们共享着破坏、误导或窃取人工智能模型及其数据的共同目标。技术上，一种攻击的成功可能依赖于另一种攻击的结果，如数据投毒为后门攻击提供基础。攻击效果的叠加使得组合攻击更具威胁性，可能导致人工智能模型失效或被完全控制。因此，防御策略必须相互关联，形成一个综合的防御体系。这包括加强对训练数据的监控、确保模型训练过程的安全、提高模型的鲁棒性等。只有综合考虑各种攻击技术及其相互关系，才能有效保护人工智能模型免受潜在的安全威胁。人工智能模型攻击策略网络图如 13-7 所示。

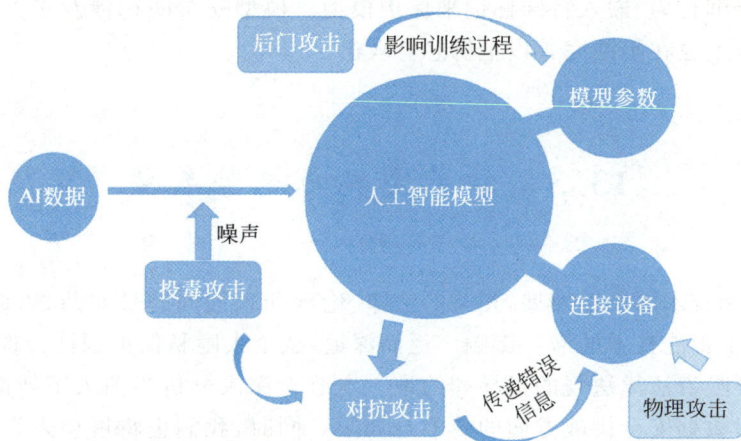

图 13-7　人工智能模型攻击策略网络

13.2.2　人工智能的安全防御手段

通过上一小节关于人工智能安全性挑战的扩展,让我们对其攻击手段和危害有了更加深刻的了解,那么如何去解决这些安全隐患是人工智能安全技术发展的首要目的。

1. 数据安全防御

为了应对数据安全威胁,研究者们提出了一系列防御技术,旨在保护数据的完整性、隐私性和可靠性。鲁棒训练作为一种重要方法,可使模型识别并忽略投毒样本,如 Shen 等人的基于修剪损失的鲁棒训练法可抵御数据投毒攻击。差分隐私技术通过向数据或模型输出中添加噪声,限制对单个数据点的敏感度,在深度学习的输入层、隐藏层、输出层通过多种方式保护隐私。联邦学习是新兴的机器学习范式,通过多方客户端传递模型梯度或参数代替数据传递来保护数据隐私,但也面临隐私和投毒攻击等问题,需综合运用多种防御技术。篡改检测与深伪检测技术通过分析媒体内容特征、语义判断数据是否被篡改或伪造,通用篡改检测关注图像操作,深度伪造检测侧重人脸部分,深度学习模型的篡改检测方法有精度和鲁棒性优势。数据安全防御技术为数据安全提供了有力支持,通过这些技术,可在享受人工智能带来的便利的同时,有效防范和减少数据安全风险。未来,会有更多高效、通用的数据防御技术出现。

2. 模型安全防御

对抗样本的成因是模型安全核心问题,其通过对输入数据加微小扰动致模型输出错误,挑战深度学习模型的鲁棒性。多种假说从不同角度解释其成因,为防御策略提供了理论基础。对抗样本检测是重要防御手段,训练专门检测器,方法包括二级分类法等多种,通过分析样本特征判断是否为对抗样本,保障模型运行。对抗训练可提升模型的鲁棒性,其方法不断发展,如 PGD、TRADES 对抗训练等,通过不同优化策略增强抵抗力。其加速研究也是热点,可用于大规模数据和模型。后门防御是模型安全重要研究方向,后门攻击是在训练中植入特定触发器,使模型在特定条件下异常,防御策略有后门模型检测、样本检测和移除等。模型窃取防御技术随着 MaaS 的普及日益重要,策略包括信息模糊、查询控制和模型溯源,分别通过降低输出精度、限制查询行为、嵌入特殊标记来保护模型。模型安全防御涉及多方面,随着人工智能的发展,相关技术也在不断完善以抵御恶意攻击。

13.3　相关法规与趋势展望

随着人工智能技术的飞速发展,相关的法律、伦理和政策问题日益凸显,成为全球范围内关注的焦点。人工智能技术的潜在影响广泛而深远,从个人隐私保护到社会责任,再到国际合作与竞争,无不呼唤着法律法规的指导和约束。本节将深入分析当前人工智能领域的法规框架,探讨其在应对数据安全挑战方面的效力与局限。同时,我们也将展望未来,预测可能出现的法规趋势,以及这些趋势如何塑造人工智能技术的发展和应用。我们将评估现有政策如何促进人工智能技术的健康发展,同时保护用户隐私和数据安全,并提出建议,以期构建一个更加安全、透明、可靠的人工智能技术环境。

13.3.1　现行法规与政策分析

在人工智能技术日新月异的时代背景下,法规与政策的制定扮演着举足轻重的角色。人工智能应用虽提升了生产效率、改善了生活质量,但也带来了数据安全、隐私保护、伦理道德等诸多挑战。制定完善相关法规政策,既能指导规范人工智能健康发展,又能预防解决问题,保障长远利益与社会福祉统一。本节通过深入分析现行法规政策,对比国际国内政策,把握迭代规律,结合新型隐私问题,为预测未来法规发展趋势提供依据。

1. 国际法规对人工智能的约束

国际社会对人工智能技术的监管日益加强,以确保其健康、安全和可持续地发展。诸多国际法规对人工智能技术提出了明确的约束和指导。经济合作与发展组织(OECD)在2019年提出了人工智能原则,强调了透明性、可解释性、公正性和责任性等核心要素。这些原则为人工智能技术的全球应用树立了标准,确保人工智能系统在开发和部署过程中遵循这些基本原则,为全球范围内的企业和政府提供了指导。与此同时,欧盟的通用数据保护条例(GDPR)作为全球最严格的数据保护法规之一,于2018年生效。GDPR对人工智能领域的数据收集、处理和使用提出了严格的要求,保障了个人隐私和数据安全。法规要求企业必须获得用户的明确同意才能收集和处理其个人数据,并规定了数据泄露后的报告义务和用户数据访问权等内容。2023年,欧盟达成了关于《人工智能法案》的临时协议,成为全球首个全面规范人工智能技术使用的主要法规。该法案强调透明性、使用公共空间中的人工智能并配合高风险系统的监管。具体要求包括对高影响力模型进行系统性风险评估、风险缓解和事故报告,并规定了政府在有限情况下使用实时生物识别监控的条件。美国也在加强对人工智能技术的监管。2022年,美国发布了《人工智能权利法案蓝图》,并在2023年发布了关于人工智能安全、可信使用的行政命令。该命令强调了政府各部门在指导人工智能的负责任开发和部署中的作用,要求对高风险人工智能系统进行详细的技术文档编制、对抗性测试和能源效率报告。这些国际法规不仅规范了人工智能技术的发展方向,也为全球范围内的企业和个人提供了明确的合规指导。

通过强调透明性、责任性和数据保护,这些法规旨在平衡技术进步与隐私保护、安全性之间的关系,推动人工智能技术的健康和可持续发展。表 13-1 展示了国际数据保护相关法规详情。

表 13-1　国际数据保护相关法规详情

法 规 名 称	年份	核 心 要 素	适 用 对 象
经济合作与发展组织(OECD)AI 原则	2019	透明性、可解释性、公正性、责任性	OECD 成员国及相关企业
欧盟通用数据保护条例(GDPR)	2018	数据保护、隐私保障、数据处理规范	欧盟成员国及相关企业
欧盟人工智能法案(AI Act)	2023	透明性、高风险系统评估、事故报告、禁止社会评分等	欧盟成员国及相关企业
美国《人工智能权利法案蓝图》及行政命令(EO 14110)	2022—2023	安全、可信使用、技术文档编制、对抗性测试、能源效率报告	美国及相关企业

2. 国内法规与行业标准

自 2020 年以来,中国在人工智能及其数据保护领域出台了一系列重要的法律法规,以应对技术发展带来的挑战和机遇。例如,《中华人民共和国数据安全法》(2021 年),这是中国首部全面规范数据处理活动的基本法律。该法律旨在保障数据安全,促进数据开发利用,保护个人和组织的合法权益,维护国家主权、安全和发展利益。《中华人民共和国个人信息保护法》(2021 年),该法律的出台是中国个人信息保护领域的重要里程碑。它规定了个人信息处理的规则,强化了对个人隐私的保护,并对违反个人信息保护规定的行为设定了严格的法律责任。《中华人民共和国网络安全法》(2017 年,2020 年修订),虽然不是专门针对人工智能,但该法律对网络运营者收集和使用个人信息提出了明确要求,对人工智能领域的数据处理活动产生了直接影响。《儿童个人信息网络保护规定》(2019 年),特别针对儿童个人信息的收集和使用,要求网络运营者采取特殊保护措施,体现了对未成年人隐私保护的重视。除了国家层面的法律法规,一些地方政府和行业组织也发布了相关的指导意见和标准,如上海市发布的《上海市人工智能高质量发展 20 条》,旨在推动人工智能技术的规范发展。中国人工智能产业发展联盟等行业组织也在积极推动行业自律,发布了包括智能语音、智能视觉、智能驾驶等多个领域的技术标准和评估规范,促进了人工智能技术的健康发展。国内数据保护相关立法情况如表 13-2 所示,供读者参考。

表 13-2　国内数据保护相关立法情况

法 规 名 称	发布时间	主 旨 内 容	适 用 对 象
《中华人民共和国网络安全法》	2017.6(生效)	首次明确了"关键信息基础设施""企业具有网络安全等级保护义务"等内容。其担任申联法律法规与标准,承接新法与旧法更替的重要角色	网络运营者
《信息安全技术个人信息安全规范》	2017.12	经数次修订后,已于 2020 年发布更新后的第二版正式版本	涉及个人信息处理活动的各类组织
《中华人民共和国电子商务法》	2018.8	强调平台对于网络安全的保障义务,明确消费者具有行使访问、更正、删除其个人信息及注销账号的权利	经营活动的组织或个人

续表

法 规 名 称	发布时间	主 旨 内 容	适 用 对 象
《儿童个人信息网络保护规定》	2019.6	我国第一部专门规范儿童个人信息网络保护的规定。涉及处理儿童个人信息的企业应单独制定《儿童个人信息保护声明》	涉及处理儿童个人信息的网络运营者
《网络安全审查办法》	2020.4	用于规制关键信息基础设施运营者合法合规采购网络产品和服务,避免影响国家安全	关键信息基础设施运营者
《网络信息内容生态治理规定》	2020.3	该规定旨在营造清朗的网络空间,对人工智能生成的内容提出了规范要求,以防止虚假信息和有害内容的传播	创作者
《中华人民共和国数据安全法》	2021.6	该法分别从国家、企业、行业三个角度规定了相应的数据安全保护义务	公民和组织
《中华人民共和国个人信息保护法》	2021.8	确立了域外管辖原则,在现有法的基础上确立了五大基本原则,确立了个人信息主体的九大权利及其他完善个人信息处理活动全流程的要求及规定	在中华人民共和国境内处理自然人个人信息活动的组织和个人
《互联网信息服务算法推荐管理规定》	2021.12	明确了算法推荐服务提供者的信息服务规范,提出算法推荐服务提供者应落实算法安全主体责任、保护用户权益等要求	算法推荐服务提供者
《数据出境安全评估办法》	2022.7	确保跨境数据传输的安全性,防止数据泄露,保护国家安全和个人隐私	涉及数据出境的所有组织和个人
《个人信息跨境传输安全评估办法(征求意见稿)》	2022.10	规范个人信息跨境传输行为,确保个人信息在跨境传输过程中的安全,保护个人隐私	涉及个人信息跨境传输的所有组织和个人
《互联网信息服务深度合成管理规定》	2023.1	《规定》旨在加强互联网信息服务深度合成管理,弘扬社会主义核心价值观,维护国家安全和社会公共利益,保护公民、法人和其他组织的合法权益	网络服务提供者和网络产品使用者
《生成式人工智能服务管理办法(征求意见稿)》	2023.4	《办法》提出提供者在提供服务过程中,对用户的输入信息和使用记录承担保护义务。不得非法留存能够推断出用户身份的输入信息,不得根据用户输入信息和使用情况进行画像,不得向他人提供用户输入信息	生成式人工智能服务提供者及用户
《个人信息保护合规审计管理办法》	2023.8	《办法》旨在指导、规范个人信息保护合规审计活动,提高个人信息处理活动合规水平,保护个人信息权益	所有处理个人信息的组织和个人
《未成年人网络保护条例》	2023.10	《条例》旨在为了营造有利于未成年人身心健康的网络环境,保障未成年人合法权益	网络信息服务提供者、未成年人及其监护人

国内法规与政策的分析显示,随着人工智能技术的不断进步,相应的法律法规和标准也在逐步完善。这些法规和政策的建立,不仅有助于保护个人隐私和数据安全,也促进了人工智能技术的健康发展。未来,随着人工智能技术的进一步发展,法规与政策将继续演进,以应对新的挑战。图 13-8 展示了隐私保护法律法规的未来发展期望目标。

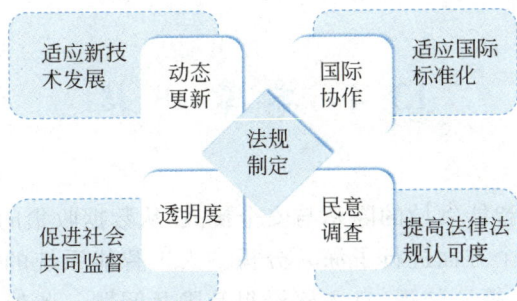

图 13-8　隐私保护法律法规的未来发展期望目标

13.3.2　人工智能的监管挑战

在人工智能技术迅猛发展的浪潮中,我们迎来了前所未有的机遇,但同时也遭遇了监管层面上的严峻挑战。法规滞后性与技术快速发展的矛盾凸显了监管机构的重要性。人工智能技术迭代更新的速度远超法律法规制定和修订速度,这一矛盾日益显著,像深度学习、自动驾驶、智能机器人等领域的技术进步常先于法律框架调整就投入应用,造成监管的空白和不确定。而且技术的快速发展产生了算法歧视、数据隐私泄露、智能系统法律责任等新伦理和法律问题,超出了现有法律的调整范围。同时,人工智能技术的全球性特征也冲击着国内法规的有效性,需国际协调合作。在此情况下,监管机构,角色和责任至关重要,要更新并完善法律法规以适应人工智能的发展,涵盖修订旧法和制定新法(如智能产品安全标准、算法透明度要求等),加强跨部门、跨行业协调合作形成监管合力。由于人工智能应用涉及多领域多行业,需要信息共享和协同监管,因此也要提升公众的参与度,通过公开听证、征求意见等让各界参与监管政策制定,提高法规的透明度和公众接受度,收集各方意见,使法规更全面平衡。同时,加强对人工智能企业的监管和指导,通过制定行业标准、开展合规审查引导企业规范发展、履行社会责任,并且支持人工智能技术的创新和应用,以政策支持、资金扶持促进行业健康发展。

13.3.3　未来展望

在人工智能的未来发展中,隐私与安全的平衡成为一个核心议题。随着技术的不断进步,法规的演变显得尤为重要。未来,法规演变有几个关键趋势:更具适应性与灵活性,能快速应对新挑战;需跨学科专家参与制定,保证全面性和前瞻性;鉴于其全球性特征,国际合作与协调作用更突出;动态监管机制成为重要特征,定期审查更新,与技术发展同步;更强调公平、透明、可解释等伦理原则,保障技术的负责任使用。

展望未来,人工智能安全的发展需要超前的规划和布局。通过构建人工智能安全平台和生态系统,可以促进技术研究的预判和提速,推动产业实践,形成网络效应。同时,人工智能安全产业的长远发展也需要行业平台和合作伙伴生态系统的支持,通过技术互补和创新,共同推动人工智能安全的进步。随着人工智能技术的不断成熟和应用,人工智能安全必将成为未来技术发展的重要方向,为建设更加智能、安全的世界提供坚实的基础。

13.4 本章小结

本章详细探讨了人工智能领域的隐私与安全挑战,从数据收集的隐私风险、社交工程和人工智能系统安全漏洞等多个方面进行了深入分析。人工智能系统的强大功能依赖海量数据,这也带来了个人信息泄露、算法歧视、自主权侵犯等隐私问题。此外,算法决策的透明度缺失和算法偏见对特定群体的影响进一步加剧了这些挑战。为了应对这些问题,我们需要从数据加密、安全措施、透明度、算法监管等多方面采取综合措施。同时,现行法规和政策在应对这些挑战时的效力和不足也被深入评估,提出了加强隐私保护与技术创新平衡的未来趋势和建议。通过本章的讨论,我们能够更全面地理解和应对人工智能时代中的隐私与安全问题。

课后习题

1. 简述人工智能技术在数据收集过程中可能带来的隐私风险。
2. 什么是社交工程?它如何影响个人隐私和数据安全?
3. 解释算法决策透明度缺失对社会和个人可能产生的影响。
4. 如何解决人工智能算法中的偏见问题?
5. 讨论现行的法律法规在保护个人隐私和数据安全方面的作用与不足。
6. 什么是对抗性攻击?它对人工智能系统的安全性有何影响?
7. 如何通过技术手段提高人工智能系统的安全性?
8. 个人信息保护法在保护个人隐私方面起到了哪些作用?
9. 预测未来人工智能技术发展的趋势,以及在隐私保护方面可能采取的措施。
10. 结合实例,说明如何在人工智能系统中平衡隐私保护与技术创新的需求。

参考文献

[1] 陈晓红,任剑,谢志远,等.人工智能与数字经济[M].北京:科学出版社,2025.

[2] 蔡自兴,刘丽珏,蔡竞峰,等.人工智能及其应用[M].7版.北京:清华大学出版社,2024.

[3] 陈晓红,刘浏,袁依格,等.医疗大模型技术及应用发展研究[J].中国工程科学,2024,26(6):77-88.

[4] 张颖,张冰冰,董微,等.基于语言-视觉对比学习的多模态视频行为识别方法[J].自动化学报,2024,50(2):417-430.

[5] 杜雪盈,刘名威,沈立炜,等.面向链接预测的知识图谱表示学习方法综述[J].软件学报,2024,35(1):87-117.

[6] 陈晓红,陈姣龙,胡东滨,等.面向环境司法智能审判场景的人工智能大模型应用探讨[J].中国工程科学,2024,26(1):190-201.

[7] 李德毅,于剑,中国人工智能学会.人工智能导论[M].北京:中国科学技术出版社,2018.

[8] 陈晓红,杨柠屹,周艳菊,等.数字经济时代 AIGC 技术影响教育与就业市场的研究综述——以 ChatGPT 为例[J].系统工程理论与实践,2024,44(1):260-271.

[9] 李晓旭,刘忠源,武继杰,等.小样本图像分类的注意力全关系网络[J].计算机学报,2023,46(2):371-384.

[10] 莫少林,宫斐.人工智能应用概论[M].2版.北京:中国人民大学出版社,2024.

[11] 李柯,张广浩,张丞,等.体外 3D 规模化扩增肝细胞的培养体系及自动化、智能化生物反应器的评估[J].中国组织工程研究,2022,26(19):3100-3107.

[12] 武颖,姚丽亚,熊辉,等.基于数字孪生技术的复杂产品装配过程质量管控方法[J].计算机集成制造系统,2019,25(6):1568-1575.

[13] 张天文.大模型驱动的工业机器人应用[J].智能制造,2024(3):30-36.

[14] 孙长银,穆朝絮.多智能体深度强化学习的若干关键科学问题[J].自动化学报,2020,46(7):1301-1312.

[15] 杨丽,吴雨茜,王俊丽,等.循环神经网络研究综述[J].计算机应用,2018,38(A02):1-6.

[16] 窦慧,张凌茗,韩峰,等.卷积神经网络的可解释性研究综述[J].软件学报,2024,35(1):159-184.

[17] 赵晴,李奕泽,袁璐,等.AIGC 技术在动画电影美术设计中的跨界应用[J].现代电影技术,2024(5):12-19.

[18] 程显毅,张盛,靳伟,等.人工智能技术及应用[M].2版.北京:机械工业出版社,2025.

[19] 陈伟宏,安吉尧,李仁发,等.深度学习认知计算综述[J].自动化学报,2017,43(11):1886-1897.

[20] 杨杰,黄晓霖,高岳,等.人工智能基础[M].北京:机械工业出版社,2020.

[21] 郑敏庆.人工智能导论与 AIGC 应用[M].北京:北京大学出版社,2025.

[22] 丛润民,张晨,徐迈,等.深度学习时代下的 RGB-D 显著性目标检测研究进展[J].软件学报,2023,34(4):1711-1731.

[23] CHEN X H, ZHANG W W, et al. A public and large-scale expert information fusion method and its application: Mining public opinion via sentiment analysis and measuring public dynamic reliability[J]. Information Fusion,2022,78:71-85.

[24] DAI C, ZHANG Y, ZHENG Z. A Nonlocal Similarity Learning-Based Tensor Completion Model with Its Application in Intelligent Transportation System[J]. IEEE Transactions on Intelligent Transportation Systems,Piscataway,2024,25(3):3140-3151.

[25] ZHAI H, CHEN X, LI L, et al. Two-stage multi-task deep learning framework for simultaneous pelvic bone segmentation and landmark detection from CT images[J]. International Journal of Computer Assisted Radiology and Surgery,Springer Nature,2024,19(1):97-108.

[26] ZHANG H, ZHANG X, ZHANG Y, et al Blockchain-Based Proxy-Oriented Data Integrity Checking Mechanism in Cloud-Assisted Intelligent Transportation Systems[J]. IEEE Transactions on Intelligent Transportation Systems, 2024(Early Access), Doi: 10.1109/TITS.2024.3431539.

[27] CHEN J, TAO S, TENG S, et al. Toward Sustainable Intelligent Transportation Systems in 2050:

Fairness and Eco-Responsibility[J]. IEEE Transactions on Intelligent Vehicles,2023,8(6): 3537-3540.

[28] SHI Y, LV F, WANG X, et al. Open-TransMind: A New Baseline and Benchmark for 1st Foundation Model Challenge of Intelligent Transportation[C]. 2023 IEEE/CVF Conference on Computer Vision and Pattern Recognition Workshops (CVPRW), Vancouver, Canada,2023: 6328-6335.

[29] YANG X, CHEN D, SUN Q, et al. A live-cell image-based machine learning strategy for reducing variability in PSC differentiation systems[J]. Cell Discovery,2023,53(9): 1-26.

[30] Alam M, Ferreira J, Fonseca J. Intelligent Transportation Systems [M]. London: Springer Nature,2016.

[31] LI Y Y, WANG J J, HUANG S H, et al. Implementation of a machine learning application in preoperative risk assessment for hip repair surgery[J]. BMC anesthesiology,2022,22(1): 1-11.

[32] Murphy K P. Probabilistic machine learning: an introduction[M]. Cambridge: MIT Press,2022.

[33] Prince S J. Understanding deep learning [M]. Cambridge: MIT Press,2023.

[34] Tunstall L, Von Werra L, Wolf T. Natural language processing with transformers[M]. Sebastopol: O'Reilly Media, Inc,2022.

[35] Elgendy M. Deep learning for vision systems[M]. New York: Simon and Schuster,2020.

[36] Dosovitskiy A, Beyer L, Kolesnikov A, et al. An image is worth 16x16 words: Transformers for image recognition at scale[J]. arXiv: 2010.11929.

[37] Devlin J, Chang M W, Lee K, et al. Bert: Pre-training of deep bidirectional transformers for language understanding[C]. In Proceedings of the 2019 conference of the North American chapter of the association for computational linguistics: human language technologies, volume 1 (long and short papers), Minnesota, USA,2019: 4171-4186.

[38] Radford A, Kim J W, Hallacy C, et al. Learning transferable visual models from natural language supervision[C]. In International conference on machine learning, Cambridge, USA, 2021: 8748-8763.

[39] Touvron H, Martin L, Stone K, et al. Llama 2: Open foundation and fine-tuned chat models[J]. arXiv: 2307.09288.2023.

[40] Abramson J, Adler J, Dunger J, et al. Accurate structure prediction of biomolecular interactions with AlphaFold 3[J]. Nature, 2024,630(8016): 493-500.

[41] Chen D, Koltun V, Krähenbühl P. Learning to drive from a world on rails[C]. In Proceedings of the IEEE/CVF International Conference on Computer Vision, Piscataway, USA, 2021: 15590-15599.